SGCライブラリ-186

電磁気学探求ノート

“重箱の隅”を掘り下げて見えてくる本質

和田 純夫　著

サイエンス社

まえがき

電磁気の教科書や演習書を書いていると，ときに，気になることが出てくる．たとえばビオ–サバール則の微分をとってみると，変位電流が（部分的に）登場し，アンペール–マクスウェルの式（$\nabla \times \boldsymbol{B} = \cdots$）が得られる．では，マクスウェル方程式とビオ–サバール則の真の関係は何なのか．

また，ファラデーの法則あるいは電磁誘導の法則とは何なのか．磁石が動いて起こる現象も，回路が動いて起こる現象もあるが，それらは本質的に同等の現象なのかそうではないのか．$\nabla \times \boldsymbol{E} = \cdots$ という式自体を電磁誘導の法則と呼ぶのは正しいことなのか．

他にもいろいろの問題意識が生じる．詳しい教科書を注意して読むと，これらの疑問のヒントになるコメントを見つけることはできるのだが，学習の流れにとっては邪魔になるということなのか，腰を落ち着けた本格的な解説はなかなか見られない．

退官し，私自身の専門分野の本の執筆も終え（「量子力学の解釈問題」（SGC ライブラリ）），時間的な余裕ができて，これらの問題にじっくりと取り組む気になった．日本物理学会発行の「大学の物理教育」誌で，刺激となる論稿を幾つか見た影響もあった．

いろいろ考えたことが蓄積したので，本書を執筆させていただくことにした．とりとめのない関心や疑問から出発した話なので，全体としてまとまった解説書ではない．電磁気学全体に対して新しい視点を与えようという意図はまったくない．むしろ，気になった諸点を深掘りしていったら，このようなことに気付いたという話の羅列である．それでも私としてはかなり面白かった．「電磁気学の重箱の隅をつついていったら，このような世界があった」というエピソードの集まりである．

各章の冒頭に「本章の要点」を付けたので，それを見て，どんな問題を考えたのかイメージをもっていただければと思う．全 11 章からなるが，いくつかの章は関連している．たとえば冒頭に書いたビオ–サバール則の話は第 1 章で扱うが，それは第 2 章の，「ヘルムホルツ流マクスウェル方程式」（私の命名）につながる．

電場と磁場は基準に依存する．つまりセットで考えなければ意味がないが，場の変換は必ずしもローレンツ変換（相対論的変換）である必要はない．そのあたりの話が第 3 章，第 4 章，そして第 7 章につながる．回転系での電磁気学という話は新しいものではないが，具体的な計算は見たことがないので幾つかやってみた．

第 6 章は，電磁誘導の法則をいかに理解するかという問題になる．マクスウェル方程式の特定の式にこだわってはいけない．

第 8 章は回路の運動量という，あまり見たことはないであろう問題を扱う．本書全体として，問題の有用性はまったく考えずに，単に私が面白いと思ったかどうかという基準で書き進めたが，その点で言えばこの章が，その最たるものである．ただし第 9 章は，それなりに有用だと思った．

第 10 章と第 11 章は，古典電磁気学の理論構成としては本道の話だと思う．一般論としては既存の教科書に見られるが，私なりの視点でまとめてみた．本書独自で行なった具体例での計算を多く紹介したが，参考になるのではと期待する．

なお，第 8 章は中川雅弘氏との，第 9 章は小玉祥生氏との，そして第 11 章は北野正雄氏との共同研究を含んでいる．前 2 者は「大学の物理教育」誌に共著の論稿を掲載した．ただし掲載後も考察を進めたので，表現方法がかなり異なっている部分がある．

本書で扱ったようなテーマはたとえば American Journal of Physics などに論文が掲載されているほか，McDonald の個人的な Archive に，彼自身の多くのレポートも含めて資料が収められており，かなりの参考になった．また，上記の三氏，そして鳥井寿夫氏，中山正敏氏および本多和仁氏からは，多くの有用な参考意見や文献を教えていただいた．（私にとってだが）これほど興味深い話がたくさん転がっているとは最初は思いもしなかったというのが率直な感想である．また，過去の論文を自由に見られる立場にいないため，上記の何人かの方々に大変，お世話になったが，かえってそのために，自分で計算する気になって思わぬ発見があったとも感じている．

古典電磁気学は長い歴史をもつ学問である．興味の向くままに計算をしながら，気付いた範囲内で先行研究にもあたったが，それについてはまったく不十分である．あつかましい話だが，何か有用な情報をおもちの読者がおられればご教示いただきたい．ただ，比較的最近でも本書のような計算の論稿が発表されていることを知ったのは心強かった．

最後に，本書の出版を引受けていただいたサイエンス社，そして私の不完全な原稿をこのように仕上げていただいた平勢耕介氏に深謝したい．

2023 年 7 月

和田純夫

目　次

第 1 章
クーロン則とビオ–サバール則

本章の要点

・電荷分布と電流分布の両方が静的な場合の，マクスウェル方程式からクーロン則とビオ–サバール則を導く手順を確認する．

・電流分布のみが静的な場合，マクスウェル方程式に変位電流項が現れるが，それでもクーロン則とビオ–サバール則（BS 則 $\cdots$ 変位電流を含まない）は成立する．このケースでの両法則とマクスウェル方程式の関係について考察する．

・半無限直線電流および無限直線＋コンデンサーのモデルで具体的な計算を行い，BS 則と変位電流の整合性を確認する．

・動く点電荷が作る磁場を，速度が小さいという近似で求める．ここでも BS 則と変位電流の存在が両立する．

1.1 状況の分類

電磁気の学習はクーロンの法則（以下，クーロン則）から始まる．磁場に関しては，ビオ–サバールの法則（以下，**BS 則**）の公式を，早い段階で学ぶ．しかしいったん，電磁気の基本法則はマクスウェル方程式であると学ぶと，今度は逆に，マクスウェル方程式からクーロン則や BS 則をどう求めるか，あるいは，どのような条件でこれらの法則が成り立つのか，ということが問題になる．

まず，一般的な状況でのマクスウェル方程式を書いておこう．本書では真空中の話が中心なので，場は基本的に $\boldsymbol{E}$ と $\boldsymbol{B}$ で表す．また電荷密度を ρ，電流密度を $\boldsymbol{j}$ とする．するとマクスウェル方程式は（∂_t は時間微分 $\partial/\partial t$）

$$\nabla \cdot \boldsymbol{E} = \rho/\varepsilon_0, \tag{1.1a}$$

$$\nabla \cdot \boldsymbol{B} = 0, \tag{1.1b}$$

$$\nabla \times \boldsymbol{E} = -\partial_t \boldsymbol{B}, \tag{1.1c}$$

$$\nabla \times \boldsymbol{B} = \mu_0 \boldsymbol{j} + \varepsilon_0 \mu_0 \partial_t \boldsymbol{E}. \tag{1.1d}$$

また，電荷の保存則（電荷の連続方程式）は

$$\partial_t \rho + \nabla \cdot \boldsymbol{j} = 0 \tag{1.2}$$

となる．空間各点での電荷密度の増加率 $\partial_t \rho$ は，そこに流れ込む電流ベクトルの吸い込み（$-\nabla \cdot \boldsymbol{j}$）に等しいという式である．

これらから，電場と磁場の発生の式を求めるのだが，状況によって結果は異なる．ここでは次の 3 つのケースに分けて考える．

ケース **I**：電荷分布も電流分布も静的，つまり時間依存性がない場合．

マクスウェル方程式は

$$\nabla \cdot \boldsymbol{E} = \rho/\varepsilon_0, \tag{1.3a}$$

$$\nabla \cdot \boldsymbol{B} = 0, \tag{1.3b}$$

$$\nabla \times \boldsymbol{E} = 0, \tag{1.3c}$$

$$\nabla \times \boldsymbol{B} = \mu_0 \boldsymbol{j} \tag{1.3d}$$

となる．$\partial_t \rho = 0$ なので式 (1.2) より $\nabla \cdot \boldsymbol{j} = 0$ となる．このため，上式の 4 番目の両辺のつじつまが合うことに注意（ベクトル場の回転の発散は常にゼロ，つまり $\nabla \cdot (\nabla \times \boldsymbol{B}) = 0$．次節で示すが，このケースでは当然，クーロン則も BS 則も成り立つ．

ケース **II**：電流分布は静的（定常電流）だが，電荷分布に時間依存性がある場合．$\partial_t \boldsymbol{j} = 0$ と式 (1.2) より $\partial_t^2 \rho = 0$ だから，ρ は t についてはたかだか一次関数になり，$\boldsymbol{E}$ も同様である．連続方程式は

$$\nabla \cdot \boldsymbol{j} = -\partial_t \rho \neq 0 \quad \text{（ただし静的）}$$

となり，これは 0 である必要はない．ここがケース I との違いである．マクスウェル方程式は

$$\nabla \cdot \boldsymbol{E} = \rho/\varepsilon_0, \tag{1.4a}$$

$$\nabla \cdot \boldsymbol{B} = 0, \tag{1.4b}$$

$$\nabla \times \boldsymbol{E} = 0, \tag{1.4c}$$

$$\nabla \times \boldsymbol{B} = \mu_0 \boldsymbol{j} + \varepsilon_0 \mu_0 \partial_t \boldsymbol{E} \tag{1.4d}$$

である．

$$\nabla \cdot (\boldsymbol{j} + \varepsilon_0 \partial_t \boldsymbol{E}) = \nabla \cdot \boldsymbol{j} + \varepsilon_0 \partial_t (\nabla \cdot \boldsymbol{E}) = \nabla \cdot \boldsymbol{j} + \partial_t \rho = 0$$

なので第 4 式の両辺のつじつまも合っている（両辺の発散がともに 0）．このケースでもクーロン則と BS 則がそのままの形で成り立つことを 1.5 節で示す．

このケースの有名な例が図 1.1 の，無限直線電流に付けられたコンデンサーのモデルである．定常電流がコンデンサーに流れ込んでおり，コンデンサーの極板には正負の電荷がたまっていく．したがって電場は変化するので $\partial_t \boldsymbol{E} \neq 0$

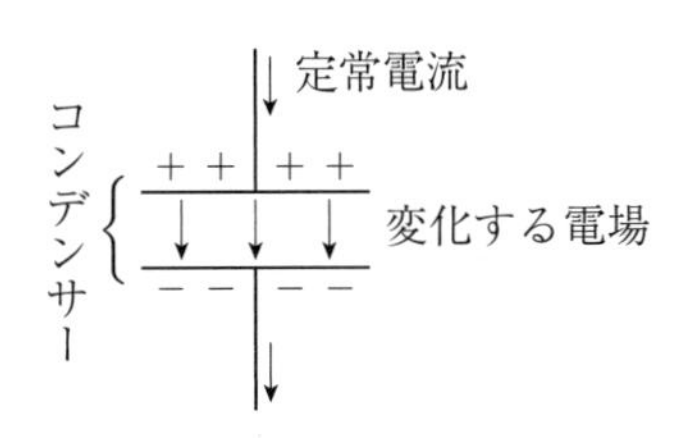

図 1.1　無限直線電流 + コンデンサー・モデル．

になる．

ケース III：電荷分布にも電流分布にも一般的な時間依存性がある場合．場の変化は有限の速度（光速度）で伝わるという**遅延効果**が生じる．そのためクーロン則も BS 則も（特殊例を除き）成り立たない．次のように状況をさらに分類する．

ケース IIIa：場の発生源（電荷と電流）が連続体の場合．電磁場は**ジェフィメンコの式**と呼ばれている式で与えられる．

ケース IIIb：場の発生源が動く点電荷である場合．電磁場に対してさまざま等価な表現が導かれている．

ケース IIIc：場の発生源が，等速直線運動をする点電荷の場合．これは IIIb の特殊ケースだが，観察する基準を変えると点電荷は静止していることになるので，ケース I から派生するケースともみなせる．

ケース III では一般にクーロン則も BS 則も成り立たないが，では電荷分布が静的ではないケース II ではなぜクーロン則が成り立ち，遅延効果は見えないのだろうか．それらも問題も含め，ケース IIIa は第 2 章で扱う．また，ケース IIIb と IIIc は第 5 章で詳しく議論する．ケース I の延長ともみなせるケース IIIc では遅延効果がどうなっているのかも興味深い．

注：電流が時間の一次関数のときは例外的に BS 則が成り立つ（2.3 節）．

1.2　ベクトルの縦横分解とヘルムホルツの定理

本章と次章では，これらの 3 ケースの違いを確認しながらも，統一的な取扱いを目指す．そのときのポイントとなるのがベクトルの縦横分解である．

一般のベクトル場 $\boldsymbol{a}(\boldsymbol{r})$ について

$$\nabla \cdot \boldsymbol{a} = b, \qquad \nabla \times \boldsymbol{a} = \boldsymbol{c}$$

であるとすると

$$\nabla \times \boldsymbol{c} = \nabla \times (\nabla \times \boldsymbol{a}) = -\Delta \boldsymbol{a} + \nabla(\nabla \cdot \boldsymbol{a})$$

となる．（本書では二重外積の展開

$$\boldsymbol{a} \times (\boldsymbol{b} \times \boldsymbol{c}) = \boldsymbol{b}(\boldsymbol{a} \cdot \boldsymbol{c}) - (\boldsymbol{a} \cdot \boldsymbol{b})\boldsymbol{c}$$

が頻繁に登場する．いずれかが ∇ であり，他のベクトルに座標依存性がある（つまりベクトル場である）場合には順番に注意が必要である．）したがって，$\boldsymbol{a}$ に対する**ポワソン方程式**は

$$\Delta \boldsymbol{a} = \nabla b - \nabla \times \boldsymbol{c} \tag{1.5}$$

になる．したがって解の公式

$$\Delta \boldsymbol{a} = \boldsymbol{g} \ \rightarrow \ \boldsymbol{a}(\boldsymbol{r}) = -\frac{1}{4\pi}\int dV'\, \boldsymbol{g}(\boldsymbol{r}')/R \tag{1.6}$$

より（$R = |\boldsymbol{r} - \boldsymbol{r}'|$）

$$\begin{aligned} \boldsymbol{a}(\boldsymbol{r}) &= -\frac{1}{4\pi}\int dV' \frac{\nabla' b - \nabla' \times \boldsymbol{c}}{R} \\ &= -\frac{1}{4\pi}\nabla \int dV' \frac{b}{R} + \frac{1}{4\pi}\nabla \times \int dV' \frac{\boldsymbol{c}}{R} \end{aligned} \tag{1.7}$$

となる．ただし ∇ は $\boldsymbol{r}$ についての微分，∇' は $\boldsymbol{r}'$ についての微分であり，積分の中の b や $\boldsymbol{c}$ は $\boldsymbol{r}'$ の関数とする（以下，積分の中の量はすべて同様）．最初の積分は微分 ∇' をしてから R で割るという意味である．また，2 番目の等号は，部分積分によって微分を $1/R$ の方に移してから

$$\nabla' \frac{1}{R} = -\nabla \frac{1}{R}$$

を使って書き換え，∇ を積分の外に出している．以下，このタイプの変形を，しばしば断りなく行う．特別の注意がない限り，部分積分の表面項は無視できるとする．

式 (1.7) を

$$\boldsymbol{a} = \boldsymbol{a}_L + \boldsymbol{a}_T, \tag{1.8a}$$

$$\boldsymbol{a}_L(\boldsymbol{r}) = -\frac{1}{4\pi}\nabla \int dV' \frac{\nabla' \cdot \boldsymbol{a}}{R}, \tag{1.8b}$$

$$\boldsymbol{a}_T(\boldsymbol{r}) = \frac{1}{4\pi}\nabla \times \int dV' \frac{\nabla' \times \boldsymbol{a}}{R} \tag{1.8c}$$

と書こう．

$$\nabla \times \boldsymbol{a}_L = 0, \qquad \nabla \cdot \boldsymbol{a}_T = 0 \tag{1.9}$$

である．これをベクトル場 $\boldsymbol{a}$ の**ヘルムホルツの縦横分解**といい，それぞれ $\boldsymbol{a}$ の**縦成分**（longitudinal），**横成分**（transverse）という．

簡単な場合として，ベクトル場 $\boldsymbol{a}$ が $\nabla \times \boldsymbol{a} = 0$（回転 free）だとしたら $\boldsymbol{a}_T = 0$ なのだから

$$\boldsymbol{a} = \nabla f \tag{1.10}$$

と書け（f は何らかのスカラー関数），$\nabla \cdot \boldsymbol{a}$ がわかっていれば式 (1.8b) より

$$f = -\frac{1}{4\pi}\int dV' \frac{\nabla' \cdot \boldsymbol{a}}{R} \tag{1.10$'$}$$

である．また，もし $\nabla \cdot \boldsymbol{a} = 0$（発散 free）だとしたら $\boldsymbol{a}_L = 0$ なのだから

$$\boldsymbol{a} = \nabla \times \boldsymbol{g} \tag{1.11}$$

と書け（$\boldsymbol{g}$ は何らかのベクトル関数），$\nabla \times \boldsymbol{a}$ がわかっていれば式 (1.8c) より

$$\boldsymbol{g} = \frac{1}{4\pi}\int dV' \frac{\nabla' \times \boldsymbol{a}}{R} \tag{1.11$'$}$$

である．

1.3 ケース I の場合（完全に静的な場合）

前節の方針に従って，まず 1.1 節のケース I を考える．

電場は式 (1.3a) と (1.3c) より縦成分だけ（$\boldsymbol{E}_T = 0$）であることがわかり，式 (1.8b) より（$\boldsymbol{R} = \boldsymbol{r} - \boldsymbol{r}'$, $R = |\boldsymbol{R}|$ であることに注意して）

$$\begin{aligned}\boldsymbol{E}(\boldsymbol{r}) &= -\frac{1}{4\pi\varepsilon_0}\int dV' \frac{\nabla'\rho}{R} \\ &= -\frac{1}{4\pi\varepsilon_0}\int dV' \left(\nabla\frac{1}{R}\right)\rho = \frac{1}{4\pi\varepsilon_0}\int dV' \frac{(\boldsymbol{r} - \boldsymbol{r}')\rho}{R^3}\end{aligned} \tag{1.12}$$

となる．ρ は $\boldsymbol{r}'$ の関数である．部分積分などをして変形していくと，負号が 3 回でてきて，最終的には最右辺になる．電荷分布が ρ で表されるクーロン則である．

また，式 (1.10) のほうを使えば

$$\boldsymbol{E} = -\nabla\varphi \tag{1.13}$$

と書け

$$\varphi = \varphi(\boldsymbol{r}) = \frac{1}{4\pi\varepsilon_0}\int dV' \rho/R \tag{1.13$'$}$$

である．スカラーポテンシャルで表したクーロン則になる．

一方，磁場は，式 (1.3b) と (1.3d) より横成分だけであることがわかり

$$\begin{aligned}\boldsymbol{B}(\boldsymbol{r}) &= \frac{\mu_0}{4\pi}\int dV' \frac{\nabla' \times \boldsymbol{j}}{R} = \frac{\mu_0}{4\pi}\int dV' \left(\nabla\frac{1}{R}\right) \times \boldsymbol{j} \\ &= \frac{\mu_0}{4\pi}\int dV' \frac{\boldsymbol{j} \times (\boldsymbol{r} - \boldsymbol{r}')}{R^3}.\end{aligned} \tag{1.14}$$

1 行目では $\boldsymbol{j}(\boldsymbol{r}')$ だけにかかる ∇' を部分積分して $1/R$ の微分にしている．この結果は電流分布 $\boldsymbol{j}$ に対する BS 則に他ならない．

また，式 (1.11) のほうを使えば

$$\boldsymbol{B} = \nabla \times \boldsymbol{A} \tag{1.15}$$

と書け

$$\boldsymbol{A} = \frac{\mu_0}{4\pi}\int dV' \frac{\boldsymbol{j}}{R} \tag{1.15$'$}$$

である．ベクトルポテンシャルで表した BS 則が得られる．

一般にポテンシャルには任意性（**ゲージの自由度**）がある．ここで定義されたものは，ケース I の状況では**クーロンゲージ**（条件 $\nabla \cdot \boldsymbol{A} = 0$）とも，**ローレンスゲージ**（条件 $\partial_t \varphi + \nabla \cdot \boldsymbol{A} = 0$）ともみなせる．

1.4 ケース II の場合

ケース II の場合を同じ手順で考えてみよう．$\nabla \cdot \boldsymbol{E}$ と $\nabla \times \boldsymbol{E}$ の式は変わらないので，クーロン則式 (1.12) は変わらない．スカラーポテンシャル φ も変わらず，式 (1.13) と式 (1.14) が成り立つ．

磁場については，式 (1.4d) の右辺に $\partial_t \boldsymbol{E}$ が付いているところが違うが，$\boldsymbol{E}$ はクーロン則であることがすでにわかったのでそれを代入すると

$$\varepsilon_0 \mu_0 \partial_t \boldsymbol{E} = -\frac{\mu_0}{4\pi} \int dV' \left(\nabla \frac{1}{R} \right) \partial_t \rho = \frac{\mu_0}{4\pi} \int dV' \frac{\nabla' \cdot \boldsymbol{j}}{R} = -\mu_0 \boldsymbol{j}_L. \tag{1.16}$$

連続方程式（$\partial_t \rho = -\nabla \cdot \boldsymbol{j}$）を使い，最後は式 (1.8b) と比べて，電流 $\boldsymbol{j}$ の縦成分 $\boldsymbol{j}_L$ と関係づけた．したがって式 (1.4d) は

$$\nabla \times \boldsymbol{B} = \mu_0 (\boldsymbol{j} - \boldsymbol{j}_L) = \mu_0 \boldsymbol{j}_T \tag{1.17}$$

となる．$\nabla \cdot \boldsymbol{j}_T = 0$ なので両辺のつじつまが合っている．ちなみにケース I では $\nabla \cdot \boldsymbol{j} = 0$ なので $\boldsymbol{j}_L = \boldsymbol{0}$ であった．

磁場の発散（$= 0$）と回転がわかったので，公式 (1.8) より

$$\boldsymbol{B} = \frac{\mu_0}{4\pi} \int \frac{\nabla' \times \boldsymbol{j}_T}{R} dV' \tag{1.18}$$

である．しかし $\boldsymbol{j}_T = \boldsymbol{j} - \boldsymbol{j}_L$ であり $\nabla \times \boldsymbol{j}_L = 0$ なので，上式は

$$\boldsymbol{B} = \frac{\mu_0}{4\pi} \int dV' \frac{\nabla' \times \boldsymbol{j}}{R} \tag{1.18$'$}$$

とも書け，BS 則になる．

注：一般に，電流のうちのスカラー関数の勾配として書ける部分（$\boldsymbol{j} = \nabla f$ と書けるとする）は

$$\int dV' (\nabla' 1/R) \times \nabla' f = -\int dV' (\nabla' \times \nabla' f)/R = 0$$

であり，磁場に寄与しない．

ベクトルポテンシャルについては，式 (1.18) からは

$$\boldsymbol{A} = \frac{\mu_0}{4\pi} \int dV' \frac{\boldsymbol{j}_T}{R} \tag{1.19}$$

だが，発生源（被積分関数）を $\boldsymbol{j}_T$ から $\boldsymbol{j}$ に変えて

$$\boldsymbol{A}' = \frac{\mu_0}{4\pi} \int dV' \frac{\boldsymbol{j}}{R} \tag{1.19$'$}$$

としても同じ $\boldsymbol{B}$ を与える．これはベクトルポテンシャルのゲージの自由度に関係している．実際，差は

$$\Delta \boldsymbol{A} = \boldsymbol{A}' - \boldsymbol{A} = \frac{\mu_0}{4\pi} \int dV' \frac{\boldsymbol{j}_L}{R} \tag{1.20}$$

なので $\nabla \times (\Delta \boldsymbol{A}) = 0$ であり（$\nabla \times \boldsymbol{j}_L = 0$ なので），したがって $\Delta \boldsymbol{A}$ はスカラー関数の勾配として書ける（注）．つまり $\boldsymbol{A}$ と $\boldsymbol{A}'$ は**ゲージ変換**でつながっている．$\boldsymbol{A}$ はクーロンゲージ，$\boldsymbol{A}'$ はローレンスゲージになる．

注：ベクトルポテンシャルのゲージ変換は，何らかのスカラー関数 Λ を使って $\boldsymbol{A} \to \boldsymbol{A} + \nabla \Lambda$ と書ける．スカラーポテンシャルの変換は $\varphi \to \varphi + \partial_t \Lambda$ だが，ここでは電流は定常なので Λ は時間に依存しない．

1.5 「変位電流」

式 (1.4d) の $\partial_t \boldsymbol{E}$ の項の有無にかかわらず同じ BS 則になるのは一見，不思議なので，BS 則の方から出発して発散や回転を計算したらどうなるかを調べてみよう．まず発散は

$$\nabla \cdot \boldsymbol{B} \propto \nabla \cdot \left(\nabla \times \int dV \frac{\boldsymbol{j}}{R} \right) = (\nabla \times \nabla) \int dV' \frac{\boldsymbol{j}}{R} = 0 \tag{1.21}$$

である．同じベクトル（ここでは ∇）の外積が 0 であることも使っている．式 (1.4b) に合致する．

一方，回転のほうは

$$\begin{aligned} \nabla \times \boldsymbol{B} &= \frac{\mu_0}{4\pi} \int dV' \left(\nabla' \times (\nabla' \times \boldsymbol{j}) \right) \frac{1}{|\boldsymbol{r} - \boldsymbol{r}'|} \\ &= \frac{\mu_0}{4\pi} \int dV' \left(- \left(\nabla^2 \frac{1}{|\boldsymbol{r} - \boldsymbol{r}'|} \right) \boldsymbol{j} + (\boldsymbol{j} \cdot \nabla) \nabla \frac{1}{|\boldsymbol{r} - \boldsymbol{r}'|} \right). \end{aligned} \tag{1.22}$$

上式 2 行目の第 1 項は $\Delta(1/|\boldsymbol{r} - \boldsymbol{r}'|) = -4\pi \delta^3(\boldsymbol{r} - \boldsymbol{r}')$ を使うと $\mu_0 \boldsymbol{j}$ になる．第 2 項は $\boldsymbol{j}\nabla = -\boldsymbol{j}\nabla'$ とし，部分積分をした上で $\nabla \cdot \boldsymbol{j} = -\partial_t \rho$ を代入すれば

$$\text{第 2 項} = -\frac{\mu_0}{4\pi} \partial_t \int dV' \rho \nabla \frac{1}{|\boldsymbol{r} - \boldsymbol{r}'|} = \frac{\mu_0}{4\pi} \partial_t \int dV' \rho \frac{\boldsymbol{r} - \boldsymbol{r}'}{|\boldsymbol{r} - \boldsymbol{r}'|^3} \tag{1.23}$$

となる．これはケース II では $\varepsilon_0 \mu_0 \partial_t \boldsymbol{E}$ に他ならない．

これは式 (1.16) より $-\mu_0 \boldsymbol{j}_L$ でもある．BS 則では消えていた $\boldsymbol{j}_L$ 項が復活したのは少し不思議だが，$\nabla \times \boldsymbol{B}$ の発散は 0 でなければならないので必然である．物理的には $\boldsymbol{j}_L$ 項（正確には $-\boldsymbol{j}_L$）が加わったというよりも，$\nabla \times \boldsymbol{B}$ には，$\boldsymbol{j}$ のうちの $\boldsymbol{j}_T$ の成分だけが寄与すると言うのが正しいだろう．$\boldsymbol{j}_T = \boldsymbol{j} - \boldsymbol{j}_L$ である．

注：電場がクーロン則は満たさないが，クーロン則からのずれは時間に依存しないという場合でも式 (1.23) は $\varepsilon_0 \mu_0 \partial_t \boldsymbol{E}$ になる．ケース III の特殊ケースだが，その場合でも BS 則が成立する．2.3 節末尾を参照．

ケース II で加わった $\varepsilon_0 \partial_t \boldsymbol{E}$ という項は**変位電流**（displacement current）と呼ばれる．この名称は，マクスウェルの元々の（現代では否定されている）モデルを引きずっているためであり適切ではないが，習慣なのでここでもそのように呼ぶ．変位という言葉にも，電流という言葉にも，とらわれないでいただ

きたい．ただ，名称や記号を用意しておくと便利なので

$$\text{変位電流}\quad \boldsymbol{j}_D = \varepsilon_0 \partial_t \boldsymbol{E} \quad \to \quad \nabla \times \boldsymbol{B} = \mu(\boldsymbol{j} + \boldsymbol{j}_D)$$

というように書く．また，変位電流の項が加わった式 (1.1d) を**アンペール–マクスウェルの法則**といい，以下，**AM** 則と略す．ケース I では $\boldsymbol{j}_D = \boldsymbol{0}$，ケース II では $\boldsymbol{j}_D = -\boldsymbol{j}_L$ であった．ケース III ではどうなるかは次章の課題である (2.6 節参照)．

ケース II について一つ不思議なのは，電荷が変化しているにもかかわらず，クーロン則 (1.12) が成り立つことである．この式は $\boldsymbol{r}'$ の電荷が瞬間的に，同時刻の離れた位置 $\boldsymbol{r}$ における電場に影響する形になっている．次章で議論するが，電磁場の影響は光速度でしか伝わらない (**遅延効果**)．ケース I では電荷分布は一定だから問題にはならないが，ケース II では電荷分布が時間的に変化する．それにもかかわらず，電場が離れた位置の同時刻の電荷によって決まるというのは正しいのだろうか (式 (1.12) には遅延効果がないので，**瞬間的クーロン場**と表現することもあるが，特に断らない限りクーロン場と言えば瞬間的クーロン場を意味する)．ケース II でも式 (1.4a) と (1.4d) が成り立つのだからクーロン則が成立するのは数学的には疑いがないが，物理的に考えたときになぜ遅延効果がないのだろうか．

磁場の場合，この疑問はあまり悩む必要はないかもしれない．なぜなら定常電流ならば電荷の大きさの変化は時間の一次関数になるので，その微分は時間に依存しない．つまり遅延効果があったとしても変位電流の大きさには影響しない．しかしもちろん，電場に対しては，なぜ瞬間的クーロン場が成り立つのか，説明が必要である．

この疑問に答えるには，次章のケース III の一般公式が必要なので，しばらく待っていただきたい．結論を言っておけば，遅延効果があるにもかかわらず，それを打ち消す別の効果 (2.3 節では「変動効果」と呼ぶ) もあって，遅延効果が見えなくなっている．

1.6 半無限直線電流

前節の話で興味深かったのは，(変位電流 $\boldsymbol{j}_D$ のない) BS 法則が，マクスウェル方程式の形にすると，変位電流を含む式 (1.1d) (AM 則) になったことである．式 (1.1d) は微分形だが，ストークスの定理を使って積分形にすると

$$\int dl \boldsymbol{B}_{\parallel} = \mu_0 \int dS (\boldsymbol{j} + \boldsymbol{j}_D)_{\perp} \tag{1.24}$$

となり，$\boldsymbol{j}_D$ を含む．これが矛盾ではないことを具体例で示しておこう．有名な例は図 1.1 のコンデンサー付き直線電流だが，本節ではまず，**半無限直線電流**を取り上げる．

z 軸の負の部分全体，つまり $z=0$ から $z=-\infty$ まで続く無限に長い導線があり，定常電流 I が $z=0$ に向けて流れている（図 1.2）．電荷が $z=0$ に貯まり続けるが，その電荷の大きさは $q(t)=It$ という式で表されるとする．（$z=0$ という一点に電荷が貯まり続けられるのかという疑問には目をつむる．）

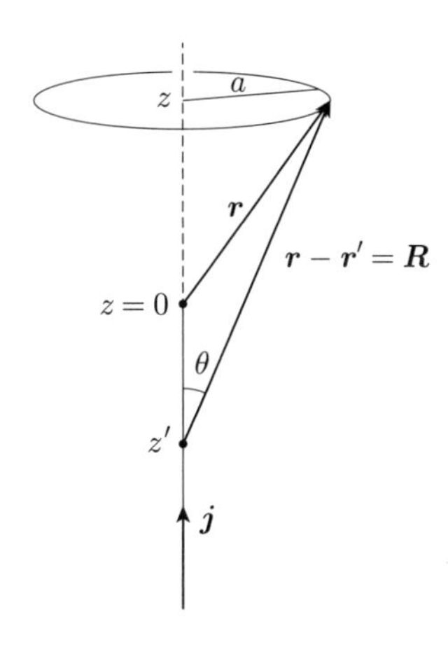

図 1.2　半無限直線電流.

BS 法則による計算

$z>0$，z 軸からの距離 a の点に生じる磁場を計算しよう．まず BS 法則で計算する．電流の寄与だけを考えればよい．磁場は電流の方向を軸として渦巻くので，図 1.2 のようになる．電流の各部分からの寄与は $\boldsymbol{j}\times(\boldsymbol{r}-\boldsymbol{r}')$ に比例し，その方向は電流の位置 z' には依存しない（$\boldsymbol{j}=I\boldsymbol{e}_z$）.

$$R=|\boldsymbol{r}-\boldsymbol{r}'|=\left((z-z')^2+a^2\right)^{1/2},$$

$$|\boldsymbol{j}\times(\boldsymbol{r}-\boldsymbol{r}')|=IR\sin\theta=Ia$$

なので

$$B=\frac{\mu_0 Ia}{4\pi}\int_{-\infty}^{0}dz'\frac{1}{((z-z')^2+a^2)^{3/2}}=\frac{\mu_0 I}{4\pi a}\left(1-\frac{z}{(z^2+a^2)^{1/2}}\right) \tag{1.25}$$

となる.

注：本書では二次式の 2 分の 3 乗が分母になる分数式の積分が頻繁に登場する．公式集を参考にしていただきたいが，一つだけ書いておくと

$$\int dx\ \frac{1}{(x^2+c)^{3/2}}=\frac{x}{c(x^2+c)^{1/2}}.$$

すでに指摘したように，BS 則を使う場合には $\boldsymbol{j}_D$ は必要ない．このことは 1.4 節で一般論から示してあるが，具体的に式 (1.14) に $\boldsymbol{j}_D$ を代入し，その積分が 0 になることを確認しよう．原点の点電荷の変化による変位電流の寄与は

$$\boldsymbol{B}(\boldsymbol{r}) \propto \partial_t q \int dV' \frac{\boldsymbol{r}' \times (\boldsymbol{r}-\boldsymbol{r}')}{|\boldsymbol{r}'|^3\,|\boldsymbol{r}-\boldsymbol{r}'|^3}$$

だが，この積分が 0 であることはいろいろな説明ができる．

説明 1：結果の $\boldsymbol{B}$ の方向を決めるベクトルは $\boldsymbol{r}$ しかないが，$\boldsymbol{B}$ は擬ベクトルなのでベクトル $\boldsymbol{r}$ に比例することはありえない．（発生源が点電荷ではなく電流ならば，その方向 $\boldsymbol{n}$ を使って，$\boldsymbol{n} \times \boldsymbol{r}$ という擬ベクトルが作れるが．）

説明 2：磁場は本来，渦巻くものだが，点電荷による球対称な電場からは渦巻くための軸が見つからない．

説明 3：（具体的な説明）$\boldsymbol{r}'$ の，$\boldsymbol{r}$ に垂直な成分を $\boldsymbol{r}'_\perp$ と書けば

$$\boldsymbol{r}' \times (\boldsymbol{r}-\boldsymbol{r}') = \boldsymbol{r}'_\perp \times \boldsymbol{r}$$

である．$\boldsymbol{r}'$ の全空間で積分するのだから，$\boldsymbol{r}'_\perp$ と $-\boldsymbol{r}'_\perp$ の寄与が打ち消し合って 0 になる（$\boldsymbol{r}'_\perp$ と $-\boldsymbol{r}'_\perp$ では分母が同じ）．

AM 則（積分形）による計算

次に式 (1.24) を使って磁場を計算するが，計算を始める前に，$\boldsymbol{j}+\boldsymbol{j}_D=\boldsymbol{j}_T$ とはどのような場なのか確認しておこう．$\boldsymbol{j}_D$ は原点に貯まる電荷によるクーロン場の時間微分なので原点から放射状に広がる場である．また $\boldsymbol{j}$ 自体は原点までの実電流の流れであり，この 2 つを加えたものが $\boldsymbol{j}_T$ である．$\nabla\cdot\boldsymbol{j}_T=0$ なのだから，この流れはどこかに貯まることはなく，$z=-\infty$ から $z=0$ まで流れた後に，四方八方に広がっていく．

式 (1.24) では，半径 a の円を境界とする何らかの曲面 S をつらぬくこの流れ $\boldsymbol{j}_T$ の総量を求めるのだが，実際には j と $\boldsymbol{j}_D$ それぞれの寄与を計算して足すことになる．

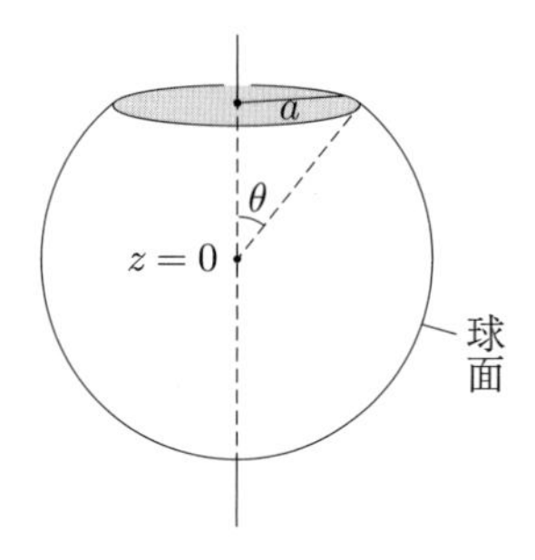

図 1.3 半径 a の円を境界とする 2 つの曲面．(1) 円板（グレーの部分），(2) 上部が欠けた球面．

最初は S を，図 1.3 の円板（グレーの部分）だとする．積分に寄与するのは $\boldsymbol{j}_D$ だけである．$\boldsymbol{j}_D$ はクーロン場（の時間微分）だから原点から放射状だが，積分に寄与するのは円板に垂直な成分，つまり z 成分である．それは，z 軸か

ら距離 ρ の位置では

$$\boldsymbol{j}_{D\perp} = \frac{I}{4\pi}\frac{z}{(z^2+\rho^2)^{3/2}}.$$

したがって式 (1.24) は

$$\begin{aligned}2\pi aB &= \mu_0 \int dS \boldsymbol{j}_{D\perp} = \frac{\mu_0 I}{2}\int_0^a d\rho \frac{z\rho}{(z^2+\rho^2)^{3/2}} \\ &= \frac{\mu_0 I}{2}\left(1 - \frac{z}{(z^2+a^2)^{1/2}}\right)\end{aligned}$$

となり，式 (1.25) に一致する．

変位電流だけの計算が電流だけの計算（BS 則）に一致したのも面白いが，もう一つ，$\boldsymbol{j}$ と $\boldsymbol{j}_D$ の両方が関係する計算もしてみよう．積分の曲面 S を，図 1.3 の，原点を中心とする「上部が欠けた球面」にする．球面の下部で電流がつらぬいている．また球面全体で，大きさの等しい変位電流が垂直に貫いている．

変位電流の寄与を計算すると

$$\text{欠けた球面の面積} = 2\pi r^2(1+\cos\theta) = 2\pi r^2(1+z/r)$$

なので（符号に注意）

$$\mu_0 \int dS \boldsymbol{j}_{D\perp} = -\frac{\mu_0 I}{4\pi}\frac{1}{r^2} \times \text{面積} = -\frac{\mu_0 I}{2}(1+z/r).$$

式 (1.24) 全体は

$$2\pi aB = \mu_0 I + (\text{上式})$$

となり，式 (1.25) が再現される．

1.7 クーロン則を導く？

BS 則からも AM 則からも同じ磁場が計算できた．だからといって，この 2 つの法則が同等だというわけではない．$\boldsymbol{j}_D$ 項を含んでいる AM 則から，それを含まない BS 則と同じ結果が得られた過程には，クーロン則による電場の計算が介在している．

逆に考えると，BS 則と AM 則からクーロン則が導かれるのではないか．実際，式 (1.23) はクーロンの法則を使って変位電流に等しいと述べたが，逆に式 (1.23) が（AM 則を前提とすれば）変位電流に等しいということからクーロン則を導くこともできる．

蛇足だと思われそうだが，前節の結果を使って具体的に計算してみよう．BS 則で得られた磁場から $\nabla \times \boldsymbol{B}$ を計算する．すべてをデカルト座標で書いて微分してもいいのだが，ここでは省力のため，球座標 (r, θ, ϕ) での回転の公式を使う（球座標や円筒座標での諸公式は，数学公式集，あるいは [グリフィス]II や [ジャクソン] 上の巻末でも見られる）．

式 (1.25) の磁場は ϕ 成分 B_ϕ であり，

$$B_\phi = \frac{\mu_0 I}{4\pi}\frac{1}{r\sin\theta}(1-\cos\theta)$$

と書ける．B_r と B_θ は 0 である．そしてそのときの $\nabla \times \boldsymbol{B}$ は，

$$(\nabla \times \boldsymbol{B})_r = \frac{1}{r\sin\theta}\frac{\partial}{\partial\theta}(\sin\theta B_\phi),$$

$$(\nabla \times \boldsymbol{B})_\theta = -\frac{\partial}{\partial r}(rB_\phi),$$

$$(\nabla \times \boldsymbol{B})_\phi = 0$$

であり，B_ϕ を代入すれば

$$(\nabla \times \boldsymbol{B})_r = \frac{\mu_0 I}{4\pi}\frac{1}{r^2}, \tag{1.26}$$

$$(\nabla \times \boldsymbol{B})_\theta = 0$$

となる．これが変位電流（電場の時間微分）なのだから，電場は放射状（r 成分のみ）で，逆二乗則を満たすことがわかる．さらに電場の式を

$$E_r = q(t)f(r,\theta,\phi)$$

と書くと（$dq/dt = I$）

$$(\nabla \times \boldsymbol{B})_r = \varepsilon_0\mu_0 If$$

であり，式 (1.26) を使えば f が決まって

$$E_r = \frac{q}{4\pi\varepsilon_0}\frac{1}{r^2}$$

となる．まさにクーロン則である．

AM 則による計算ではクーロン電場（変位電流）から磁場が得られた．BS 則による計算では電流から磁場が得られた．また本節では，磁場と電流からクーロン場を得た．計算手順からは何が原因で結果であるかは読み取れない．BS 則と AM 則，そして電場は放射状であるというクーロン則が全体として整合関係にあるとは言える．

第 3 章では，電場と磁場は独立した実体ではなく，見方によって入れかわり，全体（電磁テンソル）として意味をもつものであることを説明する．そのことも，電場と磁場との間に何らかの因果関係があるという見方はなじまない．

1.8 コンデンサー付き無限直線電流

次に，本章冒頭の図 1.1 の，**コンデンサー付き無限直線電流**モデルの話をしよう．上部から定常電流 I が流れ込んできており，上の極板には $Q(t) = It$ という電荷がたまっていくとする（下には $-It$）．

まず，多くの教科書に書いてある話をする．平行板コンデンサーの公式を使えば，各極板の面積を S として，コンデンサー内の電場の大きさは

$$E = \frac{Q/S}{\varepsilon_0} = \frac{It}{\varepsilon_0 S}, \tag{1.27}$$

コンデンサー内部全体での変位電流の合計は

$$\varepsilon_0 \frac{\partial}{\partial t}(ES) = I$$

となる．つまり電流が途切れている部分にも，実電流（導線部分に実際に流れている電流）に代わって同じ大きさの変位電流が流れているので，それを AM 則 (1.24) に使えば，途切れている部分を含む平面上（$z=0$）上でも同じ磁場ができる $\cdots$ というのが，普通の話の流れである．

この話を最初に聞いたとき，途切れている部分の形状をコンデンサー型にすることによって，途切れていることによる磁場の減少を補っているのかと思った．コンデンサーの円板上を放射状に流れる電流が寄与しているのだろうというイメージである．しかしこれは勘違いであることに気づいた（こんな勘違いはしていないという人は，本節と次節は無視していただきたい）．コンデンサーは磁場を補うどころか，むしろ減らしている．

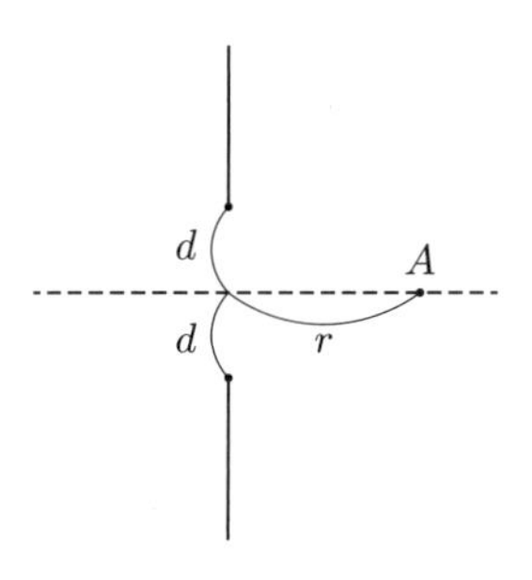

図 1.4　向かい合った半直線電流：半電流モデル．

最初は極板をはずし，1.6 節で議論した半無限直線電流が向かい合っているというモデルを考える（半電流モデルということにする）．半無限直線電流での磁場は，実電流だけの（つまり変位電流を含まない）BS 則で磁場が正確に計算できることはすでに示した．半直線電流が 2 つあってもこのことは変わらない．式 (1.25) を使えば，図の点 A での磁場は

$$B(\text{半電流モデル}) = -\frac{\mu_0 I}{2\pi r}\left(1 - \frac{d}{(d^2+r^2)^{1/2}}\right) \tag{1.28}$$

となる．極板間の距離を $2d$ とした．括弧の中の第 2 項が，途切れているための磁場の減少を表す．当然，遠方（$r \to \infty$）にいくか，または間隔 d をせばめれば，途切れていることの効果はなくなり，無限直線電流による磁場

$$B(\text{無限直線}) = -\frac{\mu_0 I}{2\pi r} \tag{1.29}$$

になる．

次に 2 枚の極板を付けたときを考える．BS 則で考える場合，上式に加えて，極板上に放射状に流れる電流の寄与も加えることになる．この電流は，極板間

では図 1.5 のように，渦巻く磁場を作るが，その方向は，導線部分による磁場の渦とは逆向きであることは，電流の方向を考えればわかるだろう．

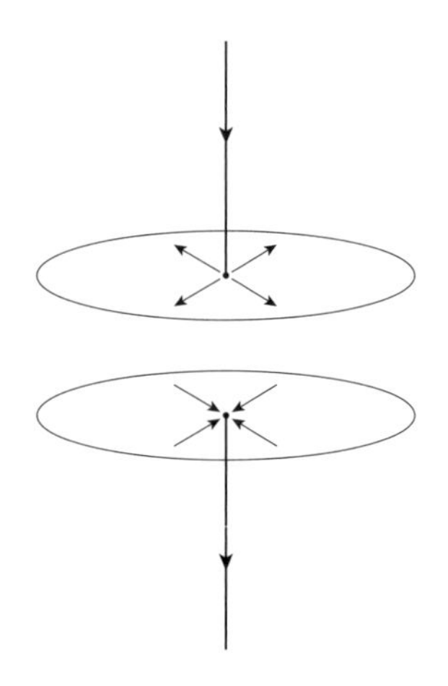

図 1.5　極板上を放射状に電流が流れる．

極板上の電流による磁場は極板からはずれた位置では小さい．実際，極板の間隔 d を 0 とする極限では上下の極板の寄与が打ち消し合って 0 になる（電場の極板からの漏れが 0 になることに対応する）．しかし $d \to 0$ という極限はこのシステムに途切れの部分がないということだから，無限直線電流の結果に一致するのは当然である．ここでは途切れがあったときの変位電流の寄与を考えているのだから，d が有限のことの効果を考えなければならない．そして d が有限ならば図 1.5 では，極板電流による磁場は，直線電流による磁場とは逆向きになり，全磁場は式 (1.28) よりも小さくなる．つまり，コンデンサーを付けることによっては，途切れによる磁場の減少が補われない．半電流の場合と比べても，コンデンサーの存在は事態を「悪化」させている．

BS 則ではなく AM 則で考えたらどうなるだろうか．本節冒頭の議論である．冒頭では電場はコンデンサーからもれないという近似で考えた．しかしそれは，極板間の間隔 $2d$ が 0 の場合のみ正しい．しかし $d = 0$ ならば途切れがないということだから変位電流のことを議論する必要もない．

間隔が有限だと厳密には電場はコンデンサーからもれるので，有限な領域で考えている限り，変位電流の積分は I にはならない．もちろん半電流モデルでも途切れている部分の電場は膨らんでいるので，変位電流の積分は I にはならないが，コンデンサーがある場合のほうが電荷分布が外側に広がるので，もれは大きくなる．コンデンサーの存在が事態を「悪化」させていることがわかるだろう．何も付けていない半電流モデルのほうが無限直線電流の状況に近い．

1.9 極板間の磁場

このモデルについて言いたかったことはこれですべてなのだが，コンデンサーの極板間での磁場について簡単な計算を示しておこう．ただし d が有限であることによる電場の膨らみを無視した計算なので，上記の主張に直接関係した話にはなっていない．しかし極板上の電流が極板間でどのような磁場を作るのか理解するのには役立つだろう．

最初は AM 則（式 (1.24)）を使う．極板は z 軸上に中心をもつ半径 a の円であるとし，極板の中間に位置する，やはり z 軸上に中心をもつ半径 r の円を考える（$a > r$）．$I > 0$ とすれば変位電流は下向き（マイナス）である．したがって磁場は上から見て右回り（時計回り）で渦巻いていることがわかる．

渦巻く磁場（回転方向の成分）を $B(r)$（< 0）とすると，式 (1.27) より

$$2\pi r B = -\frac{\mu I}{S} \times \text{円の面積} = -\mu_0 I \left(\frac{r}{a}\right)^2$$

したがって，

$$B(\text{AM 則}, r < a) = -\frac{\mu_0 I}{2\pi}\frac{r}{a^2}$$

である．これを，大きさ I の無限直線電流による磁場（式 (1.29)）と比較すれば，極板の外縁（$r = a$）で一致するが，内部では（大きさが）減っていることがわかる．

次に，この磁場を BS 則から求めてみよう．向かい合った両極板のちょうど中間の平面上での磁場を計算する．実電流だけを考えるが，実電流には，上下 2 本の半直線電流と，極板上の電流がある．後者は，極板と導線の接点，つまり極板の中心から，極板上を放射状に外縁に向けて流れる（上の極板），あるいは外縁から中心向きに流れる（下の極板）電流である．

まず半直線電流を考えよう．これによる磁場 $B(\text{半直線})$ は式 (1.25) である．つまり

$$B(\text{半直線}) = -\frac{\mu_0 I}{2\pi r}\left(1 - \frac{d}{(d^2 + r^2)^{1/2}}\right).$$

次に，極板上の電流を考える．上の極板上を放射状に外向きに流れる電流の電流密度を $j(r)$ とすると，その電流は，極板上の電荷密度を一定の割合（I/S）で増やすように流れていなければならない．その条件式は

$$\frac{1}{r}\frac{d}{dr}(rj) = -I/S$$

であり，$r \to 0$ では $j = I/(2\pi r)$ であるという条件を課せば

$$\begin{aligned} j(r) &= -\frac{1}{2}\frac{I}{S}r + \frac{I}{2\pi r} \\ &= \frac{I}{2\pi r}\left(1 - \frac{r^2}{a^2}\right) \end{aligned}$$

となる．当然，外縁（$r = a$）で 0 になっている．

平行板電流の板の間の磁場は（板の間隔が狭ければ）$B=\mu_0 j$ なので，この電流による磁場 B(極板) は

$$B(\text{極板})=\frac{\mu_0 I}{2\pi r}\left(1-\frac{r^2}{a^2}\right).$$

$r>a$ ではこの近似では B(極板) $=0$ である．

したがって，BS 則から計算できる磁場は，間隔 d が小さいという近似では，

$$B(\text{BS 則})=B(\text{半直線})+B(\text{極板})\fallingdotseq -\frac{\mu_0 I}{2\pi}\frac{r}{a^2}$$

となる．

変位電流（AM 則）の計算による B と一致したのは予想どおりだが，B(極板) はプラスなので左回りの磁場であり，右回りの B(半直線) の一部を打ち消した結果が上式であることに注意．コンデンサー極板上の電流による磁場は B(半直線) を補っているのではない．

以上は d/a についての 0 次の計算であり，前節のポイントである電場や磁場のコンデンサーからの漏れは考慮されていないが，漏れがあるとしたらそれはどの方向の効果をもたらすかは，以上の結果を考えれば明らかだろう．

実はこの計算を改良して，AM 法則からコンデンサーのフリンジ効果を計算する新しい手法が見つからないかと少し考えたのだが，残念ながら役立ちそうな結果は得られなかった．

1.10 動く点電場による磁場：第 0 近似

本章の最後に，ケース II ではないのだが，近似としてここまでの話に似た状況が現れる話題を一つとりあげよう．点電荷 q が動いており，その軌道を $\boldsymbol{r}_0(t)$ とする．その点電荷が作る磁場は何かという問題である．定常電流ではないが，速度が小さいという近似の結果として BS 則と変位電流付きの AM 則が両立することを説明しよう．

速度は

$$\boldsymbol{v}=d\boldsymbol{r}_0/dt$$

なので，点電荷による電流は

$$\boldsymbol{j}_q(\boldsymbol{r})=q\boldsymbol{v}\delta^3(\boldsymbol{r}-\boldsymbol{r}_0(t))$$

だと考えられるので，BS 則が使えるとすれば，

$$\boldsymbol{B}(\boldsymbol{r})=\frac{\mu_0}{4\pi}\int dV'\nabla\left(\frac{1}{R}\right)\times\boldsymbol{j}_q(\boldsymbol{r}')=\frac{\mu_0}{4\pi}q\boldsymbol{v}\times\boldsymbol{R}/R^3. \tag{1.30}$$

ただし最初は $\boldsymbol{R}=\boldsymbol{r}-\boldsymbol{r}'$，そして右辺では $\boldsymbol{R}=\boldsymbol{r}-\boldsymbol{r}_0(t)$ である．

仮に点電荷の動きが等速であったとしても，上式は厳密には正しくはない．等速の場合の正解は第 5 章の式 (5.6′) であり，等速ではない場合は第 5 章の章

末で紹介した式になる．しかしこれらと比べても，見当外れの式でもなさそうである．本節では，上式がどのような意味で，どのような近似で正当化できるかを，マクスウェル方程式を解くという立場から考える．

速度 v が小さい（厳密には $\beta = v/c$ が小さい）ので，v について摂動で考えるとしてみよう．$v = 0$ から出発し，そのときの場を $\boldsymbol{E}^{(0)}, \boldsymbol{B}^{(0)}$ とする．当然，$\boldsymbol{B}^{(0)} = 0$ であり，電場に対する式は

$$\nabla \cdot \boldsymbol{E}^{(0)} = q\delta^3(\boldsymbol{r} - \boldsymbol{r}_0(t))/\varepsilon_0, \qquad \nabla \times \boldsymbol{E}^{(0)} = 0$$

である．この解はクーロン則

$$\boldsymbol{E}^{(0)} = \frac{1}{4\pi\varepsilon_0}\frac{\boldsymbol{R}}{R^3}$$

である．次に v についての 1 次の磁場 $\boldsymbol{B}^{(1)}$ は，上式を AM 則に代入し

$$\nabla \times \boldsymbol{B}^{(1)} = \mu_0(\boldsymbol{j}_q + \boldsymbol{j}_D) = \mu_0 q\delta^3(\boldsymbol{r} - \boldsymbol{r}_0(t)) + \frac{1}{c^2}\partial_t \boldsymbol{E}^{(0)}$$

であり，これと $\nabla \cdot \boldsymbol{B}^{(1)} = 0$ を組み合わせて解けばよい．

$\boldsymbol{E}^{(0)}$ がクーロン場なので，ケース II と同じである．ヘルムホルツ流（1.2 節）に解いてもいいし，AM 則にストークスの定理を適用してもよい．まず，前者で考えると BS 則になり，変位電流の項はきかない．したがって，式 (1.30) が得られる．

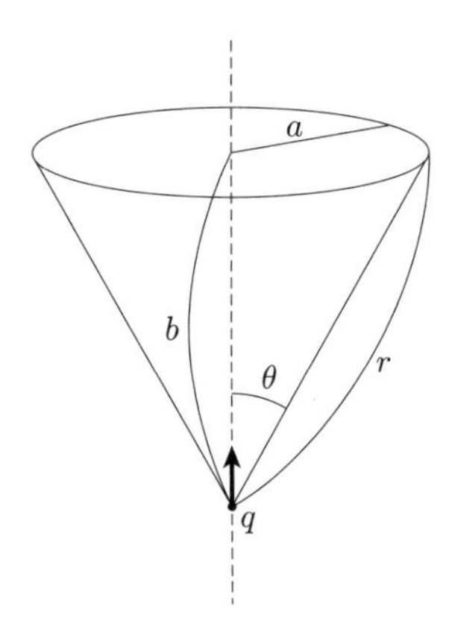

図 1.6　動く点電荷に対するストークスの定理の適用．

ストークスの定理を使う場合には，図 1.6 の半径 a の円上で

$$\int dl B_{\parallel}^{(1)} = \varepsilon_0\mu_0\partial_t \int dS E_{\perp}^{(0)} \tag{1.31}$$

を計算する問題になる．通常のケースとは電場と磁場の役割が逆転している．点電荷から出る全電束は q/ε_0 なので，図の円錐部分を出ていく電束は

$$\int dS E_{\perp}^{(0)} = \frac{q}{\varepsilon_0}\frac{1 - \cos\theta}{2}$$

である．そして図で $db/dt = v$ なので，$a =$ 一定 とすれば，少しの計算の後

$$d\cos\theta/dt = va^2/r^3$$

となる．結局，式 (1.31) は

$$\begin{aligned} 2\pi a B^{(1)} &= \varepsilon_0\mu_0 \frac{q}{2\varepsilon_0}\frac{va^2}{r^3} \\ \to B^{(1)} &= \frac{\mu_0 q}{4\pi}\frac{va}{r^3}. \end{aligned} \tag{1.32}$$

これは式 (1.30) を意味する．

摂動計算をさらに進めるには，次は

$$\nabla \times \boldsymbol{E}^{(2)} = -\partial_t \boldsymbol{B}^{(1)}$$

に式 (1.32) を代入して $\boldsymbol{E}^{(2)}$ を求めることになる．電場の v^2 に比例する項が得られる他，加速度に関係する項も登場する．この話の続きは第 5 章で行う．

参考文献とコメント

ヘルムホルツの定理，ヘルムホルツの分解については諸教科書に記されているが，電流にそれを適用するとケース II での変位電流が理解できるという話は私は [北野 21] で知った．ただ，BS 則から変位電流が得られるという話は [和田 94] の執筆中に気付いて章末問題 8.3 に入れている．1.9 節の計算は過去にもあるだろうとは思っていたが，たとえば [Bar] に見られるようである．

ケース II に相当する設定での磁場の計算例は [加藤] の 4.3 節にもいくつかある．最終節の話は [加藤] の第 4 章問題 12.5 の冒頭部分を少し広げたものである．この話は本書 5.2 節に続く．

第 2 章
ジェフィメンコの式とヘルムホルツ流マクスウェル方程式

本章の要点

・クーロン則やビオ–サバール則を一般化した，一般的なケースでの電磁場を与えるのが**ジェフィメンコの式**である．この式の，波動方程式を使った導出と，基本的な性質を復習する．

・一般的なケースでは，電磁場の影響は有限な速度 (光速度) でしか伝わらないという遅延効果があるが，それに付随して，本書で「変動効果」と呼ぶものもあり，遅延効果の一部を打ち消す．

・ジェフィメンコの式の応用例を幾つか提示する．

・ベクトル場はその発散と回転を与えれば決まる（ヘルムホルツの定理）．この定理を使って（つまり波動方程式ではなくポワソン方程式を使って）ジェフィメンコの式を得る方法を考える．マクスウェル方程式を修正し，その右辺を電荷分布と電流分布だけで表す．これを本書では**ヘルムホルツ流マクスウェル方程式**と呼ぶ．また，その解が正しい遅延効果をもつという条件から光速度が決まることを示す．

2.1 一般的なケース（ケース III）

一般的なケース（1.1 節のケース III）がケース I と異なるのは，マクスウェル方程式に電磁場の時間微分の項が登場する点である．ケース II では電場の時間微分が現れたがクーロン場の特殊性のために影響は小さかった．しかし一般にはそうはいかない．

1.2 節で示したように，ベクトル場は一般にその発散と回転がわかっていれば，ポワソン方程式から解が得られる．しかしマクスウェル方程式では，場の時間微分を通してしか発散と回転は与えられていない．つまりヘルムホルツの定理は使えない．そのため，マクスウェル方程式を（ポワソン方程式ではなく）波動方程式に書き換えて解を求めるというのが普通の流れである．その結果がジェフィメンコの式と呼ばれているものである．

それに対して，ヘルムホルツの定理を使うには，マクスウェル方程式を修正し，電磁場の発散と回転を電荷分布と電流分布だけで（つまり場の時間微分を含めずに）表さなければならないが，筆者は最近，この計算をした．この修正版を筆者はヘルムホルツ流マクスウェル方程式と呼ぶ．それからジェフィメンコの式を導くという話は，本章後半のテーマとする．本章の前半では，従来の方法による解法を紹介した上で，解の性質についていくつかの議論をする．

ジェフィメンコの式の導出法には幾つかあるが，ポテンシャル（ϕ と A）を通して考えるのが一番わかりやすい．さらに言えば，具体的な例ではジェフィメンコの式で電磁場を計算するよりも，まずポテンシャルを計算してそれから電磁場を導出するという流れのほうが早い場合も多い．そのため，教科書ではジェフィメンコの式はあまり大きくは扱われないが，電磁気学のあまり知られていない側面をつつくという本書にとっては格好の話題である．

本節ではまず，遅延効果を現すためのローレンツの記法について復習し，波動方程式からポテンシャルの一般遅延解を求めるという，標準的な教科書に書かれている話を要約する．

まず，遅延効果，そして遅延時間という考え方を説明する．

$$F(\boldsymbol{r},t)=\int dV' f(\boldsymbol{r},\boldsymbol{r}',t) \tag{2.1}$$

という形の積分を考えよう．dV' とは $\boldsymbol{r}'$ での空間積分である．時間依存性の有無を除けば，これまでのクーロン則や BS 則もこの形である．

この式は時間的に瞬間的な関係式である．F を計算する位置が $\boldsymbol{r}$ であり，$\boldsymbol{r}'$ はそこから $|\boldsymbol{r}-\boldsymbol{r}'|$ だけ離れた点だが，離れた点 $\boldsymbol{r}'$ から F への影響を，距離とは無関係に同時刻 t の f の値を使って計算する．つまり時間的なずれがない．$\boldsymbol{r}'$ からの影響が瞬間的に $\boldsymbol{r}$ に伝わっているという意味で瞬間的な関係である．

上式を，影響の伝達速度が c である場合の関係式に変えよう．c は通常は光速度を表すが，ここではともかく，伝達速度が何らかの定数 c であると考える．まず

$$t_R=t-|\boldsymbol{r}-\boldsymbol{r}'|/c=t-R/c \tag{2.2a}$$

という新たな変数を定義する．

$$\boldsymbol{R}=\boldsymbol{r}-\boldsymbol{r}', \qquad R=|\boldsymbol{R}| \tag{2.2b}$$

である．t_R は独立変数ではなく，t, $\boldsymbol{r}$, $\boldsymbol{r}'$ の 3 変数の関数である（$t_R=t'(\boldsymbol{r},\boldsymbol{r}',t)$）．$t_R$ はしばしば**遅延時間**（retarded time）と呼ばれるが，$\boldsymbol{r}'$ で発生した信号が時刻 t に $\boldsymbol{r}$ に到達した場合の，$\boldsymbol{r}'$ における**発生時間**である．遅延時間とは発生時間のことだと覚えておくとよい．むしろ $t-t_R$ が遅延時間のように思えるが，そうは言わない．

次に，任意の関数 f に対して，それに遅延効果を加えた $[f]$ という関数を，次の式で定義する（これがローレンツの記法）．

$$[f(\boldsymbol{r},\boldsymbol{r}',t)]=f(\boldsymbol{r},\boldsymbol{r}',t_R). \tag{2.3}$$

これは，$\boldsymbol{r}'$ から発生した信号が $\boldsymbol{r}$ に到達するのに $|\boldsymbol{r}-\boldsymbol{r}'|/c$ だけかかるとして，それだけさかのぼった時刻 t_R での f の値を考えようという発想から考えた定義である．

t_R は独立変数ではなく，$[f]$ も f と同様に $\boldsymbol{r}$, $\boldsymbol{r}'$, t の 3 変数の関数である．$[f]$ は t_R を通しても，$\boldsymbol{r}$ や $\boldsymbol{r}'$ に依存する．したがって $[f]$ を $\boldsymbol{r}$ で微分するときは，t_R の $\boldsymbol{r}$ による微分も考えなければならない．たとえば $[f]$ の $\boldsymbol{r}$ による偏微分 ∇ は

$$\nabla[f]=[\nabla f]+\nabla t_R\partial_t[f]=[\nabla f]-\frac{\boldsymbol{R}}{cR}\partial_t[f]. \tag{2.4}$$

$[\nabla f]$ とは，まず $f(\boldsymbol{r},\boldsymbol{r}',t)$ を $\boldsymbol{r}$ で偏微分してから，t を t_R に変えるという意味である．時間微分 ∂_t は [ ] の中に入れて $[\partial_t f]$ としても同じである．同様に，$\boldsymbol{r}'$ による偏微分は

$$\nabla'[f]=[\nabla' f]+\frac{\boldsymbol{R}}{cR}\partial_t[f] \tag{2.5}$$

となる．

f はベクトルであってもよく，そのときの ∇ と f の関係は内積でも外積でもよい．たとえば外積ならば，式 (2.4) は

$$\nabla\times[\boldsymbol{f}]=[\nabla\times\boldsymbol{f}]+\nabla t_R\times\partial_t[\boldsymbol{f}]=[\nabla\times\boldsymbol{f}]-\frac{\boldsymbol{R}}{cR}\times\partial_t[\boldsymbol{f}] \tag{2.6}$$

である．

次に式 (2.1) に遅延効果を加えて変形した

$$F(\boldsymbol{r},t)=\int dV'[f]=\int dV' f(\boldsymbol{r},\boldsymbol{r}',t_R)$$

という積分を考えよう．これを $\boldsymbol{r}$ で偏微分し，式 (2.4) を使うと

$$\nabla F=\int dV'\nabla[f]=\int dV'[\nabla f]-\int dV'(\boldsymbol{R}/cR)\partial_t[f]. \tag{2.7}$$

第 1 項は単純な微分に遅延効果を加えただけの項であり，第 2 項は，微分する前に取り入れた遅延効果による補正項である．

また

$$\nabla\int dV'\frac{[f]}{R}=\int dV'\frac{[\nabla' f]}{R} \tag{2.8}$$

という関係も成り立つ（被積分関数を R で割っているところが重要）．積分の外の ∇ と [ ] 内の ∇' を入れ換えるという式であり，非常に有用である．ただし $f(\boldsymbol{r},\boldsymbol{r}',t)$ は $\boldsymbol{r}$ には依存しないとする．この形の積分では f は電荷/電流密度になるので，観測位置である $\boldsymbol{r}$ には依存しないのが普通である．つまり $\nabla f=0$ だが $\nabla[f]\neq 0$ である．上式は

$$\nabla'([f]/R) = [\nabla' f]/R - \nabla([f]/R)$$

を証明した上で（式 (2.4), (2.5) を使う），$\boldsymbol{r}'$ で全空間の積分をして得られる（左辺の積分は部分積分により 0 になるとする）．

遅延効果は波動方程式の解に現れる．

$$\Box F(\boldsymbol{r}, t) = \left(\frac{1}{c^2}\partial_t^2 - \Delta\right) F = g(\boldsymbol{r}, t) \tag{2.9}$$

という式を考えよう．**ダランベルシアン** $\Box$ は逆符号で定義することもあるが，ここでは上記のようにする．

g は，F（が表す波）の発生源であり，g が与えられているときの波 F を決める式である．この式の解はローレンツの記法を使って

$$F(\boldsymbol{r}, t) = \frac{1}{4\pi}\int \frac{[g(\boldsymbol{r}', t_R)]}{|\boldsymbol{r} - \boldsymbol{r}'|} dV' \tag{2.10}$$

と表される．

電磁気の話に移ろう．通常の教科書に書かれていることなので，さらっといく．静的な 1.4 節の話の，時間依存性がある場合への拡張である．

まずポテンシャル（$\varphi, \boldsymbol{A}$）を使って，電磁場を

$$\boldsymbol{E} = -\nabla\varphi - \partial_t \boldsymbol{A}, \qquad \boldsymbol{B} = \nabla \times \boldsymbol{A} \tag{2.11}$$

と表す．こう書くと，$\nabla \cdot \boldsymbol{B} = 0$，$\nabla \times \boldsymbol{E} = -\partial_t \boldsymbol{B}$ という式は自動的に満たされる（むしろこれらの式が，式 (2.11) のように書けることを保証していると言うべきだが）．そして式 (2.11) を，マクスウェル方程式の $\nabla \cdot \boldsymbol{E} = \cdots$，$\nabla \times \boldsymbol{B} = \cdots$ に代入して φ と $\boldsymbol{A}$ についての式を得る．さらに，また，ポテンシャルにはゲージの自由度があることを利用して，ローレンスゲージの条件

$$\frac{1}{c^2}\partial_t\varphi + \nabla \cdot \boldsymbol{A} = 0 \quad （第 4 章の記法では \partial_\mu A^\mu = 0）$$

というものを課すと，φ と A の式は

$$c = \frac{1}{\sqrt{\varepsilon_0 \mu_0}}$$

として，次の**波動方程式**になる．

$$\Box\varphi = \left(\frac{1}{c^2}\partial_t^2 - \Delta\right)\varphi = \rho/\varepsilon_0, \tag{2.12a}$$

$$\Box\boldsymbol{A} = \left(\frac{1}{c^2}\partial_t^2 - \Delta\right)\boldsymbol{A} = \mu_0 \boldsymbol{j}. \tag{2.12b}$$

したがってその解は

$$\varphi(\boldsymbol{r}, t) = \frac{1}{4\pi\varepsilon_0}\int dV' \frac{[\rho(\boldsymbol{r}', t_R)]}{|\boldsymbol{r} - \boldsymbol{r}'|}, \qquad \boldsymbol{A}(\boldsymbol{r}, t) = \frac{\mu_0}{4\pi}\int dV' \frac{[j(\boldsymbol{r}', t_R)]}{|\boldsymbol{r} - \boldsymbol{r}'|} \tag{2.13}$$

となる．

2.2 ジェフィメンコの式

具体例を考える場合，まず式 (1.13) を計算し，それを式 (2.11) に代入すれば電場と磁場が得られる．しかし最初から式 (1.13) を式 (2.11) に代入した式を計算しておき，電磁場の一般公式がどうなるかを見ることも興味深い．それがジェフィメンコの式である．

注：マクスウェルをはじめとして電磁気学の法則には 19 世紀の学者の名前が付いているのが普通だが，ジェフィメンコは 1922 年ウクライナ，ハルキウ生まれの米国で活躍した人物である．彼の 1966 年に著わした教科書に明確な形でこの公式が書かれ，その後，米国の他の教科書にもそこから引用されて，彼の名を付けて呼ばれるようになった．ただしパノフスキー–フィリップスの 1962 年の教科書にもフーリエ変換された形で登場している．

まず，電場の式から紹介しよう．

$$\begin{aligned}\boldsymbol{E}(\boldsymbol{r},t) &= -\frac{1}{4\pi\varepsilon_0}\nabla\int dV'\frac{[\rho]}{R} - \frac{\mu_0}{4\pi}\partial_t\int dV'\frac{[\boldsymbol{j}]}{R} \\ &= \frac{1}{4\pi\varepsilon_0}\int dV'\frac{[\rho]\boldsymbol{R}}{R^3} + \frac{1}{4\pi\varepsilon_0}\int dV'\frac{[\partial_t\rho]\,\boldsymbol{R}}{cR^2} - \frac{\mu_0}{4\pi}\int dV'\frac{[\partial_t\boldsymbol{j}]}{R} \\ &= \frac{1}{4\pi\varepsilon_0}\int dV'\frac{[\rho]\boldsymbol{R}}{R^3} - \frac{1}{4\pi\varepsilon_0}\int dV'\frac{(\nabla'\cdot[\boldsymbol{j}])\boldsymbol{R}}{cR^2} \\ &\quad + \frac{\mu_0}{4\pi}\int dV'\frac{([\partial_t\boldsymbol{j}]\times\boldsymbol{R})\times\boldsymbol{R}}{R^3}. \end{aligned} \tag{2.14}$$

解説すると，1 行目は (1.13) を (2.11) に代入しただけである．そして式 (2.4) を使って第 1 項を書き換えると 2 行目になる．2 行目がジェフィメンコの式と呼ばれる形だが，あとで議論するようにこの表現にはわかりにくい点があり，さらに書き換えられたのが 3 行目である．まず

$$\nabla'\cdot[\boldsymbol{j}] = [\nabla'\cdot\boldsymbol{j}] + [\partial_t\boldsymbol{j}]\cdot\boldsymbol{R}/cR = [-\partial_t\rho] + [\partial_t\boldsymbol{j}]\cdot\boldsymbol{R}/cR$$

という式を考える．連続方程式を使った．ただしこの $\boldsymbol{j}$ は上式の被積分関数に入る $\boldsymbol{j}$ なので，t を除けば（$\boldsymbol{r}$ ではなく）$\boldsymbol{r}'$ の関数である．ρ も同様．そして，右辺の $[\partial_t\rho]$ を式 (2.14) の 2 行目第 2 項に代入し，第 3 項と組み合わせると，3 行目の式が出てくる．ただしまとめるときに

$$([\partial_t\boldsymbol{j}]\times\boldsymbol{R})\times\boldsymbol{R} = -R^2[\partial_t\boldsymbol{j}] + ([\partial_t\boldsymbol{j}]\cdot\boldsymbol{R})\boldsymbol{R}$$

という式を使う．

磁場の方は

$$\begin{aligned}\boldsymbol{B}(\boldsymbol{r},t) &= \frac{\mu_0}{4\pi}\nabla\times\int dV'\frac{[\boldsymbol{j}(\boldsymbol{r}',t_R)]}{R} \\ &= \frac{\mu_0}{4\pi}\int dV'\left(\left(\nabla\frac{1}{R}\times[\boldsymbol{j}]\right) + \frac{([\partial_t\boldsymbol{j}]\times\boldsymbol{R})}{R^2}\right) \\ &= \frac{\mu_0}{4\pi}\int dV'\nabla\frac{1}{R}\times\left([\boldsymbol{j}] - \frac{R}{c}[\partial_t\boldsymbol{j}]\right) \end{aligned} \tag{2.15}$$

と書ける．1 行目は定義そのもので，2 目行へは式 (2.4) を使えばよい．2 行目の形がジェフィメンコの式と言われているが，3 行目のようにも書ける．

2.3 遅延効果と変動効果

本節では以下，これらの式の意味について，すぐにわかることを幾つか解説する．まず，これらが前章で議論したケース I とケース II を再現することを確認しよう．ケース I とは電荷分布 ρ も電流分布 $\boldsymbol{j}$ も静的な場合だが，電場では（2 行目の式でも 3 行目の式でも）第 1 項だけになり，$[\rho] = \rho$ でもあるので，普通の（遅延効果のない瞬間的な）クーロン則である．磁場も第 1 項だけになり，これも瞬間的 BS 則である．そして電荷分布や電流分布が有限領域に限定されていれば，遠方（つまり $R \sim r$ のとき）で r^2 に反比例することはすぐにわかる．

ケース II のほうは $\boldsymbol{j}$ だけが静的なケースだった．$\partial_t \boldsymbol{j} = 0$（つまり $[\boldsymbol{j}] = \boldsymbol{j}$）なので磁場は第 1 項だけになり，1.5 節で議論した通り，BS 則が成り立っている．

$[\rho] = \rho$ ではないので，電場はやや複雑である．1.1 節で，このケースでは ρ は t の一次関数であることを説明した．つまり

$$\rho(\boldsymbol{r}', t) = \rho_0(\boldsymbol{r}') + \rho_1(\boldsymbol{r}')t \tag{2.16a}$$

という形に書け，したがって

$$[\rho] = \rho_0 + \rho_1 t' = \rho_0 + \rho_1(t - R/c) \tag{2.16b}$$

となる．**遅延効果**（R/c の部分）があるが，この部分は式 (2.14) の 2 行目第 2 項によって打ち消される．実際，$\partial_t \rho = \rho_1$ を第 2 項に代入すれば第 1 項の $\rho_1 R/c$ を打ち消す．そして最終的には

$$\boldsymbol{E} = \frac{1}{4\pi\varepsilon_0} \int dV' (\rho_0 + \rho_1 t) \frac{\boldsymbol{R}}{R^3} \tag{2.17}$$

となる．電荷部分は $\rho(t)$ だから，これは瞬間的なクーロン則に他ならない．t_R ではなく t での電荷で電場が決まっている．1.5 節の話と合致する．

以上の結果をまとめると，第 1 項には確かに遅延効果があるが，第 2 項によって打ち消される．第 2 項は $\partial_t \rho$ に比例するので本書では**変動効果**と呼び，遅延効果と変動効果が打ち消し合っていると表現する．ただし，式 (2.16a) が無限の過去まで成り立つと考えるのは非現実的な面もある．その点を改善した計算はケース III の具体例として 2.4 節で紹介する．

注：この効果は動的な電磁場の場合によく出てくる現象であり，第 5 章でも取り上げる．よく知られた現象だが私が知る限り名称が付けられていなかったので，本書ではこのように呼ぶ．

式 (1.13) からわかるようにポテンシャルには変動効果はない．電磁場とは何

が違うのか，次のように考えればわかりやすい．本章ではまずポテンシャルの波動方程式 (2.12) からその解を求め，それから電磁場に対するジェフィメンコの式を導いた．そのほうが計算が簡単だからだが，最初から電磁場に対する波動方程式を求め，それの解としてジェフィメンコの式を求めることもできる．たとえば電場に対する波動方程式は

$$\Box \boldsymbol{E} = \left(\frac{1}{c^2}\partial_t^2 - \Delta\right)\boldsymbol{E} = \frac{\nabla\rho}{\varepsilon_0} + \mu_0\partial_t \boldsymbol{j}$$

となる．たとえば電荷だけを考えると，電場の発生源は ρ ではなく $\nabla\rho$ である．したがってこの式の解は $[\nabla'\rho]$ の積分として表されるが

$$[\nabla'\rho] = \nabla'[\rho] - \frac{\boldsymbol{R}}{cR}[\partial_t\rho]$$

なので，第 2 項が変動効果の原因となる．静的な場合の ρ に遅延効果を入れただけではすまないことがわかるだろう．

ケース III では j にも時間依存性があるのでジェフィメンコの式には $\partial_t\boldsymbol{j}$ の項が生じ，遠方で $1/r$ に比例する．電磁波である．電磁波は，磁場のほうは右辺第 2 項だけでよいが，電場はわかりにくい．そのための変形が 3 行目である．3 行目で考えると，第 2 項は ∇' で部分積分できる形になっているので (∇' が [ ] の外に出ている)，電流分布が有限領域に限定されていれば全体として遠方で $1/r^2$ に比例する．つまり電磁波にきくのは第 3 項だけである．

そしてこの第 3 項と磁場の第 2 項を比較すれば，遠方では互いに直交し，またどちらも $\boldsymbol{R} \fallingdotseq \boldsymbol{r}$ に直交しており，しかも遠方で $1/r$ に比例するので，まさに電磁波の形をしていることがわかる．

また，式 (2.14) の 3 行目第 2 項は $\nabla'\cdot[\boldsymbol{j}]$ に比例するので，電流が静的でも電場を発生させることになり，問題とされたこともあったようである（電流が動いていれば電場が生じるのは問題ないが）．しかし静的な場合には

$$\nabla'\cdot[\boldsymbol{j}] = \nabla'\cdot\boldsymbol{j}(\boldsymbol{r}') = -\partial_t\rho(\boldsymbol{r}')$$

なので，これが 0 でないというのはケース II の場合に相当し，電場が生じるのは当然である．

かなり興味本位な話になってきたが，もう一つ，磁場の式 (2.15) からわかることを指摘しておこう．ケース II は電荷 ρ が t の一次関数になる場合だったが，では電流が一次関数になる，つまり

$$\boldsymbol{j} = \boldsymbol{j}_0 + \boldsymbol{j}_1 t$$

の場合にはどうなるだろうか．この場合，式 (2.15) 3 行目の被積分関数は

$$[\boldsymbol{j}] - \frac{R}{c}[\partial_t\boldsymbol{j}] = \boldsymbol{j}_0 + \boldsymbol{j}_1\left(t - \frac{R}{c}\right) + \frac{R\boldsymbol{j}_1}{c} = \boldsymbol{j} = \boldsymbol{j}_0 + \boldsymbol{j}_1 t$$

となり，これは（時刻 t_R ではなく）時刻 t での電流に他ならない．変動効果

と打ち消し合って遅延効果がなくなっている．つまりケース III でもこの場合は（瞬間的）BS 則が成り立ち，磁場に $1/r$ に比例する成分はない．

これは 1.5 節の議論と矛盾しない．そこでの注で指摘したが，この場合，電場はクーロン則を満たさないが，それからのずれの効果は時間に依存しないことが証明できるからである（連続方程式より ρ は時間の二次関数になることを使えばよい）．

クーロン則からのずれは，遠方では $1/r$ に比例する項になる．磁場には電磁波成分がないのだから奇妙に感じるが，電荷が t の二次関数になることをまともにとれば，無限の過去で電荷は 2 次発散をする．そして遅延効果があるときは，無限遠方の電場は無限の過去の電荷がきくので，$1/r$ に比例する項がでてきてもおかしくはない．つまり現実にはありえない設定だということだが，数学上の問題としては矛盾ではない．現実的な設定としては次節の具体例 2 を参照．

2.4 具体例

既存の教科書にはジェフィメンコの式の応用があまり見られないので，少し具体例を紹介する．

具体例 1（直線電流）：z 軸上に $z=-\infty$ から $+\infty$ まで導線が延びており，流れている電流は，線電流密度で表して

$$I(t) = I\theta(t)$$

だとする．つまり $t=0$ から定常電流 I が流れ出すという状況である．このときの電場と磁場を求めよう．

計算：まず電場から考える．$t=0$ での電流の変化による電場の発生の問題である．電荷はないのだから式 (2.14) の 2 行目で考えるのがよい．円筒座標 (r,ϕ,z) を使う．$z=0$, z 軸からの距離が r の点で計算しよう．

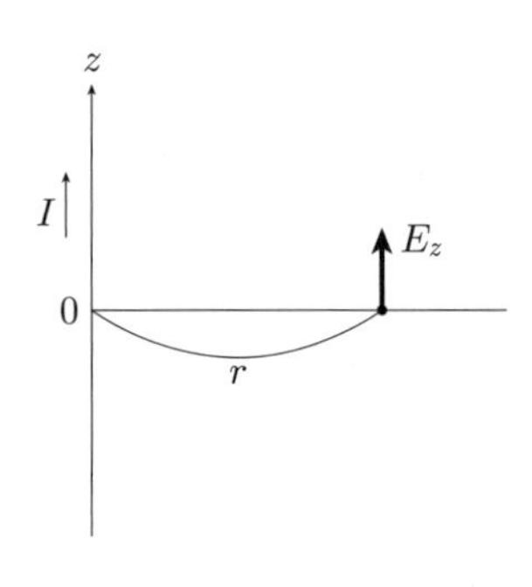

図 2.1

電流は z 方向なのだから電場も z 方向である．

$$E_z(\boldsymbol{r},t) = -\frac{\mu_0}{4\pi}\int dz'\frac{[\partial_t I]}{R} \tag{2.18}$$

であり

$$R = \sqrt{r^2+z'^2},$$
$$[\partial_t I] = I\delta(t-R/c)$$

である．$t=R/c$ という条件から，積分にきくのは特定の z' だけであり

$$z'^2 = (ct)^2 - r^2 \ \rightarrow \ \frac{dz'}{dt} = \frac{c^2 t}{\sqrt{(ct)^2-r^2}}$$

なので

$$E_z(\boldsymbol{r},t) = -\frac{\mu_0 I}{2\pi}\frac{1}{\sqrt{(ct)^2-r^2}}\theta(t-r/c) \tag{2.19}$$

となる．

次に磁場を計算しよう．まず式 (2.15) の第 2 項（電磁波成分）を計算する．$\partial_t \boldsymbol{j}$ は z 方向なので，分子の $\boldsymbol{R}$ は動径成分（r 方向）だけを考えればよく（$\boldsymbol{R}\to r\boldsymbol{e}_r$），磁場は ϕ 方向（回転方向）である．積分は式 (2.18) と同様にでき

$$\begin{aligned}B_\phi(\text{第 2 項}) &= \frac{\mu_0 I}{4\pi}\int dz'\frac{\delta(t-R/c)r}{R^2}\\ &= \frac{\mu_0 I}{2\pi}\frac{r}{ct}\frac{1}{\sqrt{(ct)^2-r^2}}\theta(t-r/c)\end{aligned} \tag{2.20}$$

となる．$r\to ct$ 付近の振る舞いは式 (2.19) と同じであり，E_z と合わせて電磁波を構成する．第 1 項も計算しておくと

$$B_\phi(\text{第 1 項}) = \frac{\mu_0 I}{2\pi}\frac{1}{r}\left(1-\left(\frac{r}{ct}\right)^2\right)^{1/2}\theta(t-r/c) \tag{2.21}$$

となる．$t\to\infty$ の極限で通常の直線電流の磁場の式になる．

分析：以上が答だが結果の意味を考えてみよう．まず各時刻 t で，$0<r<ct$ の領域にしか電磁場は存在しないが，信号の伝達速度が c であることを考えれば当然である．また，場の先端 $r=ct$ では電場と磁場（第 2 項）は不連続に 0 になっている．後で示すが，ベクトルポテンシャル $\boldsymbol{A}$ は連続的に 0 になるが，折れ曲がっているので電磁場は不連続になる．磁場（第 1 項）は連続である．

また，特定の位置 r で考えると，$t\to\infty$ で $E_z\to 0$ になる．$t=0$ で電流が変化することによって瞬間的に電場が発生するが，その効果は速度 c で無限遠に遠ざかっていく．時間が経過すると，導線の遠方で発生した電場が影響することになるので，その大きさが減っていくのは当然である．

最後に，広がっていく電磁波の大きさを考えよう．

$$E_z(\boldsymbol{r}\fallingdotseq ct) \propto \frac{1}{\sqrt{r-ct}}\frac{1}{\sqrt{r}}\theta(t-r/c)$$

なので，波の前面近く（$r - ct$ が微小な一定値）では，$\boldsymbol{E}$ は距離 r の平方根に反比例することがわかる．これは 2 次元的に広がる電磁波の振る舞いとして期待される形である．磁場（第 2 項）も同様．

注 1：本書執筆中に気付いたことだが，この例はグリフィスの教科書でポテンシャルを使って計算されている（例題 10.2）．参考に書いておくと

$$A_z = \frac{\mu_0 I}{2\pi} \log\left(\frac{ct + \sqrt{(ct)^2 - r^2}}{r}\right) \theta(t - r/c).$$

これより

$$B_\phi = -\frac{\partial A_z}{\partial r} = \frac{\mu_0 I}{2\pi}\frac{1}{r}\frac{ct}{\sqrt{(ct)^2 - r^2}}\theta(t - r/c)$$

となり，上記の B_ϕ(第 1 項 + 第 2 項) に等しい．電場は $E_z = -\partial_t A_z$ から得られる．

注 2：電流が $t = 0$ では $I = 0$ から出発する $I(t) = \alpha t \theta(t)$ というモデルでの電磁場の計算が（ベクトルポテンシャルを使って）[McD96b] でなされている．ただしそこに書かれている式は私の計算とは一致しなかった．

具体例 2（半無限直線電流）：z 軸の負の領域（$-\infty < z < 0$）に，$t > 0$ で定常電流 I が流れている．つまり

$$I(z, t) = I\theta(t)\theta(-z) \tag{2.22a}$$

である．$z = 0$ に流れ込んだ電荷はそこに貯まるとする．

$$\rho(\boldsymbol{r}, t) = It\delta^3(\boldsymbol{r})\theta(t) \tag{2.22b}$$

（ここでは $\boldsymbol{r}$ は原点からの3 次元的な距離だとする）．このときの電場と磁場を求めよう．ただし $z > 0$ の領域で計算する．（第 1 章で扱った半無限電流で，無限の過去にさかのぼると ρ が無限大になってしまうことを避けるモデルである．

計算：電流分布は有限領域に限定されていないので，式 (2.14) で 3 行目ではなく 2 行目のほうを採用する．

$$[\rho(\boldsymbol{r}', t)] = I(t - R/c)\delta^3(\boldsymbol{r}')\theta(t - R/c),$$
$$[\partial_t \rho(\boldsymbol{r}', t)] = I\delta^3(\boldsymbol{r}')\theta(t - R/c)$$

を使えば（$\boldsymbol{r}' = 0$ なので $\boldsymbol{R} = \boldsymbol{r}$ を使えば）

$$\begin{aligned}\boldsymbol{E}(\text{第 1 項} + \text{第 2 項}) &= \frac{I}{4\pi\varepsilon_0}\frac{\boldsymbol{r}}{r^3}(t - r/c)\theta(t - r/c) + \frac{I}{4\pi\varepsilon_0 c}\frac{\boldsymbol{r}}{r^2}\theta(t - r/c) \\ &= \frac{It}{4\pi\varepsilon_0}\frac{\boldsymbol{r}}{r^3}\theta(t - r/c)\end{aligned}$$

となる．$r < ct$ に限定されていることを除けば瞬間的なクーロン則である．第 1 項の遅延効果が第 2 項によって打ち消される．

また，式 (2.22a) より

$$[I] = I\theta(t - R/c)\theta(-z'), \qquad [\partial_t \boldsymbol{I}] = I\delta(t - R/c)\theta(-z') \tag{2.23}$$

なので，第 3 項（z 成分のみ）は

$$E_z(\text{第 3 項}) = -\frac{\mu_0 I}{4\pi}\int dz' \frac{1}{R}\delta(t - R/c).$$

$t = R/c$ のときは（$a^2 = x^2 + y^2$）

$$\frac{dz'}{dt} = \frac{c^2 t}{((ct)^2 - a^2)^{1/2}}$$

であることを使って z' 積分をすれば

$$E_z(\text{第 3 項}) = -\frac{\mu_0 I}{4\pi}\frac{c}{((ct)^2 - a^2)^{1/2}}\theta(t - r/c).$$

固定した点で考えれば $t \to \infty$ で E_z(第 3 項) $\to 0$ となる．$t = 0$ での電流の急激な変化によって生じた電磁波を表している．

注 1：$z > 0$ 全体での電場のエネルギーを計算すると，有限であり，t に比例して増大していることがわかる．

注 2：$\boldsymbol{E}$(第 1 項 + 第 2 項) はほぼクーロン場だが前面 $r = ct$ で不連続である．前面で $\nabla \cdot \boldsymbol{E} = 0$ の条件を満たすには E_z(第 3 項) が必要である．一方だけではマクスウェル方程式を満たさない．

磁場も計算しておこう．式 (2.23) を式 (2.25) に代入すればよい．磁場の方向は z 軸を軸とする回転方向なので，成分を B_ϕ と書くと

$$B_\phi = -\frac{\mu_0 I}{4\pi}\int dz' \left(a\theta(t - r/c)/r^3 + a\delta(t - r/c)/r^2\right)$$

となる．これを計算すると

$$B_\phi(\text{第 1 項}) = \frac{\mu_0 I}{4\pi a}\left(\left(1 - \left(\frac{a}{ct}\right)^2\right)^{1/2} - \frac{z}{(z^2 + a^2)^{1/2}}\right)$$

$$B_\phi(\text{第 2 項}) = \frac{\mu_0 I}{4\pi}\frac{a}{ct}\frac{1}{((ct)^2 - a^2)^{1/2}}\theta(t - r/c)$$

固定した位置で $t \to \infty$ の極限を考えれば第 1 項のみになり，式 (1.25) の結果が再現される．

2.5 遅延効果付きの縦横成分

ここからは，本章の冒頭で予告した，マクスウェル方程式を修正し，右辺を電荷分布と電流分布だけで書くという話に入る．話の趣旨を確認しておこう．

第 1 章で扱ったケース II では，変位電流 $\partial_t \boldsymbol{E}$ はクーロン則によって電荷分布で表された．あるいは電流の縦成分 $\boldsymbol{j}_L$ として表せた．電荷の連続方程式のため，どちらの言い方もできるが，いずれにしろ，変位電流は電荷/電流分布によって表される．したがってマクスウェル方程式の右辺からは電磁場が消去できるので，ヘルムホルツの定理によって電磁場が得られる．ここでは同様のことを一般的なケースで行う．つまり波動方程式ではなくポワソン方程式によって電磁場を求めるために，右辺の $\partial_t \boldsymbol{E}$ と $\partial_t \boldsymbol{B}$ が消去されたマクスウェル方程

式の修正版を考えるということである．

ポワソン方程式には時間微分が含まれていないのだから，遅延効果を含むジェフィメンコの式を得るためには，修正されたマクスウェル方程式には最初から遅延効果が含まれていなければならない．1.5 節ではケース II で，電流に対して通常の縦横分解をしたが，それでは不十分である．そこで，最初から遅延効果の入った，縦横分解の修正版を考える．最初は，一般のベクトル場 $\boldsymbol{a}$ に対してこの問題を考えよう．

遅延効果付きの関係式を導くために波動方程式の解を考える．まず，式 (1.5) を拡張して

$$\Box \boldsymbol{a} = \partial_t^2 \boldsymbol{a} - \Delta \boldsymbol{a} = \partial_t^2 \boldsymbol{a} - \nabla b + \nabla \times \boldsymbol{c} \tag{2.24}$$

とする．ただし式を簡略化するため，（ここでは任意の）波の速度は 1 とした．そのような単位を取っているという意味である．しばしば使われる，光速度を 1 とする単位と同様の手法である．

一般遅延解である式 (2.10) を使えば上式の解は

$$\begin{aligned} \boldsymbol{a} &= \partial_t^2 \frac{1}{4\pi} \int dV' \frac{[\boldsymbol{a}]}{R} - \frac{1}{4\pi} \int dV' \frac{[\nabla' b]}{R} + \frac{1}{4\pi} \int dV' \frac{[\nabla' \times \boldsymbol{c}]}{R} \\ &= \partial_t^2 \frac{1}{4\pi} \int dV' \frac{[\boldsymbol{a}]}{R} - \nabla \frac{1}{4\pi} \int dV' \frac{[b]}{R} + \nabla \times \frac{1}{4\pi} \int dV' \frac{[\boldsymbol{c}]}{R}. \end{aligned} \tag{2.25}$$

式 (2.8) を使っている．

この分解を

$$\boldsymbol{a} = \widetilde{\boldsymbol{a}}_t + \widetilde{\boldsymbol{a}}_L + \widetilde{\boldsymbol{a}}_T \tag{2.26}$$

と書こう．そしてこれを「**遅延効果付き疑似縦横分解**」と呼ぼう．$\widetilde{\boldsymbol{a}}_L$ と $\widetilde{\boldsymbol{a}}_T$ は式 (1.8) の $\boldsymbol{a}_L$ と $\boldsymbol{a}_T$ に遅延効果を入れたものである．$\widetilde{\boldsymbol{a}}_t$ があるので完全な縦横分解にはなっていないが，$\nabla \times \widetilde{\boldsymbol{a}}_L = 0$, $\nabla \cdot \widetilde{\boldsymbol{a}}_T = 0$ ではある．

注：この分解は今回，私が独自に考えたものだが，[Jef04] で使われていると中川氏に指摘された．この論文では，ジェフィメンコの式からマクスウェル方程式を導くという，私が以下の節で行う計算とは逆方向の計算がなされている．式 (2.8) も今回，自分で見つけた式なのだが，この論文にも使われていた．よく知られた式なのか，不勉強で知識はない．

2.6 ヘルムホルツ流マクスウェル方程式とその解

電流ベクトルに対して上記の分解を考える．電磁場に対してはあくまでも遅延効果のないヘルムホルツの定理の式 (1.7) を使うことに注意．

前節の分解を AM 則の右辺に使い，マクスウェル方程式を

$$\nabla \cdot \boldsymbol{E} = \rho/\varepsilon_0, \tag{2.27a}$$

$$\nabla \cdot \boldsymbol{B} = 0, \tag{2.27b}$$

$$\nabla \times \boldsymbol{E} = -\partial_t \boldsymbol{B}(\boldsymbol{j}), \tag{2.27c}$$

$$\nabla \times \boldsymbol{B} = \mu_0 \widetilde{\boldsymbol{j}}_T \tag{2.27d}$$

と書くというのが，ここで提案する**ヘルムホルツ流マクスウェル方程式**である．ただし 3 番目の式で $\boldsymbol{B}(\boldsymbol{j})$ と書いたのは，2 番目と 4 番目の式を（ポワソン方程式を通じて）解いて磁場 $\boldsymbol{B}$ を電流 $\boldsymbol{j}$ で表したものという意味であり，$\boldsymbol{j}$ で表されている式である．以下で証明するが，これはジェフィメンコの式の $\boldsymbol{B}$ に他ならない．

式 (2.27d) の変更がこの話のポイントである．ケース II の式 (1.17) では右辺は $\boldsymbol{j}_T$ だったが，それに遅延効果を付けるという，自然な一般化である．$\nabla \cdot \widetilde{\boldsymbol{j}}_T = 0$ なのだから両辺のつじつまが合っている．$\varepsilon_0 \partial_t \boldsymbol{E} = -\widetilde{\boldsymbol{j}}_L - \widetilde{\boldsymbol{j}}_t$ になるということだが，そのことは，この枠組で $\boldsymbol{E}$ を求めたあとで証明する．

これが従来のマクスウェル方程式と同等であることを示すために，上式のセットを解いてジェフィメンコの式が得られることを示そう．計算はケース II よりもかなり複雑だが，議論ができるだけパラレルになるように説明する．

まず式 (2.27b) と (2.27d) から

$$\boldsymbol{B} = \nabla \times \boldsymbol{A} \quad ただし \quad \boldsymbol{A} = \frac{\mu_0}{4\pi} \int dV' \frac{\widetilde{\boldsymbol{j}}_T}{R} \tag{2.28}$$

と書ける．$\widetilde{\boldsymbol{j}}_T$ は $\boldsymbol{j}_T$ よりかなり複雑であり，式 (2.25) 第 3 項より

$$\widetilde{\boldsymbol{j}}_T = \nabla \times (\nabla \times \boldsymbol{K}) \quad ただし \quad \boldsymbol{K} = \frac{1}{4\pi} \int dV' \frac{[\boldsymbol{j}]}{R}. \tag{2.29}$$

$\boldsymbol{A}$ は $\boldsymbol{K}$ での積分と合わせて二重積分になるが，次のように解消できる．まず

$$\widetilde{\boldsymbol{j}}_T = \nabla(\nabla \cdot \boldsymbol{K}) - \Delta \boldsymbol{K} \tag{2.30}$$

であり，右辺第 1 項は式 (2.28) の $\boldsymbol{B}$ では消える（$\nabla \times \nabla f = 0$ より）ので無視しよう．また第 2 項は式 (2.28) に代入して部分積分をした上で

$$\Delta' \frac{1}{R} = -4\pi \delta^3(\boldsymbol{r} - \boldsymbol{r}')$$

を使えば二重積分が解消され，式 (2.28) の $\boldsymbol{A}$ は

$$\boldsymbol{A} = \mu_0 \boldsymbol{K}$$

となる．式 (2.30) の第 1 項を無視した段階でクーロンゲージからローレンスゲージに移ったことになり，上式は式 (1.13) に一致する．結局

$$\boldsymbol{B} = \mu_0 \nabla \times \boldsymbol{K} = \frac{\mu_0}{4\pi} \nabla \times \int dV' \frac{[\boldsymbol{j}]}{R} = \frac{\mu_0}{4\pi} \int dV' \frac{[\nabla' \times \boldsymbol{j}]}{R}. \tag{2.31}$$

これは式 (2.15) に他ならない．

次に，この $\boldsymbol{B}$ を式 (2.27c) の右辺に使って電場を計算する．発散も回転もわかっており

$$\nabla \times \boldsymbol{E} = -\partial_t \boldsymbol{B} = -\mu_0 \partial_t (\nabla \times \boldsymbol{K})$$

なので，解は式 (1.8b)(1.8c) から次のように書ける．

$$\boldsymbol{E}_L = -\frac{1}{4\pi\varepsilon_0}\int dV'\frac{\nabla'\rho}{R}, \tag{2.32}$$

$$\boldsymbol{E}_T = -\frac{\mu_0}{4\pi}\int dV'\frac{\nabla'(\nabla'\cdot\partial_t\boldsymbol{K})}{R} + \frac{\mu_0}{4\pi}\int dV'\frac{\Delta'\partial_t\boldsymbol{K}}{R}. \tag{2.33}$$

クーロンゲージでは $\boldsymbol{E}_T = -\partial_t\boldsymbol{A}$ だが，式 (2.30) から計算される $\boldsymbol{A}$ を使えばそうなっている．また $\boldsymbol{E}_L$ は瞬間的クーロン則になる．つまり因果律に反しているが，この問題は後で解消される．

注：$\boldsymbol{E} = -\nabla\varphi - \partial_t\boldsymbol{A}$ だが，クーロンゲージ（$\nabla\cdot\boldsymbol{A} = 0$）では第 1 項が $\boldsymbol{E}_L$（$\nabla\times\nabla\varphi = 0$ なので），第 2 項が $\boldsymbol{E}_T$（$\nabla\cdot\partial_t\boldsymbol{A} = 0$ なので）になる．

式 (2.33) をわかりやすく書き換えよう．$\boldsymbol{K}$（式 (2.29)）は積分で表されているので $\boldsymbol{E}_T$ は二重積分になっており，それを解消したい．それは次のようになされる．$R' = |\boldsymbol{r}' - \boldsymbol{r}''|$ として（以下で省略する比例係数は $\frac{\mu_0}{4\pi}$）

$$\begin{aligned}
\boldsymbol{E}_T \text{ の第 1 項} &\propto -\frac{1}{4\pi}\int dV'\frac{1}{R}\nabla'\partial_t\int dV''\frac{[\nabla''\cdot\boldsymbol{j}]}{R'} \\
&= \frac{1}{4\pi}\int dV'\frac{1}{R}\nabla'\partial_t\int dV''\frac{[\partial_t\rho(\boldsymbol{r}'')]}{R'} \\
&= \frac{1}{4\pi}\int dV'\frac{1}{R}\partial_t^2\int dV''\frac{[\nabla''\rho]}{R'} \\
&= \frac{1}{4\pi}\int dV'\frac{1}{R}(\Box + \Delta)\int dV''\frac{[\nabla''\rho]}{R'} \\
&= \int dV'\frac{\nabla'\rho}{R} - \int dV'\frac{[\nabla'\rho]}{R}.
\end{aligned} \tag{2.34}$$

2 行目へは電荷の連続方程式を使い，4 行目へは時間の 2 階微分を $\Box$ と Δ の和とした．$\Box$ のほうは，後に続く遅延効果付きの積分に作用させ，Δ の方は部分積分をした上で $1/R$ のほうに作用させれば最終結果が得られる．

また $\boldsymbol{E}_T$ の第 2 項は Δ' を部分積分して $1/R$ のほうに作用させれば

$$\text{第 2 項} = -\frac{\mu_0}{4\pi}\partial_t(4\pi\boldsymbol{K}) = -\frac{\mu_0}{4\pi}\partial_t\int dV'\frac{[\boldsymbol{j}]}{R}. \tag{2.35}$$

ここで，遅延効果に反する項が 2 つ出てきた．式 (2.32) と式 (2.34) 最終行の第 1 項である．この 2 つは打ち消し合わなければならない．式 (2.34) では比例係数 $\frac{\mu_0}{4\pi}$ が省略されていることを考えれば，打ち消し合いの条件は

$$\varepsilon_0\mu_0 = 1.$$

ここでは速度は $v = 1$ としてきたので，次元を考えれば $v^2 = 1/\varepsilon_0\mu_0$ ということであり，光速度が求まったことになる．

そしてこの条件のもとで電場は最終的に

$$\boldsymbol{E} = -\frac{1}{4\pi\varepsilon_0}\int dV'\frac{[\nabla'\rho]}{R} - \frac{1}{4\pi\varepsilon_0}\partial_t\int dV'\frac{[\boldsymbol{j}]}{R}. \tag{2.36}$$

式 (2.8) も考えれば，式 (2.14) になっている．

念のため，式 (2.27d) の右辺が

$$\widetilde{\boldsymbol{j}}_T = \boldsymbol{j} + \varepsilon_0 \partial_t \boldsymbol{E}$$

であること，つまり

$$\varepsilon_0 \partial_t \boldsymbol{E} = -\widetilde{\boldsymbol{j}}_L - \widetilde{\boldsymbol{j}}_t$$

であることも示しておこう．式 (2.27d) が通常の AM 則になることの確認である．

まず，式 (2.25) とその下の定義式より

$$\widetilde{\boldsymbol{j}}_t = \frac{1}{4\pi} \partial_t^2 \int dV' \frac{[\boldsymbol{j}]}{R}$$

なので，これは式 (2.36) 第 2 項に対応する．同様に

$$\widetilde{\boldsymbol{j}}_L = -\frac{1}{4\pi} \nabla \int dV' \frac{[\nabla' \cdot \boldsymbol{j}]}{R} = -\frac{1}{4\pi} \partial_t \int dV' \frac{[\nabla' \rho]}{R}$$

である．連続方程式を使ってから式 (2.7) を使った．これは式 (2.36) 第 1 項に対応する．

本節の目的はこれで達成されたが，計算の過程で得られた，電場の縦成分 $\boldsymbol{E}_L$，横成分 $\boldsymbol{E}_T$ について，コメントを加える．縦成分は $\nabla \cdot \boldsymbol{E}$ に起因するのでクーロン電場，横成分は $\nabla \times \boldsymbol{E}$ に起因するので誘導電場と呼ばれることがあるが，個別には正しい遅延効果をもっていない．相対論的に意味のあるのは電場全体である．また，電磁波は電磁誘導によって生じるものだが，式 (2.14) の 3 行目第 3 項を電磁波とみなしたとしたら，これは横成分に含まれるが横成分そのものではない．そのため，この項だけでは，発散が（発生源近傍では）0 にはならない．クーロン電場，誘導電場，電磁波といった概念はイメージとしてはわかるが，厳密な定義は難しい．

参考文献とコメント

ジェフィメンコの式は詳しい教科書には紹介されている．[ジャクソン] ではこの公式をポテンシャルではなく電磁場の波動方程式から導いている．ジェフィメンコの式の性質についての議論は [McD96a] も参考にした．

ヘルムホルツ流のマクスウェル方程式の話は本書独自のもので，簡単な論文を書いたが正誤以外の理由で未掲載となっている．計算手法もかなり独自だと思ったが，本文でも書いたように [Jef04] に類似の公式が使われていた．

最後に述べた縦横分解と因果性の関係については [太田] にも類似の記載がある．電磁波成分の定義の曖昧さについての議論は [McD96a] にもみられる．

第 3 章
電場と磁場の変換則

本章の要点

・電場や磁場という量は，それを見る基準によって異なる．しかしその変換則は一意的ではない．ローレンツ力の式を出発点にする方法と，電磁場の発生の法則を出発点にする方法の 2 つの可能性を説明し，それぞれの特徴や具体例を解説する．

・電流が電流方向に動くと電荷が発生するとみなせることを示す．ただしその電荷は，変換則の決め方によって仮想電荷になる場合と実電荷になる場合がある．

・電流が電流と直角方向に動く場合は電荷は発生しないがそれでも電場が発生する．計算例を示す．

・2 つの変換則を組み合わせることで，電磁気の法則全体の形を変えない変換則が可能であるかを追求し，相対論がどのように見えてくるかを説明する．電磁気の理論での新しい速度の合成則の必然性が示される．

3.1 ガリレイ変換

質量 m の質点が力 F を受けているとき，質点の位置座標を $x(t)$ として，ニュートンの運動方程式

$$m\frac{d^2x}{dt^2} = F \tag{3.1}$$

が成り立つとしよう．とりあえず空間 1 次元で考えるが，随時，3 次元に拡張し，そのときは質点の位置は $\boldsymbol{r}(t)$ と書く．

座標 x を決めるというとは，この質点を観察する基準を決めるということである．空間のどこかを $x = 0$ とし，常に（つまり時間 t とは関係なく）そこからの距離で座標 x を決める．式 (3.1) を書いたときに使った基準を，以下，Σ 系と呼ぶ．つまり，Σ 系では式 (3.1) が成り立つという前提から話を始めると

いうことである．

次に，Σ 系に対して，x 方向に等速 v_0 で動く別の基準 Σ' 系を考える．この基準での空間座標を x' とすれば，Σ 系の座標との関係は

$$x' = x - v_0 t \tag{3.2}$$

であり，質点の各系での座標も同じ関係にある．また，Σ' 系でも同じ時間を使うとする．つまり Σ' 系での時間を t' とすれば

$$t' = t \tag{3.3}$$

とする．式 (3.2) と式 (3.3) を合わせたものを時空座標の**ガリレイ変換**という．v_0 が一定であることがポイントである．

これを式 (3.1) に代入し，$v_0 =$ 一定 であることを使えば

$$m\frac{d^2x'}{dt'^2} = F$$

となる．つまり Σ 系でも Σ' 系でも同じ F を使った運動方程式になる．ここまでは何も仮定はない．しかし力を決める理論が与えられているとき，その理論での Σ' 系での力（F' とする）が上記の F に等しいという保証はない．Σ' 系での式を

$$m\frac{d^2x'}{dt'^2} = F'$$

としたとき，その理論で $F = F'$ ならば**ガリレイ不変性**があるというが，電磁気学の公式（マクスウェル方程式 + ローレンツ力）は，そうはなっていない（具体的には後で示す）．

この問題については 2 通り考え方がある．

考え方 1：ガリレイ変換をしたときに $F = F'$ が成り立つように電磁気学の公式を修正する．

考え方 2：電磁気学の公式の変更を必要としない，ガリレイ変換に変わる新たな時空座標の変換公式を見つける．

考え方 2 のほうが圧倒的に有名であり，その結論が特殊相対論（ローレンツ変換）だが，考え方 1 が間違いというわけではない．正しく進めば正しい理論にたどり着く．本書ではいきなり特殊相対論を導入することはせず，ガリレイ変換によって電磁気学の公式がどのように変更されなければならないかを追求することから出発する．その議論の一つの結果として，電磁気学の公式を変えない変換（考え方 2）に対するヒントを探る．

3.2 $\boldsymbol{E}' = \boldsymbol{E} + \boldsymbol{v}_0 \times \boldsymbol{B}$?

電荷 q をもつ質点が速度 v で動いており，空間には電場 $\boldsymbol{E}$ と磁場 $\boldsymbol{B}$ が存在するとする．このとき質点に働く力は

$$\boldsymbol{F} = q\boldsymbol{E} + q\boldsymbol{v} \times \boldsymbol{B} \tag{3.4}$$

と書ける．ローレンツ力の公式である．$\boldsymbol{v}$ はこの質点の速度ベクトルである．ただし前節の議論をふまえると，この公式が成立する基準 Σ が存在するというのが正しい言い方である．本書ではこの力全体をローレンツ力（あるいは電磁力），第 1 項を電気力，第 2 項を磁気力と呼ぶ．

基準を変えると電磁気学の法則は変わるのか，変わるとしたらどう変わるのか，という問題を考えよう．これまでのマクスウェル方程式とローレンツ力の式が成り立つ基準を Σ 系とする．そしてそれに対して等速度 $\boldsymbol{v}_0$ で動いている基準を Σ' 系とする．前節のガリレイ変換である．

Σ' 系での電場と磁場をそれぞれ，「$'$」を付けて $\boldsymbol{E}'$，$\boldsymbol{B}'$ とする．基準によって場が違うと考える必要があるのか，そもそも各基準での場はどう定義するのか，というもろもろの問題が生じるが，それはともかく，基準によって違うかもしれないという認識のもとで，このように書く．

次に，Σ' 系の場で表したとき，この点電荷が受ける力 $\boldsymbol{F}'$ が

$$\boldsymbol{F} = q\boldsymbol{E}' + q\boldsymbol{v}' \times \boldsymbol{B}' \tag{3.4$'$}$$

という形に書けると「仮定」する．Σ' 系は Σ 系に対して速度 $\boldsymbol{v}_0$ で動いているのだから，Σ' 系で見たときの点電荷の速度 $\boldsymbol{v}'$ は

$$\boldsymbol{v}' = \boldsymbol{v} - \boldsymbol{v}_0 \tag{3.5}$$

である．上記の仮定は，電場や磁場は基準によって変わりうるがローレンツ力の式自体の形は変わらないという仮定であり，そのような仮定をするとどのような結論になるのかというのが最初のテーマである．

この仮定のもとでは

$$\boldsymbol{E} + \boldsymbol{v} \times \boldsymbol{B} = \boldsymbol{E}' + (\boldsymbol{v} - \boldsymbol{v}_0) \times \boldsymbol{B}'.$$

これが点電荷の任意の速度 $\boldsymbol{v}$ に対して成り立つとすれば

$$\boldsymbol{E}' = \boldsymbol{E} + \boldsymbol{v}_0 \times \boldsymbol{B}, \tag{3.6a}$$

$$\boldsymbol{B}' = \boldsymbol{B} \tag{3.6b}$$

でなければならない．これが本章で検討する 3 つの電磁場の変換法則の，第一のものである．

3.3 Σ' 系での場の法則（その 1）

電磁気の基本法則はローレンツ力の式とマクスウェル方程式である．前節ではローレンツ力の式の形は変わらないと仮定すると，電磁場は基準の変換に応じて変換されることを導いた．その結果としてマクスウェル方程式の形も変わる．具体的に見てみよう．

まず，電流は，それを見る基準によって違うことを確認しておこう．電荷と電流の分布を体積密度で表し，Σ 系ではそれぞれ ρ，$\boldsymbol{j}$ だったとすると，それに対して $\boldsymbol{v}_0$ で動く Σ' 系では

$$\rho' = \rho, \tag{3.7a}$$

$$\boldsymbol{j}' = \boldsymbol{j} - \boldsymbol{v}_0 \rho \tag{3.7b}$$

である．もちろん同じ位置，つまり Σ 系での座標 $\boldsymbol{r}$ と Σ' 系での座標 $\boldsymbol{r}' = \boldsymbol{r} - \boldsymbol{v}_0 t$ での比較である．

式 (3.7) は簡単だが，あとでこれらの式が成り立たない話も出てくるので，何がポイントなのかを確認するために証明を書いておこう．正電荷と負電荷の電荷密度がそれぞれ ρ_+ と ρ_- (< 0) であるとし，それぞれの各位置での速度を $\boldsymbol{v}_+$，$\boldsymbol{v}_-$ であるとすると

$$\rho = \rho_+ + \rho_-, \qquad \boldsymbol{j} = \rho_+ \boldsymbol{v}_+ + \rho_- \boldsymbol{v}_-$$

空間の尺度を変えていないので Σ' 系でも $\rho'_+ = \rho_+$，$\rho'_- = \rho_-$（ここが後で問題になる）であり $\rho' = \rho$ となる．また

$$\begin{aligned}\boldsymbol{j}' &= \rho'_+ \boldsymbol{v}'_+ + \rho'_- \boldsymbol{v}'_- = \rho_+(\boldsymbol{v}_+ - \boldsymbol{v}_0) + \rho_-(\boldsymbol{v}_- - \boldsymbol{v}_0) \\ &= \boldsymbol{j} - (\rho_+ + \rho_-)\boldsymbol{v}_0 = \boldsymbol{j} - \rho \boldsymbol{v}_0\end{aligned}$$

式 (3.7b) が証明された．

場の変換によってマクスウェル方程式がどう変わるのかを調べるのだが，一般的な状況で計算すると結果はかなり複雑になる．本章では Σ 系の電磁場は静電場，静磁場であったとする（一般的なケースは第 7 章で議論する）．つまり電荷分布も電流分布も時間に依存しないとする（静電気 + 定常電流）．第 1 章のケース I である．

その場合はマクスウェル方程式は式 (1.3) だが，再掲すれば

$$\nabla \cdot \boldsymbol{E} = \rho/\varepsilon_0, \tag{3.8a}$$

$$\nabla \cdot \boldsymbol{B} = 0, \tag{3.8b}$$

$$\nabla \times \boldsymbol{E} = 0, \tag{3.8c}$$

$$\nabla \times \boldsymbol{B} = \mu_0 \boldsymbol{j}. \tag{3.8d}$$

これらを Σ' 系での法則に書き直す．Σ' 系での微分は「$'$」を付けて表す．∇ は $t =$ 一定 とする空間座標での偏微分，∇' は t' を一定とする同様の偏微分だが，ここでは $t = t'$ なので $\nabla = \nabla'$ である．∂_t（$\boldsymbol{r}$ を一定とする t による偏微分）と $\partial_{t'}$（$\boldsymbol{r}'$ を一定とする t' による偏微分）も同様に定義されるが，$t = t'$ であっても $\partial_t = \partial_{t'}$ ではない．実際，$\boldsymbol{B}$ が Σ 系で静的（$\partial_t \boldsymbol{B} = 0$）であることを使うと

$$\partial_{t'} \boldsymbol{B}' = \partial_t \boldsymbol{B}(\boldsymbol{r} = \boldsymbol{r}' + \boldsymbol{v}_0 t) = (\boldsymbol{v}_0 \cdot \nabla)\boldsymbol{B}$$

となる．これらを使えば Σ' 系でのマクスウェル方程式は

$$\nabla' \cdot \boldsymbol{E}' = \nabla \cdot (\boldsymbol{E} + \boldsymbol{v}_0 \times \boldsymbol{B}) = \nabla \cdot \boldsymbol{E} - \boldsymbol{v}_0 \cdot (\nabla \times \boldsymbol{B})$$
$$= \rho/\varepsilon_0 - \boldsymbol{v}_0 \cdot \mu_0 \boldsymbol{j} = (\rho' - \boldsymbol{v}_0 \cdot \boldsymbol{j}/c^2)/\varepsilon_0, \tag{3.9a}$$
$$\nabla' \cdot \boldsymbol{B}' = \nabla \cdot \boldsymbol{B} = 0, \tag{3.9b}$$
$$\nabla' \times \boldsymbol{E}' = \nabla \times (\boldsymbol{E} + \boldsymbol{v}_0 \times \boldsymbol{B}) = 0 + \nabla \times (\boldsymbol{v}_0 \times \boldsymbol{B})$$
$$= (\nabla \cdot \boldsymbol{B})\boldsymbol{v}_0 - (\boldsymbol{v}_0 \cdot \nabla)\boldsymbol{B} = -\partial_{t'} \boldsymbol{B}', \tag{3.9c}$$
$$\nabla' \times \boldsymbol{B}' = \nabla \times \boldsymbol{B} = \mu_0 \boldsymbol{j} = \mu_0(\boldsymbol{j}' + \boldsymbol{v}_0 \rho'). \tag{3.9d}$$

これらを見ると，ガウスの法則（$\nabla' \cdot \boldsymbol{E}'$）とアンペールの法則（$\nabla' \times \boldsymbol{B}'$）が修正されている．また式 (3.9c) は電磁誘導の法則と呼ばれるものに他ならない．つまりこの法則が，静的な場の法則から基準の変換によって導かれたことになる．その際に，$\nabla \cdot \boldsymbol{B} = 0$ を使ったことも頭に入れて置いていただきたい．

最初から $\nabla \times \boldsymbol{E} = -\partial_t \boldsymbol{B}$ とした場合でも

$$\nabla' \times \boldsymbol{E}' = \nabla \times \boldsymbol{E} + \nabla \times (\boldsymbol{v}_0 \times \boldsymbol{B}) = -\partial_t \boldsymbol{B} - (\boldsymbol{v}_0 \cdot \nabla)\boldsymbol{B} = -\partial_{t'} \boldsymbol{B}'$$

となって結果は同じになる．やはり $\nabla \cdot \boldsymbol{B} = 0$ を使った．つまり電磁誘導の法則，そして $\nabla \cdot \boldsymbol{B} = 0$（第二の式）は，変換 (3.6) に対して不変である．

注：電磁誘導の法則という言葉は曖昧であり，第 5 章で詳しく述べるが，ここではマクスウェル方程式の 3 番目の式という意味で使っている．

3.1 節で述べた 2 つの考え方に応じて，上記の結果に対しても次の 2 つの立場が可能である．

立場 I：マクスウェル方程式の修正をそのまま受け入れる．つまり，ガリレイ変換によってガウスの法則とアンペールの法則には新たな項が生じることになる．これらは電荷や電流と同じ効果をもつ項なので仮想電荷あるいは仮想電流とも呼ばれる．この立場については第 7 章で解説する．

立場 II：式 (3.6) の変換則にさらに工夫をし，マクスウェル方程式が変換後も本来の形にとどまるようにする．場の変換則ばかりでなく ρ の変換則（式 (3.7)）なども変更を受ける．この立場は相対論に結び付くが，3.7 節でさらに議論する．

3.4 $\boldsymbol{E}$ の変換則の具体例

前節の議論を具体例に適用する．Σ 系には一様な磁場 $\boldsymbol{B}$ があるとし，また $\boldsymbol{E} = 0$ とする．この空間を動く点電荷には $q\boldsymbol{v} \times \boldsymbol{B}$ という磁気力が働くが，これは速度 $\boldsymbol{v}$ に依存するので Σ' 系では磁気力は変わる．そのずれを補償するのが Σ' 系での電場 $\boldsymbol{E}'$ である．つまり電場が基準に依存する．そしてそれを実現するのが式 (3.9) の，修正されたマクスウェル方程式だが，どの式が問題になるかは基準間の相対速度 $\boldsymbol{v}_0$ の方向によって異なる．具体的な設定で調べてみよう．

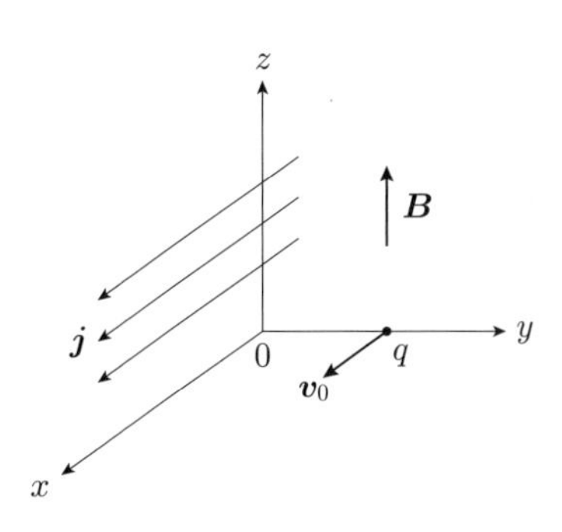

図 3.1　電流平面は Σ 系では $y=0$ にある．電流は $+x$ 向き．磁場は $y>0$ で $+z$ 向き．点電荷 q は Σ 系では $+x$ 向きに v_0 で動いており，Σ' 系では静止して見える．

具体例 1（**スライドする平面電流**）：$y=0$ の無限平面板上に $+x$ 向きに一様な定常電流（面密度 j）が流れているとする（図 3.1）．電荷はない．$y>0$ の領域に生じている磁場は

$$B_z = \mu_0 j/2$$

である．このシステムを，x 方向に速度 v_0 で動く Σ' 系で見る．板はスライドするが位置は変わらない．変換則 (3.6) によれば

$$E'_y = -\frac{\mu_0 v_0 j}{2} = -\frac{v_0 j}{2c^2\varepsilon_0} \tag{3.10}$$

である（磁場は変わらない）．Σ' 系で見たとき，この電場は何によって生じたと考えるべきだろうか．

磁場は Σ' 系でも一定なので電場の回転（$\nabla' \times \boldsymbol{E}'$）は 0 である．つまり電場 $\boldsymbol{E}'$ の存在は $\nabla' \cdot \boldsymbol{E}'$ に起因する．実際，この問題の設定では式 (3.9a) より

$$\nabla' \cdot \boldsymbol{E}' = -\frac{v_0 j}{c^2\varepsilon_0} \tag{3.11}$$

である．右辺で電流 j は面上にのみ値をもつので，電場 $\boldsymbol{E}'$ はあたかも面上に $-v_0 j/c^2$ の電荷が存在するかのように発生する．電場は電流面から垂直に発散する．

この電場の役割は，Σ 系で x 方向に速度 $\boldsymbol{v}_0$ で動いている点電荷を考えるとわかりやすい．磁場は z 方向なので Σ 系では y 方向に磁気力が働くが，Σ' 系ではこの点電荷は静止しており，磁気力は働かない．その代わりに式 (3.10) による電場によって y 方向の電気力が働き，$F=F'$ が満たされている．

以上は（前節最後の）立場 I での説明であり，式 (3.11) の右辺は仮想電荷だが，実体は電流である．一方，立場 II では式 (3.7)（$\rho=\rho'$）が修正され，Σ' 系で現実に面上に，$-v_0 j/c^2$ の実電荷が発生する理論が構成される．これが次章で説明する特殊相対論になる．

具体例 2（移動する平面電流）：$y = 0$ の無限平面板上に $+x$ 向きに定常電流（面密度 j）が流れているとする．電荷はない．ここまでは具体例 1 と同じだが，ここではこのシステムを，y 方向に速度 v_0 で動く Σ' 系で見る．板の位置は $y' = -v_0 t$ というように動いている．変換則 (3.6) によれば，Σ' 系での電場は，板の右側で

$$E'_x = \mu_0 v_0 j/2 \tag{3.12}$$

である．この電場は何によって生じたと考えるべきだろうか．

このケースでは $\boldsymbol{v}_0$ と $\boldsymbol{j}$ が直交しているので Σ' 系でも $\nabla' \cdot \boldsymbol{E}' = 0$ である．しかし回転 $\nabla' \times \boldsymbol{E}'$ は 0 ではない．実際，面外では磁場は一様で一定だが面自体が動いている．そして面の両側では磁場が逆方向なので，面の位置では $\boldsymbol{B}'$（z 成分）は変化しており

$$\partial_{t'} \boldsymbol{B}' = \mu_0 \boldsymbol{j} \delta(y' + \boldsymbol{v}_0 t). \tag{3.13}$$

そして磁場が変化すれば $\nabla' \times \boldsymbol{E}'$ の式に基づき電場が生じる．

これは，動く電流によって発生する電場の問題であり，通常の電磁気学でも起こる現象である．具体的に計算してみよう．ストークスの定理を使う方法と，ベクトルポテンシャルを使う方法が考えられる．

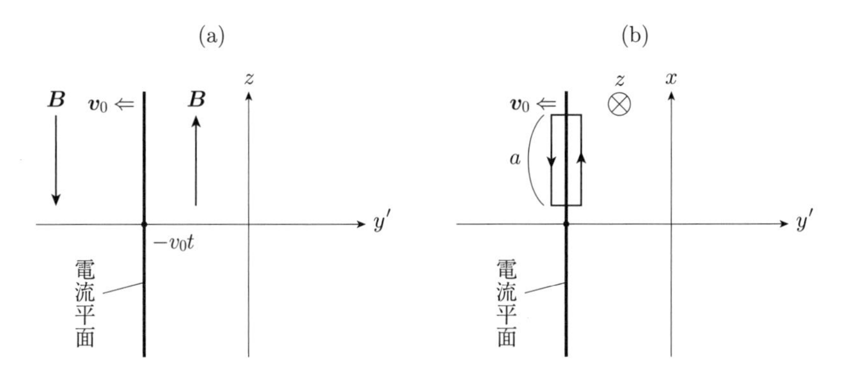

図 3.2　(a)Σ' 系での図．電流平面は速度 $-v_0$ で y 方向に動く．(b) ストークスの定理を考える矩形．矩形は Σ' 系で静止しており，電流平面が動いているので磁束が変化する．この図では z 軸は紙面裏向き．

まず前者を説明しよう．図 3.2(b) のように面を貫く，細長い矩形を考える．この矩形に対して，式 (3.9c) からストークスの定理によって導かれる

$$\int dl E'_{\parallel} = -\frac{d}{dt} \int dS B'_{\perp} \tag{3.14}$$

という式を適用する．矩形の横の長さは無限小だとすれば

$$\text{左辺} = E'_x(\text{右})a - E'_x(\text{左})a = 2E'_x(\text{右})a.$$

右，左とは面のすぐ左右の位置を指し，左右対称性を仮定した．

一方，式 (3.14) 右辺の磁場の変化は，面の左方向への速度 v_0 での移動から生じる．微小時間 Δt での磁束の変化は

$$磁束の変化 = -磁場の変化 \times v_0 \Delta t \times a = -\mu_0 j v_0 a \Delta t$$

だから（図の矩形に描いた矢印では面は $-z$ 向きになる），式 (3.14) より

$$E'_x(右) = \mu_0 j v_0/2$$

となり，式 (3.12) が得られた．これは面のすぐ右側での電場だが，右側全体で $\nabla \cdot \boldsymbol{E}' = 0$, $\nabla \times \boldsymbol{E}' = 0$ なのだから $\boldsymbol{E}'$ は一様である．

ベクトルポテンシャルによる計算法も紹介しておこう．Σ 系での磁場を表すベクトルポテンシャルは，面の右側（$y > 0$）で

$$A_x = -\mu_0 j y/2$$

と書ける．$y < 0$ では $-$ を $+$ にするが，$y = 0$ では 0 なので連続である．一様磁場を与えるベクトルポテンシャルは一意的ではないが（たとえば $A_y \propto x$ でもよい），$y = 0$ で連続という条件から，上記の式を採用する．磁場は

$$B_z = -\partial_y A_x = \mu_0 j/2$$

である．

Σ' 系でも通常のベクトルポテンシャルが使えることは式 (3.9) からわかる．Σ 系からの y 方向の平行移動だと考えれば，$y' = y - v_0 t$ より

$$A'_x = -\mu_0 j(y' + v_0 t)/2 \tag{3.15}$$

となる．磁場は $B'_z = -\partial_{y'} A'_x$ なので変わらないが，A'_x は時間に依存しているので電場が生じる．実際

$$E'_x = -\partial_t A'_x = \mu_0 j v_0/2$$

となり，式 (3.12) に一致する．

最初の計算では磁場の変化から電場を求めたが，そもそも磁場の起源は電流なのだから，$\boldsymbol{E}'$ の起源は（動く）電流である．そのことはベクトルポテンシャルによる計算法からも明らかである．動く電流が電場を発生させるメカニズムについては，5.4 節で，修正されたクーロン則に基づく別の説明を紹介する．

具体例 1 では式 (3.9a) が，具体例 2 では式 (3.9c) が重要だった．式 (3.9d) が問題になる例もある．たとえば式 (3.6) の $\boldsymbol{B}' = \boldsymbol{B}$ という式を考えてみよう．Σ 系では電荷は静止しているとすれば $\boldsymbol{B} = 0$ である．しかし Σ' 系ではこの電荷は動いて見えるのだから電流が生じている．それなのになぜ $\boldsymbol{B}' = 0$ なのだろうか．

その理由は式 (3.9d) に付いた余分な項 $\boldsymbol{v}_0 \rho'$ であり，$\boldsymbol{j}'$ を打ち消している．この項を仮想電流として受け入れるのが前節の立場 I であり，立場 II（相対論）では $\boldsymbol{B}' = \boldsymbol{B}$ という式が変更されることになる．

3.5 $\boldsymbol{B}' = \boldsymbol{B} - \boldsymbol{v}_0/c^2 \times \boldsymbol{E}$?

3.1 節ではローレンツ力，すなわち点電荷が電磁場から受ける力の公式から出発して電磁場の変換法則式 (3.6) を導出した．点電荷ではなく連続的に分布する電荷や電流が受ける力を考えても同じである．では，電荷や電流が電磁場を発生させる公式のほうから変換の法則を導いたらどうなるだろうか．式 (3.6) とは違った，第二の場の変換公式が得られる．

z 軸上に無限に延びる導線上に一定の電荷線密度 λ が分布しており，一定の電流 I が $+z$ 向きに流れているとする．それによる電場は z 軸から放射状（動径方向），磁場は z 軸を中心とする環状（角度方向）であり，それぞれの大きさは，円筒座標で考えると

$$E_r = \frac{\lambda}{2\pi\varepsilon_0}\frac{1}{r}, \qquad B_\phi = \frac{\mu_0 I}{4\pi}\frac{1}{r} \tag{3.16}$$

である．r は z 軸からの距離である．この法則の形が基準によらないと仮定したらどのような場の変換則が得られるかを調べてみよう．

この直線電荷電流を $+z$ 方向に v_0 の速度で動く基準でみる．これまでと同様に最初の基準を Σ 系，それに対して v_0 で動く基準を Σ' 系とする（ガリレイ変換）．Σ' 系での電荷と電流はそれぞれ

$$\lambda' = \lambda, \qquad I' = I - v_0\lambda$$

なので，電磁場は（$\varepsilon_0\mu_0 = 1/c^2$ より），式 (3.16) の形が変わらないという条件より

$$E' = E, \qquad B' = \frac{\mu_0(I - v_0\lambda)}{4\pi}\frac{1}{r} = B - \frac{v_0 E}{c^2}$$

となる．向きまで含めて表すと

$$\boldsymbol{E}' = \boldsymbol{E}, \qquad \boldsymbol{B}' = \boldsymbol{B} - \frac{\boldsymbol{v}_0}{c^2} \times \boldsymbol{E} \tag{3.17}$$

となる．式 (3.6) とは異なり，磁場のほうが変換されている．

同じ結果を点電荷からも導いておこう．近似式を使うことになるが，こちらのほうが直観的でわかりやすい．Σ 系で原点 $\boldsymbol{r} = 0$ に位置する，等速度 $\boldsymbol{v}$ で動く点電荷 q が発生させる電場と磁場は，$\boldsymbol{v}$ の高次の補正を無視すると

$$\boldsymbol{E} = \frac{q}{4\pi\varepsilon_0}\frac{\boldsymbol{r}}{r^3}, \qquad \boldsymbol{B} = \frac{\mu_0 q}{4\pi}\frac{\boldsymbol{v} \times \boldsymbol{r}}{r^3} \tag{3.18}$$

と書ける．厳密な式は第 5 章で解説するが，ここでは単に，前者はクーロン則，後者は電流要素 $q\boldsymbol{v}$ による BS 則だと考えればよい．

この式の形が，速度 $\boldsymbol{v}_0$ で動く Σ' 系でも変わらないとすれば，この点電荷が Σ' 系でも原点に位置する瞬間には

$$\boldsymbol{E}' = \boldsymbol{E}, \qquad \boldsymbol{B}' = \frac{\mu_0 q}{4\pi}\frac{(\boldsymbol{v} - \boldsymbol{v}_0) \times \boldsymbol{r}}{r^3}$$

となる．これからも式 (3.17) はすぐに導ける．

3.6　Σ' 系での場の法則（その 2）

次に，このように定義された Σ' 系の場が満たすマクスウェル方程式を計算する．時空座標の変換則は式 (3.2)(3.3) と同じとする．電荷と電流の分布は体積密度で表す．式 (3.7a,b) が成り立つとする．また，3.3 節と同様，Σ 系の場は静的なマクスウェル方程式を満たしているとする（一般的なケースは第 7 章参照）．したがって 3.3 節の $\boldsymbol{B}'$ と同様に

$$\partial_{t'}\boldsymbol{E}' = (\boldsymbol{v}_0 \cdot \nabla)\boldsymbol{E}$$

という関係が成り立つ．

これらの前提より

$$\nabla' \cdot \boldsymbol{E}' = \nabla \cdot \boldsymbol{E} = \rho/\varepsilon_0 = \rho'/\varepsilon_0, \tag{3.19a}$$

$$\nabla' \cdot \boldsymbol{B}' = \nabla \cdot (\boldsymbol{B} - \boldsymbol{v}_0/c^2 \times \boldsymbol{E}) = \boldsymbol{v}_0/c^2 \cdot (\nabla \times \boldsymbol{E}) = 0, \tag{3.19b}$$

$$\nabla' \times \boldsymbol{E}' = \nabla \times \boldsymbol{E} = 0, \tag{3.19c}$$

$$\begin{aligned}\nabla' \times \boldsymbol{B}' &= \nabla \times (\boldsymbol{B} - \boldsymbol{v}_0/c^2 \times \boldsymbol{E}) = \mu_0\boldsymbol{j} - \nabla \times (\boldsymbol{v}_0/c^2 \times \boldsymbol{E}) \\ &= \mu_0\boldsymbol{j} - (\nabla \cdot \boldsymbol{E})\boldsymbol{v}_0/c^2 + (\boldsymbol{v}_0 \cdot \nabla)\boldsymbol{E}/c^2 \\ &= \mu_0\boldsymbol{j} - \mu_0\rho\boldsymbol{v}_0 + (1/c^2)\partial_{t'}\boldsymbol{E}' = \mu_0\boldsymbol{j}' + \varepsilon_0\mu_0\partial_{t'}\boldsymbol{E}'.\end{aligned} \tag{3.19d}$$

この結果で目につくのは，4 番目に AM 則（アンペール–マクスウェルの式）が得られたことである．その代わり，電磁誘導の法則の通常の形は得られなかった．式 (3.9) とは逆だという点が興味深い．

AM 則が得られたのは不思議ではない．変換則を求めるとき，BS 則を前提とした磁場の式を使ったからである．1.5 節で BS 則から AM 則が得られるという話をしたことを思い出していただきたい．そのときは連続分布で考えたが，以下のように点電荷からも同じ議論ができる．点電荷が原点で等速度 $\boldsymbol{v}$ で動いており，電磁場が式 (3.18) で表されるとしよう．

$$\boldsymbol{E} \propto -\nabla(1/r), \qquad \boldsymbol{B} \propto -\boldsymbol{v} \times \nabla(1/r)$$

であり（$\partial_t\boldsymbol{r} = -\boldsymbol{v}$，$\partial_t r = -\boldsymbol{v} \cdot \nabla r$ を使う）

$$\partial_t\nabla(1/r) = -(\boldsymbol{v} \cdot \nabla)\nabla(1/r),$$
$$\nabla \times (\boldsymbol{v} \times \nabla(1/r)) = \boldsymbol{v}\Delta(1/r) - (\boldsymbol{v} \cdot \nabla)\nabla(1/r)$$

なので，$\Delta(1/r) = -4\pi\delta^3(\boldsymbol{r})$ も使えば

$$\nabla \times \boldsymbol{B} - \varepsilon_0\mu_0\partial_t\boldsymbol{E} = \mu_0 q\boldsymbol{v}\delta^3(\boldsymbol{r})$$

となる．右辺は原点の点電荷の動きによる電流なので，この式は式 (3.19d) を意味する．そもそも式 (3.18) の中に変位電流の要素が含まれている．

次に，電磁場が電荷電流におよぼす力を考える．Σ' 系での力の公式は，式 (3.17) を式 (3.4) に代入すれば得られる．簡単な形にはならず，ローレンツ力の式（3.4$'$）とは異なる．$\boldsymbol{v}'$ ばかりでなく $\boldsymbol{v}_0$ にも依存する．正確な式は第 7 章で書くが，どれだけ異なるか具体例で示しておこう．

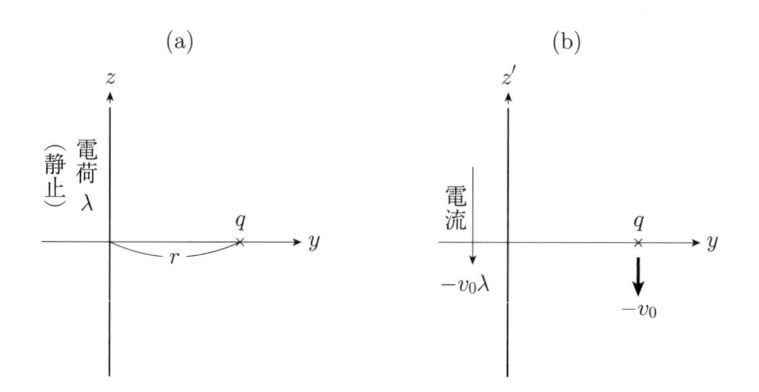

図 3.3　(a) Σ 系：直線電荷 λ も点電荷 q も静止．
(b) Σ' 系：下向きの電流 $I' = -\lambda v_0$，点電荷も下向きに動く．

直線電荷を考える（図 3.3）．z 軸上に一様な電荷密度 λ があるとすれば，電場は式 (3.16) に記したとおりであり，たとえば $y = r$ に静止している点電荷 q に働く電気力は

$$F = \frac{q\lambda}{2\pi\varepsilon_0}\frac{1}{r}$$

であり，電流はないとすればこれが全ローレンツ力である．

このシステムを z 方向に $\boldsymbol{v}_0$ で動く Σ' 系でみてみよう．変換則 (3.17) では電場は変わらないが磁場 $\boldsymbol{B}'$ が式 (3.17) のように生じる（ただし $\boldsymbol{B} = 0$）．また点電荷は z 方向に速度 $-\boldsymbol{v}_0$ で動いているように見える．したがって，式 (3.4$'$) が正しいとし，磁気力が Σ' 系でも $q\boldsymbol{v}' \times \boldsymbol{B}'$ という形で計算できると（誤って）仮定すると，この場合の磁気力（$q > 0$ のときは向きは電気力と正反対で z 軸方向）は

$$F'(\text{磁気力}) = -\frac{\boldsymbol{v}_0^2}{c^2}qE$$

となり，全体として

$$F'(\text{全ローレンツ力}) = \left(1 - \frac{\boldsymbol{v}_0^2}{c^2}\right)F \neq F \tag{3.20}$$

となる．つまり Σ' 系でローレンツ力の公式を使うと $F = F'$ にはならない．ただし $|\boldsymbol{v}_0| \ll c$ ならばそれほどは違わないが．

3.7 $\boldsymbol{B}$ の変換則の具体例

式 (3.17) の具体例を調べよう．電場の存在によって磁場が変換されるという式なのだから，最初から電場が存在する設定で考えなければならない．

具体例 1（スライドする平面電荷）：$y = 0$ の無限平面上に，一様な電荷 σ が分布している．電場は

$$E_y = \pm\frac{\sigma}{2\varepsilon_0}$$

である．これを x 方向に速度 $\boldsymbol{v}_0$ で動く Σ' 系で見る．変換則 (3.17) によれば

$$B'_z = \pm\frac{\mu_0 \boldsymbol{v}_0 \sigma}{2}$$

である．

これは式 (3.19d) から説明される．電荷平面は x 方向にずれているだけなので位置は動いていない．したがって $\partial_t \boldsymbol{E}' = 0$ である．また $\boldsymbol{j}' = \sigma \boldsymbol{v}_0$ なので，$\nabla' \times \boldsymbol{B}'$ の式から上式が得られる（平面電流による磁場）．

具体例 2（移動する平面電荷）：Σ 系では具体例 1 と同じ設定だが，Σ' 系は Σ 系に対して，y 方向に速度 $\boldsymbol{v}_0$ で動いているとする．電場も y 方向なのだから $\boldsymbol{B}' = 0$ である．したがって式 (3.19d) は

$$0 = \mu_0 \boldsymbol{j}' + \varepsilon_0 \mu_0 \partial_{t'} \boldsymbol{E}'$$

となる．$\boldsymbol{j}'$ は Σ' 系で平面が y 方向に動くことによる電荷の動きであり，平面上だけに存在する．また $\partial_{t'} \boldsymbol{E}'$ は動く面の左右で電場が逆転していることによる，電場の δ 関数的変化である．どちらも面上にだけ値をもっており打ち消し合う．

3.8 相対論へのつながり

何を出発点にするかによって，異なる変換則が導かれた．一方が正しく他方が間違っているというわけではない．式 (3.6) を使えば Σ' 系ではガウスの法則やアンペールの法則が成り立たなくなり，式 (3.17) を使うと Σ' 系でローレンツ力の式が成り立たなくなる．それでも，それぞれでつじつまの合った議論を進めれば正しい結果が得られ，それについては第 7 章で説明する．しかし Σ' 系でも法則全体の形が変わらないような，新たな変換はないのだろうか．

実はそのような第三の変換則が存在し，それが特殊相対論のローレンツ変換（およびそれに基づく場の変換）である．ただし相対論では空間座標の変換だけではなく，時間の座標軸の変換も必要となる．それについては次章で解説するが，本章の最後に，相対論の基本である時空には言及せず，変換則だけから見えてくる話をする．相対論に，その外形からアプローチするという趣旨であ

る．電磁気学の法則をつきつめていくと相対論を考えることが必然になることの，一つの説明法である．

最初は，これまで導いた 2 つの変換則を単純に組み合わせたらどうなるかをみてみよう．つまり以下のようにする．

$$\boldsymbol{E}' = \boldsymbol{E} + \boldsymbol{v}_0 \times \boldsymbol{B}, \tag{3.21a}$$

$$\boldsymbol{B}' = \boldsymbol{B} - (\boldsymbol{v}_0/c^2) \times \boldsymbol{E}. \tag{3.21b}$$

これは Σ 系の電磁場（$\boldsymbol{E}, \boldsymbol{B}$）から，それに対して速度 $\boldsymbol{v}_0$ で動く Σ' 系での電磁場（$\boldsymbol{E}', \boldsymbol{B}'$）への変換だが，さらにもう一度，$\Sigma'$ 系に対して速度 $-\boldsymbol{v}_0$ で動く第三の系 Σ'' 系の電磁場（$\boldsymbol{E}'', \boldsymbol{B}''$）を考える．**逆変換**である．これがもとの（$\boldsymbol{E}, \boldsymbol{B}$）に戻るかを調べよう．

これまでの変換 (3.6)，あるいは変換 (3.17) で逆変換を行うと（つまり式 (3.21) のようには組み合わせない），Σ'' 系の電磁場は元の（$\boldsymbol{E}, \boldsymbol{B}$）に戻る．また，上の組み合わせた変換則でも，$\boldsymbol{v}_0$ に平行な成分は問題ない．$\boldsymbol{v}_0 \times \boldsymbol{B}$ にも $\boldsymbol{v}_0 \times \boldsymbol{E}$ にも $\boldsymbol{v}_0$ に平行な成分はないので，$\boldsymbol{v}_0$ に平行な成分（$\boldsymbol{E}_\parallel$，$\boldsymbol{B}_\parallel$ と書く）の変換則は

$$\boldsymbol{E}'_\parallel = \boldsymbol{E}_\parallel, \qquad \boldsymbol{B}'_\parallel = \boldsymbol{B}_\parallel \tag{3.22}$$

である．つまり変換されないのだから逆変換しても同じである．

では垂直成分（$\boldsymbol{E}_\perp, \boldsymbol{B}_\perp$ と書く）はどうなるだろうか．$\boldsymbol{v}_0$ による変換，そして $-\boldsymbol{v}_0$ による変換をすると

$$\begin{aligned}\boldsymbol{E}''_\perp &= \boldsymbol{E}'_\perp + (-\boldsymbol{v}_0) \times \boldsymbol{B}' = (\boldsymbol{E}_\perp + \boldsymbol{v}_0 \times \boldsymbol{B}) + (-\boldsymbol{v}_0) \times \big(\boldsymbol{B} - (\boldsymbol{v}_0/c^2) \times \boldsymbol{E}_\perp\big) \\ &= \boldsymbol{E}_\perp + (1/c^2)\boldsymbol{v}_0 \times (\boldsymbol{v}_0 \times \boldsymbol{E}_\perp) = (1 - v_0^2/c^2)\boldsymbol{E}_\perp + (1/c^2)(\boldsymbol{v}_0 \cdot \boldsymbol{E}_\perp)\boldsymbol{v}_0 \\ &= (1 - v_0^2/c^2)\boldsymbol{E}_\perp. \end{aligned} \tag{3.23}$$

最後に $\boldsymbol{v}_0 \cdot \boldsymbol{E}_\perp = 0$ を使った（$\boldsymbol{B}$ は $\boldsymbol{v}_0$ に垂直だとは仮定していないことに注意）．同様に $\boldsymbol{B}$ の垂直成分については

$$\boldsymbol{B}''_\perp = (1 - v_0^2/c^2)\boldsymbol{B}_\perp \tag{3.23$'$}$$

である．どちらも元には戻らない．しかしどちらも比例係数がついているだけなので，それを打ち消す係数を式 (3.21) に付けておけば，Σ'' 系での場が Σ 系の場に等しくなることがわかる．

具体的には

$$\gamma(v) = \gamma(-v) = \frac{1}{\sqrt{1 - v^2/c^2}} \tag{3.24}$$

という v の関数 γ を導入し

$$\boldsymbol{E}'_\perp = \gamma(v_0)(\boldsymbol{E}_\perp + \boldsymbol{v}_0 \times \boldsymbol{B}_\perp) \tag{3.25a}$$

とすればよい．$\gamma^2(v_0)$ が式 (3.23) 右辺の係数を打ち消して $\boldsymbol{E}''_\perp = \boldsymbol{E}_\perp$ になる．

$\boldsymbol{B}$ も同様で

$$\boldsymbol{B}'_{\perp} = \gamma(v_0)(\boldsymbol{B}_{\perp} - (\boldsymbol{v}_0/c^2) \times \boldsymbol{E}_{\perp}). \tag{3.25b}$$

式 (3.22) と式 (3.25a,b) が，逆変換が正しく定義できる変換則ということになる．

次に，**二重変換**を考えてみよう．Σ 系から Σ' 系への速度 $\boldsymbol{v}_0$ の変換と，Σ' 系から Σ'' 系への速度 $\boldsymbol{v}'_0$ の変換を続けてしたらどうなるかという話である．ただしここでは $\boldsymbol{v}_0$ と $\boldsymbol{v}'_0$ は平行であるとし，それに垂直な場の成分を計算する．式 (3.25a) が使えるので（以下では $\perp$ という添え字は省略して式を書くが，垂直成分なので $\boldsymbol{v}_0 \cdot \boldsymbol{E} = 0$ などの関係を使う）

$$\begin{aligned}
\boldsymbol{E}'' &= \gamma(v'_0)(\boldsymbol{E}' + \boldsymbol{v}'_0 \times \boldsymbol{B}') \\
&= \gamma(\boldsymbol{v}'_0)\gamma(\boldsymbol{v}_0)\left((\boldsymbol{E} + \boldsymbol{v}_0 \times \boldsymbol{B}) + \boldsymbol{v}'_0 \times (\boldsymbol{B} - (\boldsymbol{v}_0/c^2) \times \boldsymbol{E})\right) \\
&= \gamma(v'_0)\gamma(v_0)\left((1 + v_0 v'_0/c^2)\boldsymbol{E} + (\boldsymbol{v}_0 + \boldsymbol{v}'_0) \times \boldsymbol{B}\right).
\end{aligned} \tag{3.26}$$

この式が式 (3.25a) と同様に

$$\boldsymbol{E}'' = \gamma(v_*)(\boldsymbol{E} + \boldsymbol{v}_* \times \boldsymbol{B})$$

という形に書けるだろうか，書けるとしたら $\boldsymbol{v}_*$ は何だろうか．$\boldsymbol{E}$ と $\boldsymbol{B}$ それぞれの係数を比較して

$$\gamma(v_*) = \gamma(v'_0)\gamma(v_0)(1 + v_0 v'_0/c^2), \tag{3.27a}$$

$$v_*\gamma(v_*) = (v_0 + v'_0)\gamma(v'_0)\gamma(v_0) \tag{3.27b}$$

という式を満たす v_* が存在するかという問題である．

もし存在するとすれば，v_* は Σ'' 系の Σ 系に対する速度である．したがって単純に考えれば $v_* = v_0 + v'_0$ となりそうだが，それでは上式は満たされない．相対論での**速度の合成**の公式を知っている人ならば

$$v_* = (v_0 + v'_0)/(1 + v_0 v'_0/c^2) \tag{3.28}$$

であると想像するだろう．実際，この答を知っていれば代入して，（多少の計算の上で）式 (3.27a,b) が成り立つことがわかる．しかしそれでは天下り的で面白くないので，**双曲線関数**のテクニックを使って式 (3.28) を導いてみよう．

まず，任意の v に対して

$$\gamma(v) = \frac{1}{\sqrt{1 - v^2/c^2}} = \cosh\theta \tag{3.29}$$

という式によって，v の関数として $\theta(v)$ を定義する．cosh は双曲線関数の一つのハイパボリックコサイン（ch とも書く）であり，ここでは他の双曲線関数も sinh, tanh というように書く．$\cosh^2\theta - \sinh^2\theta = 1$ などの関係式から

$$\sinh\theta = \frac{v/c}{\sqrt{1 - v^2/c^2}}, \qquad \tanh\theta = \sinh\theta/\cosh\theta = v/c$$

となる．$\boldsymbol{v}_0, \boldsymbol{v}'_0$ に対応する θ をそれぞれ θ_0, θ'_0 とすれば，式 (3.27a) の右辺は

$$\gamma(v_0')\gamma(v_0)(1+v_0v_0'/c^2) = \cosh\theta_0\cosh\theta_0' + \sinh\theta_0\sinh\theta_0'$$
$$= \cosh(\theta_0+\theta_0'). \tag{3.30}$$

双曲線関数の加法定理を使った（双曲線関数の諸性質は三角関数の公式からすぐに類推できる．符号がところどころで変わるほかは，形は変わらない）．$\theta_0+\theta_0'$ に対応する $\boldsymbol{v}$ を $\boldsymbol{v}_*$ とすれば，式 (3.30) は式 (3.27a) に他ならない．同様に

$$(v_0/c+v_0'/c)\gamma(v_0')\gamma(v_0) = \sinh\theta_0\cosh\theta_0' + \cosh\theta_0\sinh\theta_0'$$
$$= \sinh(\theta_0+\theta_0') = \tanh(\theta_0+\theta_0')\cosh(\theta_0+\theta_0')$$

となる．これは式 (3.27b) である．また $\tanh\theta$ の加法定理は

$$\tanh(\theta_0+\theta_0') = (\tanh\theta_0+\tanh\theta_0')/(1+\tan\theta_0\tan\theta_0')$$

だが，これが式 (3.28) に他ならない．速度の合成は v で書くと複雑だが θ で考えれば単純な足し算である．

磁場の二重変換も同様で，同じ $\boldsymbol{v}_*$ を使って（やはり $\perp$ を省略して）

$$\boldsymbol{B}'' = \gamma(v_*)(\boldsymbol{B}-(\boldsymbol{v}_*/c^2)\times\boldsymbol{E})$$

となる．結局，式 (3.25a,b) の変換則は合成可能な，つじつまの合った変換則になることがわかった．

ここでは第三の電磁場の変換則を使って形式的に速度の合成則を導いたが，なぜ常識的な合成則 $\boldsymbol{v}_* = \boldsymbol{v}_0+\boldsymbol{v}_0'$ ではないのか，根本的な理由は説明していない．相対論を知っている人ならば，基準の変換をするときの式 (3.3) $(t'=t)$ を変更するからであることはわかるだろうが，詳しくは次章で解説する．

注：式 (3.28) は，v_0 または v_0' を c とすると，他方の値にかかわらず $v_*=c$ となる．光速で動くものはどの系から見ても光速で動くという光速度不変性を表しているが，ここではこの原理にも時空という問題にも触れずに，場の変換法則からこの式を得たことを指摘しておきたい．

3.9 電磁場の法則再訪

前節の第三の変換則 (3.25a,b) は，ローレンツ力の公式も，マクスウェル方程式（特にガウスの法則/アンペールの法則）も，どちらも変えないような法則を求める準備として，一つの可能性として提示したものである．前節ではまず，それが変換則としての基本的性質を満たすという条件を調べた．多少の補正，そして新たな速度の合成則を採用すれば，それらの条件が満たされていることがわかった．

では最初の動機である，電磁場の法則はどのように変換されるだろうか．まず，ローレンツ力の公式について調べよう．

変換 (3.25a,b) は，ローレンツ力の式を変えない変換 (3.6a,b) とは異なる．

しかし計算をしてみると，ローレンツ力の式を「それほどは」変えないことがわかる．話を簡単にするために，力を受ける点電荷 q の速度（$\boldsymbol{v}$ あるいは $\boldsymbol{v}'$）と，Σ' 系の Σ 系に対する速度 $\boldsymbol{v}_0$ が平行であるとし，それに垂直な力について考える．

式 (3.25a,b) を使って計算すると

$$
\begin{aligned}
\boldsymbol{F}'_\perp &= q(\boldsymbol{E}'_\perp + \boldsymbol{v}' \times \boldsymbol{B}'_\perp) \\
&= q\gamma(v_0)\big((\boldsymbol{E}_\perp + \boldsymbol{v}_0 \times \boldsymbol{B}_\perp) + \boldsymbol{v}' \times (\boldsymbol{B}_\perp - (\boldsymbol{v}_0/c^2) \times \boldsymbol{E}_\perp)\big) \\
&= q\gamma(v_0)\big((1 + v'v_0/c^2)\boldsymbol{E}_\perp + (\boldsymbol{v}' + \boldsymbol{v}_0) \times \boldsymbol{B}_\perp\big) \\
&= \ q\gamma(v_0)\gamma(v')\big((1 + v'v_0/c^2)\boldsymbol{E}_\perp + (\boldsymbol{v}' + \boldsymbol{v}_0) \times \boldsymbol{B}_\perp\big) \div \gamma(v').
\end{aligned}
$$

最右辺の $\gamma\gamma\{\cdots\}$ の部分は式 (3.26) と同じ形をしている．v'_0 が v' に変わっているだけなので，式 (3.28) と同じ式による v' と v_0 の合成を v と書けば（これは，合成則式 (3.28) を採用したときの Σ 系での点電荷の速度である），

$$
\gamma(v')\boldsymbol{F}'_\perp = q\gamma(v)(\boldsymbol{E}_\perp + \boldsymbol{v} \times \boldsymbol{B}_\perp) = \gamma(v)\boldsymbol{F}_\perp \tag{3.31}
$$

となる．つまり $\boldsymbol{F}_\perp \neq \boldsymbol{F}'_\perp$ だが，$\gamma\boldsymbol{F}_\perp$ で考えれば基準に依存しないことになる．式 (3.6a,b) とは異なり磁場のほうも変換したのにもかかわらずそうなったのは，余分な項である $\boldsymbol{E}_\perp$ の係数内の $v'v_0$ が γ に吸収されたからである．

このことは，$\boldsymbol{F} = \boldsymbol{F}'$ を導いたニュートンの運動方程式（式 (3.1)）が何らかの形で修正されることを示唆する．あるいは修正すれば，全体としてきれいな理論ができることを示唆する．相対論での力学に対するヒントになっているが，詳細は次章で解説する．

では，第三の変換則はマクスウェル方程式をどう変えるだろうか．3.2 節あるいは 3.5 節と同様に，（とりあえず）Σ 系では電磁場は静的であるとして，変換則を代入すると Σ' 系での式はどうなるか，調べてみよう．$\nabla' \cdot \boldsymbol{B}$ と $\nabla' \times \boldsymbol{B}'$ については式 (3.19b,d) と同じなので問題ない．$\nabla' \times \boldsymbol{E}'$ は式 (3.9c) と同じになり，これも問題はない．しかし電場の発散は式 (3.9a) になり，3.2 節では，ガウスの法則

$$
\nabla' \cdot \boldsymbol{E}' = \rho'/\varepsilon_0
$$

にはならないと述べた．確かに，式 (3.7a) で書いたように $\rho' = \rho$ だとすれば，式 (3.9a) とは異なる．しかし電流が式 (3.7b) によって変換されるように，電荷も

$$
\rho' = \rho - \boldsymbol{v}_0 \cdot \boldsymbol{j}/c^2 \tag{3.32}
$$

というように変換されるとしたら，ガウスの法則も Σ' 系で成立することになる．もしそうだとすれば，ガウスの法則も基準の変換で変わらない可能性が生じそうである．

電荷密度が基準によるというのは直感に反する話だが，もっともらしいと思われる式 (3.7b) の証明には修正の余地がある．実際，相対論では，γ を除けば式 (3.32) になる式が出てくるのだが，これも詳細は次章で解説する．相対論で有名なローレンツ収縮という現象に関係する．

第 4 章
相対論での変換則

本章の要点

・前章で得られた速度の合成則から時空座標のローレンツ変換を導く．

・それに基づく力学と電磁気学の共変的表式のまとめをする．

・共変化された法則が，基準を変えても同じ物理的結果をもたらすことを具体例で示す．

・電荷分布が，それを見る基準によって異なる理由を物理的に考察する．直観とのギャップを，時空図での説明で解決する．

・現実の導線で電気力と磁気力のバランスから電荷分布が決まる原理を説明する．

4.1 相対論的時空とローレンツ変換

相対論（本書では特殊相対性理論を意味する）の教程では通常，光速度不変性を出発点にして，新しい時空概念とローレンツ変換を導出する．そして電磁気学の法則はローレンツ変換に対して不変（厳密に言えば共変）であることを示す．そしてニュートン力学も，ローレンツ変換に対して共変になるように改定される．

一方，前章ではその逆のことを試みた．時空とかローレンツ変換といった概念を知らない人が，電磁場の法則から何が見えるかという話だった．電磁場の法則の形を変えないような電磁場の変換がありうるという前提から出発すると，従来の常識の何を変えなければならないかということを追求した．

そこから得た結論を並べると

・新たな速度の合成則（式 (3.28)）

・新たな電荷密度の変換則（式 (3.32)）

・力のガリレイ不変性（$F = F'$）の変更（式 (3.31)）

であった．

正統的な相対論の導出手順が本質の理解にとって重要であることに異論はないが，それはどの相対論の教科書にも書いてある．ここでは逆に，電磁気学の法則という外形的な現象から相対論の本質を見つけようとしている．そしてそのための情報が上記のように整ったので，本章ではこれらの結論から相対論がどのように推定されるかを考えよう．

まず，時空のローレンツ変換の導出から始める．それは速度の合成則から得られる．従来の速度の合成則

$$v' = v - v_0$$

が常識的に認められているのは，それが，やはり常識的な関係

$$x' = x - v_0 t, \qquad t' = t \tag{4.1}$$

と，速度の公式（$v = dx/dt$ と $v' = dx'/dt'$）からすぐに得られるからである．しかし $v = c$ としたとき $v' = c$ とはならないので，この式は，相対論の基本である光速度不変性と矛盾する．一方，式 (3.28) は，$v = c$ ならば v_0 が何であっても $v' = c$ となり，光速度不変性を体現している．では式 (3.28) を実現するためにはどうすればいいだろうか．

そこで式 (4.1) を見直して

$$x' = x - v_0 t, \qquad t' = t - \alpha x \tag{4.1$'$}$$

としてみよう．α は何らかの定数である．この段階で，時間と空間を一体化し，座標 (t, x) で表される時空とみなすという発想が登場する．そして上式は時空全体での座標変換である．時空の均質性（空間，時間の平行移動に対する不変性）を仮定して，一次式とする．

式 (4.1$'$) を使えば

$$v' = \Delta x'/\Delta t' = (\Delta x - v_0 \Delta t)/(\Delta t - \alpha \Delta x) = (v - v_0)/(1 - \alpha v) \tag{4.2}$$

なので，$\alpha = v_0/c^2$ とすれば式 (3.28)（と同等のもの）が再現される．

しかし一次式だとしても，式 (4.1$'$) である必要はない．γ を v_0 に依存する何らかの定数だとして

$$x' = \gamma(x - v_0 t), \qquad t' = \gamma\left(t - \frac{v_0^2}{c^2}x\right) \tag{4.3}$$

としても式 (4.2) は変わらない．

γ の値は，再度，Σ' 系 (t', x') から Σ'' 系 (t'', x'') への，速度 $-v_0$ での変換（つまり逆変換）をし，それが Σ 系 (t, x) に戻るという条件から決まる．答は

$$\gamma(v_0) = 1/\sqrt{1 - v_0^2/c^2} \tag{4.4}$$

である（計算は簡単なので省略）．式 (3.24) で別の動機から導入した $\gamma(v)$ と同じになった．もちろん結果を知っていて同じ記号を使ったのだが，何らかの統一的な理論が見えてきたことが実感できる．

この γ を式 (4.3) に代入したものが**ローレンツ変換**である．逆変換は

$$x = \gamma(v_0)(x' + v_0 t'), \qquad t = \gamma(v_0)\left(t' + \frac{v_0}{c^2}x'\right). \tag{4.5}$$

3.7 節と同じ γ が登場したので，同じように双曲線関数を使って以上の式をまとめておこう．ただし注意点として，次元を揃えるために時間は ct という組み合わせで考え，また行列表示にする．すると式 (4.3) は

$$\begin{pmatrix} ct' \\ x \end{pmatrix} = \gamma \begin{pmatrix} 1 & -v/c \\ -v/c & 1 \end{pmatrix} \begin{pmatrix} ct \\ x \end{pmatrix} = \begin{pmatrix} \cosh\theta & -\sinh\theta \\ -\sinh\theta & \cosh\theta \end{pmatrix} \begin{pmatrix} ct \\ x \end{pmatrix} \tag{4.6}$$

となる．

これは平面上の座標の回転の公式に類似している．直交座標 (X, Y) で表した平面上の点 (X, Y) が，角度 θ だけ回転した座標系では (X', Y') だとすれば

$$\begin{pmatrix} X' \\ Y' \end{pmatrix} = \begin{pmatrix} \cos\theta & \sin\theta \\ -\sin\theta & \cos\theta \end{pmatrix} \begin{pmatrix} X \\ Y \end{pmatrix} \tag{4.7}$$

である．この行列を回転行列という．式 (4.6) のほうはここでは，ローレンツ変換の行列表示と呼ぶ．

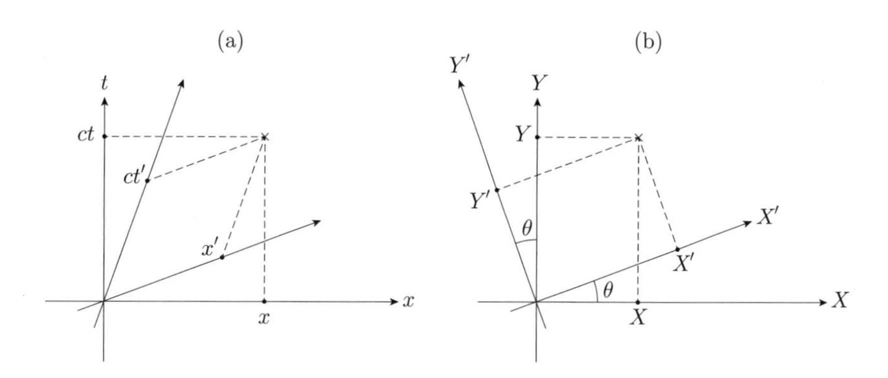

図 4.1　(a) 時空座標のローレンツ変換．(b) XY 座標の回転．

この類似性からさまざまなことがわかるが，重要なのは不変量の存在である．式 (4.7) と $\cos^2\theta + \sin^2\theta = 1$ より

$$X^2 + Y^2 = X'^2 + Y'^2 \tag{4.8}$$

となり，これは原点と点 (X, Y) の距離の 2 乗が座標系によらずに同じ公式で決まることを表すが，同様に式 (4.6) と $\cosh^2\theta - \sinh^2\theta = 1$ より

$$(ct)^2 - x^2 = (ct')^2 - x'^2 \quad (= (c\tau)^2 \text{ と記す}) \tag{4.9}$$

となる．τ を固有時間と呼び，上式の場合は時空の原点と点 (t, x) との間で定義される量である．そして上式は，固有時間 τ が基準によらずに同じ公式で決まることを表す．原点と (t, x) ではなく，(t, x) と $(t + \Delta t, x + \Delta x)$ という微小

に離れた 2 点の場合には

$$(c\Delta\tau)^2 = (c\Delta t)^2 - (\Delta x)^2 \tag{4.9'}$$

という量が，基準によらない量である．$\Delta\tau$ をこの 2 点間の**固有時間**という．

式 (4.9) で表される不変量が存在する時空のことを**ミンコフスキー時空**という．また，τ を不変とする変換がローレンツ変換である．式 (4.8) を不変にする変換が回転（直交変換）であったのと同様の話である．そしてミンコフスキー時空で物理学を考えるのが特殊相対性理論である．

4.2 相対論ミニマム

電磁場の法則を変えない基準の変換則を見つけようという試みから，ローレンツ変換，そしてミンコフスキー時空にたどりついた．次にすることは，ローレンツ変換から出発して，電磁気学を含む物理学の法則を再定式することである．そして，前章最後に導いた電磁場の変換則がローレンツ変換と合致したものなのかをチェックする必要がある．また，前節でまとめた 3 つの情報の，残りの 2 つはどう理解できるのかも考えなければならない．

しかし物理法則の再定式は，通常の相対論の教程で行われていることなので，ここではできるだけ簡単に結果をまとめる．わかっているという人は 4.3 節に飛んでいただきたい．

まず，相対論以前のニュートン力学を考えよう．一般に空間のベクトルは 3 成分をもつが，それを $a = (a_i : 1〜3)$ というように書く．各成分は特定の直交座標系 XYZ に対して決まる．たとえば質点の各時刻 t での位置座標は，その座標系に対して (x, y, z) と書けるが，ここではむしろ (x_1, x_2, x_3) というように書く．それぞれが時刻 t の関数である．力についても $F = (F_1, F_2, F_3)$ と書ける．このように書くと，質量 m の質点の運動方程式は

$$m\frac{d^2x_i}{dt^2} = F_i, \qquad i = 1〜3 \tag{4.10}$$

である．

この式は特定の座標系に対して決まる式だが，座標系を回転しても同じ形になるというのが，この法則の（回転に対する）**共変性**である．座標系を回転したときには，左辺の x_i も右辺の F_i もどちらも，同じ 3 次元回転行列（式 (4.7) の 3 次元版）によって変換されるので，変換後も運動方程式の形が変わらないということである．同様のことを，回転ではなく，等速で動く基準への変換で考えよう．電磁場の法則のローレンツ変換に対する共変性が実現されることを，明確な形で示すことが目的である．

A. ミンコフスキー座標/ミンコフスキー計量

時空内の各点は，時間と 3 つの空間座標で表されるが，それをまとめて，x^μ

（$\mu = 0$〜3）と書く．添え字は上付きで書く．空間を直交座標系で表す場合には $x = x^1$, $y = x^2$, $z = x^3$ だが，これらは（あとで説明する理由により）式 (4.10) のように下付きにしても変わらない．時間座標は x^0 で表されるが，次元を合わせるために $x^0 = ct$ とする．基準（時空の座標系）の変換は，式 (4.3) あるいは式 (4.6) に y 方向と z 方向を加えた，4 次元のローレンツ変換で表される．基準を x 方向に動かすときは，$y' = y$, $z' = z$ である．

時空内の微小に離れた 2 点間の固有時間 $\Delta\tau$ は，式 (4.9′) の拡張で

$$
\begin{aligned}
(c\Delta\tau)^2 &= (c\Delta t)^2 - (\Delta x)^2 - (\Delta y)^2 - (\Delta z)^2 \\
&= (\Delta x^0)^2 - (\Delta x^1)^2 - (\Delta x^2)^2 - (\Delta x^3)^2 \\
&= -\sum g_{\mu\nu}(\Delta x^\mu)(\Delta x^\nu) \qquad (4.11)
\end{aligned}
$$

となる．ただし最後の $g_{\mu\nu}$ は**計量**と呼ばれる量であり（計量とは一般に 2 点間の「距離」を定義する量），ここでは，

$$-g_{00} = g_{11} = g_{22} = g_{33} = 1, \qquad g_{\mu\nu} = 0 \text{ if } \mu \neq \nu \qquad (4.12)$$

となる．これを**ミンコフスキー計量**という．添え字は下付きで書く．
注：ミンコフスキー計量は $\eta_{\mu\nu}$ と書くことも多い．

B. 世界線・四元速度・四元加速度

質点の動きは時空図では一本の曲線で表される．世界線という．世界線上の各点は固有時間によって指定される．つまり，世界線上のどこかを出発点として（$\tau = 0$），そこから式 (4.11) を使って計算していけば，世界線上の各点での τ の値が決まる．そして質点の動きは，$x^\mu(\tau)$ という関数で表される．

速度や加速度も世界線に沿って計算され

四元速度　$v^\mu = dx^\mu/d\tau$,　(4.13a)

四元加速度　$a^\mu = dv^\mu/d\tau$.　(4.13b)

t（あるいは x^0）ではなく固有時間 τ で微分していることがポイントである．τ は基準によらない量なので，基準を変換したとき，v^μ も a^μ も x^μ と同じローレンツ変換で変換する．

従来の 3 次元的な速度は $v_x = dx/dt$ 等々なので

$$v^2 = (\Delta x/\Delta t)^2 + (\Delta y/\Delta t)^2 + (\Delta z/\Delta t)^2$$

であり，式 (4.11) の 1 行目より

$$\left(\frac{d\tau}{dt}\right)^2 = 1 - \left(\frac{v}{c}\right)^2$$

すなわち

$$\frac{dt}{d\tau} = \gamma(v) = \frac{1}{\sqrt{1-(v/c)^2}} \qquad (4.14)$$

となる．これを使えば，τ での微分である上記の四元速度や四元加速度と，t での微分である通常の 3 次元的な速度や加速度との関係がわかる．

C. 運動方程式

質点の運動方程式は相対論的には

$$m\frac{d^2x^\mu}{d\tau^2} = f^\mu \quad (\mu = 0\sim 3) \tag{4.15}$$

という形に書ける．f^μ は**四元力**と呼ばれる量で，基準のローレンツ変換に対して，x^μ と同様の変換をする（ように定義する）．つまり上式はローレンツ変換に対して共変であり，形が変わらない．

（あとで解説する）γ 因子の補正を除けば，上式の空間成分（$\mu = 1\sim 3$）は通常の 3 次元での運動方程式に対応し，f^μ は通常の力に相当する．また f^0 は仕事率/c であり，上式 (4.15) の時間成分（$\mu = 0$）は（式 (4.13a) や (4.14) も考えれば）

$$\frac{d}{d\tau}(m\gamma c^2) = \text{外力による仕事率} \tag{4.16}$$

となる．左辺の括弧の中は速度 v で動く質点の相対論的なエネルギーである（$\gamma = 1$ のときは mc^2）．

D. 共変/反変ベクトル

何らかの 4 次元ベクトル a^μ が，ローレンツ変換に対して x^μ と同様に，式 (4.6)（の 4 次元版）の変換をするとする．そのことを

$$a'^\mu = L^\mu{}_\nu a^\nu \tag{4.17}$$

と書く．右辺は ν について 0 から 3 までの和を取っているのだが，和の記号 $\sum$ を省略している．同じ添え字（ここでは ν）が上下に出てきているときは自動的にそれについて和を取る（縮約という）というアインシュタインの記法を使っている．この記法を使えば，式 (4.11) 最右辺の $\sum$ も，μ と ν についての和を自動的に取ることになるので不要となる．

そして，b^μ も同じように式 (4.17) で変換される 4 次元ベクトルだとすると

$$g_{\mu\nu}a'^\mu b'^\nu = g_{\mu\nu}a^\mu b^\nu \tag{4.18}$$

であることが証明される．式 (4.9) が不変になったのと同じ計算だが，行列の掛け算として書けば

$${}^tLgL = g$$

という関係が成り立つからである．そこで

$$a_\mu = g_{\mu\nu}a^\nu \tag{4.19}$$

というように，添え字上付きの a^μ に計量 g を掛けたものを添え字下付きの記号で表すことにすれば，式 (4.18) は

$$a_\mu b^\mu = a'_\mu b'^\mu \tag{4.20}$$

となる．

一般に添え字上付きの四元ベクトル（基準の変換に対して L で変換される）を**反変ベクトル**，下付きの四元ベクトル（${}^tL^{-1}$ で変換される）を**共変ベクトル**という．（空間のデカルト座標の回転行列 R の場合は ${}^tR^{-1} = R$ なので，3 次元空間のベクトルでは区別する必要がない．）

まとめると，2 つの反変ベクトルから不変量を作る場合には計量 g をはさまなければならないが，共変ベクトルと反変ベクトルを掛ければそのまま不変になる．

時空の座標 x^μ は反変ベクトルだが，それによる偏微分（$\partial_\mu = \partial/\partial x^\mu$）は共変ベクトルになる（変換性を調べればよい）．したがって，たとえば

$$\partial_\mu a^\mu = \frac{1}{c}\partial_t a^0 + \partial_i a_i = \frac{1}{c}\partial_t a^0 + \nabla \cdot \boldsymbol{a} \tag{4.21}$$

は不変量になる．（空間成分については $a_i = a^i$ である．）

E. 電荷と電流（四元電流）

電荷密度を ρ，電流密度を $\boldsymbol{j}$ としたとき

$$j^\mu - (c\rho, \boldsymbol{j}) \tag{4.22}$$

を**四元電流**という．

これが反変ベクトルであることは動く質点の場合を考えるとわかる．電荷 q の質点に対して，式 (4.13a) より qv^μ は反変ベクトルだが，$\gamma \fallingdotseq 1$ とすればこれは $(qc, q\boldsymbol{v})$ なので，質点による電荷（$\times c$）と電流になって，式 (4.22) の形になる．

電荷の連続方程式は

$$\partial_\mu j^\mu = 0 \tag{4.23}$$

となり式 (4.21) の形になるので，ローレンツ変換に対して不変な法則である．

このように定義すると，四元電流の変換 $j'^\mu = L^\mu_\nu j^\nu$ は

$$\rho' = \gamma(v_0)(\rho - \boldsymbol{v}_0 \cdot \boldsymbol{j}/c^2) \tag{4.24a}$$

$$\boldsymbol{j}' = \gamma(v_0)(\boldsymbol{j} - \boldsymbol{v}_0 \rho) \tag{4.24b}$$

となる．$\boldsymbol{j}$ ばかりでなく ρ も変換され，ほぼ式 (3.32) が得られる．なぜそのようなことが起こるのか，その仕組みは 4.4 節で詳しく説明する．

F. ポテンシャルと電磁場

スカラーポテンシャル φ とベクトルポテンシャル $\boldsymbol{A}$ をまとめて

四元ポテンシャル： $\quad A^\mu = (c\varphi, \boldsymbol{A}) \qquad$ (4.25a)

とする．これがローレンツ変換に対する反変ベクトルであるとの前提から出発

して電磁場を定義し，マクスウェル方程式が変換に対して共変な法則になることを証明しよう．

共変ベクトルは

$$A_\mu = g_{\mu\nu}A^\nu = (-c\varphi, \boldsymbol{A}) \tag{4.25b}$$

であり，これを使って

$$F_{\mu\nu} = \partial_\mu A_\nu - \partial_\nu A_\mu \tag{4.26}$$

と，**共変テンソル**を定義する．（どちらの添え字についても共変なテンソルを共変テンソルと呼ぶ．反変テンソル，混合テンソルも同様に定義される．）

ポテンシャルと電磁場についての知識を使えば

$$F_{\mu\nu} = \begin{pmatrix} 0 & -\boldsymbol{E}_x/c & -\boldsymbol{E}_y/c & -\boldsymbol{E}_z/c \\ \boldsymbol{E}_x/c & 0 & B_z & -B_y \\ \boldsymbol{E}_y/c & -B_z & 0 & B_x \\ \boldsymbol{E}_z/c & B_y & -B_x & 0 \end{pmatrix} \tag{4.27}$$

である．反変テンソル $F^{\mu\nu} = g^{\mu\lambda}g^{\nu\kappa}F_{\lambda\kappa}$ は上式で電場の符号をすべて逆にしたものである．（$g^{\mu\nu}$ は $g_{\mu\nu}$ を反変にしたものだが，具体的な形は同じである．）

$F^{\mu\nu}$ の反変テンソルとしてのローレンツ変換に対する変換則から電場と磁場の変換則が得られる．結果はもちろん，式 (3.22), (3.25a,b) である．

G. マクスウェル方程式

$F^{\mu\nu}$ と j^μ を使うと，4 つのマクスウェル方程式は

$$\partial_\mu F^{\mu\nu} = \mu_0 j^\nu \tag{4.28a}$$

$$\partial_\mu F_{\nu\lambda} + \partial_\nu F_{\lambda\mu} + \partial_\lambda F_{\mu\nu} = 0 \tag{4.28b}$$

というように，完全に共変な形で書くことができる．第 1 式の $\nu = 0$ が $\nabla\cdot\boldsymbol{E}$，$\nu = 1\sim3$ が $\nabla\times\boldsymbol{B}$ の式である．また第 2 式は 3 つの添え字について完全反対称なので 3 つの添え字はすべて異なっていなければならず，そのうち一つが 0 のものが $\nabla\times\boldsymbol{E}$，すべてが空間成分のものが $\nabla\cdot\boldsymbol{B}$ の式である．

H. ローレンツ力

j^μ で表される電荷電流が電磁場から受ける力 f^μ は，それが反変ベクトルになるように定義すれば，縮約によって

$$f^\mu = F^{\mu\nu}j_\nu \tag{4.29}$$

としなければならない．右辺を具体的に書けば，空間成分は

$$\boldsymbol{f} = \rho\boldsymbol{E} + \boldsymbol{j}\times\boldsymbol{B} \tag{4.30a}$$

となる．点電荷の場合，時空ベクトルになるように $j^\mu \to q\,dx^\mu/d\tau$ とし，$dx^\mu/d\tau = \gamma(v)(1, \boldsymbol{v})$ であることを使えば，空間成分は

$$\boldsymbol{f} = q\gamma(v)(\boldsymbol{E} + \boldsymbol{v} \times \boldsymbol{B}) \tag{4.30b}$$

になる．時間微分の違いの影響で γ 因子が出てくることに注意．前章最後の式 (3.31) に γ が出てきたことが納得できる．

4.3 具体例

基準の変換を，時間の変換を含むローレンツ変換とすれば，異なる基準でも物理法則の形は変わらない（共変性）となることを示した．具体的な例で，2 つの異なる基準で運動方程式を書き，それが物理的に同じ内容であることを確かめてみよう．前章で持ち出した例を参考にするが，場の変換だけではなく運動方程式の考察まで含めて考える．γ まで含めてつじつまが合っていることを確認していただきたい．

具体例 1（平面電荷と点電荷：平面をスライドする）：$y = 0$ の無限平面板上に $+x$ 向きに定常電流（面密度 j）が流れているとする．面上には電荷はない．$y > 0$ の領域に生じている磁場は $B_z = \mu_0 j/2$ である．

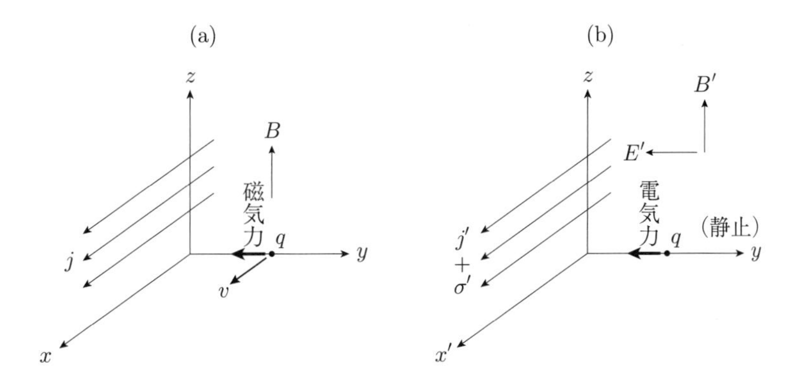

図 4.2 (a) Σ 系：q は $+x$ 向きに動き，$-y$ 向きの磁気力を受ける．(b) Σ' 系：q（静止）は $y = 0$ 面上の電荷 σ' (< 0) により $-y$ 向きの電気力を受ける．

また，この面の右側（図 4.1 参照）に点電荷 q が速度 v で x 方向に動いている．この点電荷に働く磁気力は y 方向であり，y 方向の運動方程式は

$$m\frac{d^2y}{d\tau^2} = f_y = -q\gamma v B_z \tag{4.31}$$

となる ($\gamma = \gamma(v) = 1/\sqrt{1 - v^2/c^2}$)．式 (4.30b) を使った．

次にこのシステムを，x 方向に速度 v で動く Σ' 系で見る．板はずれるが位置は変わらない．Σ' 系での電磁場は，変換則 (3.25) によれば

$$E'_y = -\gamma v B_z, \qquad B'_z = \gamma B_z \tag{4.32}$$

である．この電場は，Σ' 系で平面上に出現する電荷による．実際，Σ' 系での電荷面密度 σ' は式 (4.24a) より

$$\sigma' = -\gamma jv/c^2$$

なので，平面電荷の電場の公式 $(= \sigma/2\varepsilon_0)$ より上記の E'_y が得られる．式 (3.10) とは γ 因子だけ異なる．

Σ' 系では点電荷は静止しているので y 方向の電気力しか働かない．y 座標は Σ' 系でも変わらないので，Σ' 系での運動方程式は（電荷は静止しているので γ は付かない）

$$m\frac{d^2y}{d\tau^2} = qE'_y$$

だが，式 (4.32) を考えれば，これは γ 因子まで含めて式 (4.31) と同等である．

具体例 2（平面電流と点電荷：平面を平行移動する）：$y = 0$ の無限平面板上に $+x$ 向きに定常電流（面密度 j）が流れているとする．面上には電荷はない．また，この面の右側（図 4.2 参照）に点電荷 q が速度 v で y 方向に動いている．この点電荷に働く磁気力は x 方向であり，x 方向の運動方程式は

$$m\frac{d^2x}{d\tau^2} = f_x = q\gamma vB_z \tag{4.33}$$

となる．

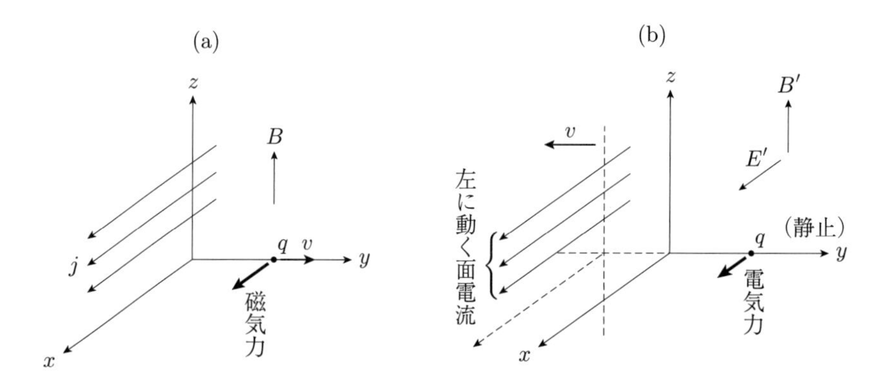

図 4.3　(a) Σ 系：q は $+y$ 向きに動き $+x$ 向きの磁気力を受ける．(b) Σ' 系：q（静止）は左に動く面電流による誘導電場により $+x$ 向きの電気力を受ける．

次にこのシステムを，y 方向に速度 v で動く Σ' 系で見る．Σ' 系での電磁場は，変換則 (3.26) によれば

$$E'_x = \gamma vB_z, \quad B'_z = \gamma B_z \tag{4.34}$$

である．この電場の発生理由は 3.3 節の具体例 2 と同様に，電磁誘導からストークスの定理を使って説明できるが，式 (3.12) とは γ 因子だけ異なる．B'_z 自体は j' から計算できるが，γ が付く理由は (4.24b) による．

Σ' 系では点電荷は静止しているので x 方向の電気力しか働かない．x 座標は Σ' 系でも変わらないので，Σ' 系での運動方程式は

$$m\frac{d^2x}{d\tau^2} = qE'_x$$

だが，式 (4.34) を考えれば，これは式 (4.33) と同等である．

4.4 電荷密度はなぜ基準に依存するのか

電荷密度と電流密度を一緒にして四元電流というものを考えると，電荷密度が基準によって変わるという，式 (4.24a) が得られる．しかしこれは，電荷を帯びていない導線を動かして観察すると，電荷を帯びているように見えるということであり，直観的な理解が難しい．

通常，この式は**ローレンツ収縮**の結果であると説明される．まずその説明を復習する．定常電流が流れている，静止している直線状の導線を考える．この導線を，正電荷を帯びた静止した棒（金属格子）と，一定の速度 v で動いている負電荷（電子）からなる，質量が無視できる流体が合わさったものだと考えよう．導線（棒）が静止して見える基準を Σ 系，負の流体が静止して見える基準（正の棒は逆方向に動いている）を Σ' 系とする．

Σ 系での棒の正電荷の密度を λ_+，流体の負電荷の密度（絶対値）を λ_- とする（線密度なので σ ではなく λ とした）．Σ 系で導線全体が電気的に中性だとすれば

$$\lambda_+ = \lambda_- \tag{4.35}$$

である．また電流を j とすれば

$$j = -v\lambda_- \tag{4.36}$$

である．

負の流体の静止系である Σ' 系でのそれぞれの電荷密度を λ'_+，λ'_- とする．棒は Σ' 系ではローレンツ収縮すると考えると，電荷密度はその分，増えるのだから，$\gamma = 1/\sqrt{1-(v/c)^2}$ として

$$\lambda'_+ = \gamma\lambda_+$$

である．一方，負の流体は Σ 系のほうでローレンツ収縮していたのだから

$$\lambda'_- = \gamma^{-1}\lambda_-$$

である．したがって Σ' 系での全電荷密度は（式 (4.35) と (4.36) を使って）

$$\lambda'_+ - \lambda'_- = (\gamma - 1/\gamma)\lambda_- = \gamma\lambda_-(v/c)^2 = -\gamma jv/c^2 \tag{4.37}$$

となる．これは式 (4.24a) に他ならない（$\rho = 0$ である）．

もっともらしい説明だが安易でもある．ローレンツ収縮とは最初は相対論登

場以前に，動いている物体が実際に $\sqrt{1-(v/c)^2}$ だけ収縮するという仮説として登場した．それが相対論により，長さを測定するときの基準の違いの問題であると再解釈され，実際に物体が収縮するという考えは否定された．上記の議論は，その否定された仮説の適用であり，その意味で「安易」である．

そこで，上記の議論を相対論的に修正してみよう．導線を，正電荷の棒と負電荷の流体のシステムとして考えること，そしてそれぞれが静止して見える Σ 系と Σ' 系を比較するという点は変えない．

それぞれの系の時空座標（t, x）と (t', x') を描いたものが図 4.4 である．この図では，$t=0$ では棒は横方向，つまり x 軸上にある．時間が経過すると，正の棒の各点（x 座標が一定）は時空図内では垂直に，つまり時間方向（t 軸方向）に動く．たとえば A 点は a 方向である．一方，負の流体の各部分は t' 軸方向，つまり右斜めの方向に動く．A 点は b 方向である．

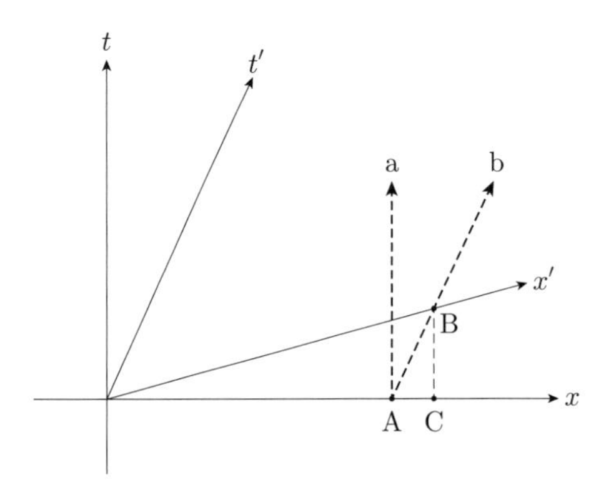

図 4.4　Σ 系 (t, x) : 正電荷（棒）が静止して見える基準．Σ' 系 (t', x') : 電子系が静止して見える基準．a の矢印 : A にある原子の世界線，b の矢印 : A にある電子の世界線．

Σ 系で見たときこの導線の電荷密度が 0 であるとする．OA 上では正電荷と負電荷がつりあっているということである．

$$\text{OA 上の正電荷} = \text{OA 上の負電荷（の絶対値）}.$$

これを，負電荷と一緒に動く Σ' 系で見てみよう．Σ' 系でのある時刻（$t'=0$ とする）での導線上の電荷を考える．図の OB 上で考えればよい．B とは，A にあった負電荷が動いてきた位置である（AB は t' 軸に平行）．すると

$$\text{OB 上の負電荷} = \text{OA 上の負電荷} \tag{4.38}$$

である．しかし正電荷はこうはならない．図からわかるように

$$\text{OB 上の正電荷} = \text{OC 上の正電荷} \tag{4.39}$$

である．したがって

OB 上の正電荷 $>$ OB 上の負電荷

となる．つまり Σ' 系で見ると（つまり $t' =$ 一定 という線で見ると），この導線は正電荷を帯びている．つまり規準の変換によって導線に電荷が発生するのは，ローレンツ収縮と言うよりも同時刻性の破れ（$t =$ 一定 と $t' =$ 一定のラインが互いに傾いている）が原因であることがわかる．

この発想でも式 (4.37) が導かれることを示そう．λ_+, λ_- などの定義は本節冒頭と同じとする．A の x 座標を L，B の x' 座標（A の x' 座標に等しい）を L' とすれば，式 (4.38) は

$$\lambda'_- L' = \lambda_- L.$$

また式 (4.39) は，C の x 座標（B の x 座標に等しい）を L'' として

$$\lambda'_+ L' = \lambda_+ L''$$

であり，結局，Σ' 系での全電荷密度 λ' は

$$\lambda' = \lambda'_+ - \lambda'_- = \lambda_- \left((L''/L') - (L/L') \right). \tag{4.40}$$

$L'' > L$ なのだから，この段階で Σ' 系では導線は正電荷に帯電していることがわかる．ローレンツ収縮は使っていない．しかしローレンツ変換（および逆変換）の式より

$$L''/L' = \gamma, \qquad L/L' = 1/\gamma$$

なので（前者は B 点での変換式より，後者は A 点での変換式より），式 (4.40) に代入すれば式 (4.37) が得られ，単純なローレンツ収縮での議論と同じ結果になる．

以上は正電荷が静止している系 Σ から負電荷が静止している系 Σ' への変換という特殊例だが，確かに電荷密度が，式（4.24a）のように変化していることが確認された．さらに

$$j' = v\lambda'_+ = \gamma j$$

になることもわかる．式 (4.24b) である．（一般の変換で式 (4.24a,b) を再現するという計算は読者にお任せする．）

4.5 格子的なモデルでの電荷分布の説明

このように，正電荷部分と負電荷部分を互いに独立した連続体として考えるモデルでは，電荷密度の変換式は理解可能である．しかしそれでも違和感が残る人もいるかもしれない（私もそうだった）．伝導電子が，並んだ原子を一つずつ渡り歩いていくという古典的なモデルで考えると，全体としては常に導線の電荷はゼロではないかと考えたくなる．見る基準によって導線に電荷密度が

出たり消えたりするというのはイメージしがたい．そこで，電荷を連続体としてではなく粒子的にとらえたときに式 (4.24a) がどのように理解できるかという問題を考えてみよう．

伝導電子が導線の原子（格子点）を渡り歩くのだから電荷密度は常にゼロであるという考えが問題なのは，電子が瞬間的に隣の格子点に移るということが前提になっているからである．古典的なイメージで話を進めるが，電子は格子点の中間に存在しているかもしれない．もちろんすべての電子が格子間を同じように動いていれば（同時刻に出発して同時刻に次の格子点に到達するのならば）問題ないが，相対論では電子の状態を見る時間が基準によって異なる．図 4.4 で言えば，$t=$ 一定 という線と $t'=$ 一定 という線は一致せずに，互いに傾いている．つまり時間を t で考えればすべての電子が同じように動いているように見えるという状況が，t' で考えると，動きはずれる．図の左の方のある電子がとなりの格子点に到達したとき，右の方の別の電子は「同じ t'」では，すでにとなりの格子点を通り過ぎてその次の格子点に向かって動き出しているだろう（図 4.4 で $t'=$ 一定 という線は右上がりなのだから）．つまり Σ' 系で見ると，格子点の列に比べて伝導電子の列は間延びしている．したがって Σ' 系では正電荷が発生しているように見える．

ここまで理解していただければ充分だが，一応，以上のことを数式化しておこう．まず Σ 系で考える．

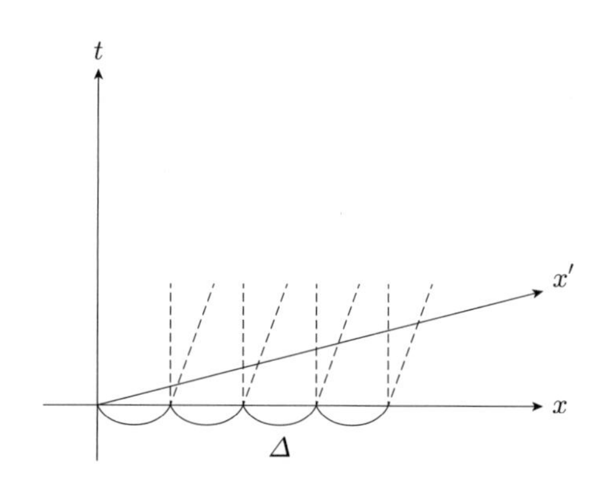

図 4.5　x' 軸上では，電子の間隔のほうが大きい．

格子点（原子）が等間隔 Δ で並んでいるとする．原点に位置する格子点を $n=0$ とすると，そこから右に n 番目の格子点の位置 x_{n+} は

$$x_{n+} = n\Delta$$

である．Σ 系で静止しているのだから，これは t に依存しない．

一方，伝導電子も等間隔で並んでおり，$t=0$ では格子点の列に一致するとする．またすべてが等速 v で動いているとする．n 番目の電子の位置 x_{n-} は

$$x_{n-} = n\Delta + vt \tag{4.41}$$

である．Σ 系で見た電流は，電子の電荷を $-q$ とすれば

$$j = -qv/\Delta \tag{4.42}$$

である．

これを，図 4.5 の x' 軸上で見たらどのような分布になっているかを計算しよう．これは $t'=0$ という線であり，$t=(v/c^2)x$ と書けるので，式 (4.41) より

$$x' \text{ 軸上：} x_{n-} = n\Delta + (v^2/c^2)x_{n-} \quad \Rightarrow \quad x_{n-} = n\Delta/(1-v^2/c^2).$$

間隔が増えた分だけ密度は（x で考えると），$(1-v^2/c^2)$ 倍，減っている．したがって x' 軸上での全電荷密度は，式 (4.42) も使うと

$$\lambda = \frac{q}{\Delta}\left(1-(1-v^2/c^2)\right) = q(v^2/c^2)(1/\Delta) = -jv/c^2$$

となる．式 (4.24a) とは γ だけ異なるが，これは長さの尺度を x' ではなく x で測っていたことによる違いである．この計算からも，Σ' 系での電荷出現の原因はローレンツ収縮というよりは，同時刻性の破れであることがわかる．

4.6 導線内部電荷のパラドックス

ある基準で観測すると電気的に中性な導線であっても，もしそこに電流が流れているのならば，他の慣性系で観察すると荷電しているということだった．すべての慣性系が同等であるとすれば，中性状態と荷電状態を物理的に差別することができない．では，実際に存在している導線が荷電しているのかいないのかを決めるのは何なのか．

定常電流の場合，導線表面には必ず電荷が分布している．導線内に導線方向の電場をもたらすためには，表面電荷が複雑に分布する必要がある．それについては第 8 章で詳しく議論する．本節で考えたいのは表面ではなく導線内部の電荷である．

一般論として，定常電流が流れている均質な導線の内部には電荷は分布しない（とされている）．電荷が分布しているとそこでは電場が一様でなくなるので電気力が変化し，定常電流にはならないからだと説明される．しかし変換公式 (4.24) によれば，ある基準で電荷密度が 0 であってもそこに電流が流れていれば，他の基準では有限な電荷密度が生じることになる．これは矛盾ではないのだろうか．

この「パラドックス」への解答のポイントは，まさに前章からの話のテーマの中にある．つまり異なる基準での物理現象の解析を比較するには，電気力（あるいは電場）だけを切り離して考えてはいけない．電流が流れているのだから当然，磁気力もあり，それも含めた解析をしなければならない．

話を簡単にするために，一様な直線導線に定常電流 I が流れているとする．

導線の断面は半径 a の円だとする．導線内部に電荷が分布しているとしても，それは軸対称になるだろう．

軸から距離 r（$< a$）の位置にある，伝導電子に働く力を考える．動径方向（軸に垂直な方向）には電気力は働かないとすれば，電荷は内部には分布できず，表面にしか存在しないことになる．しかし導線内部にはその軸のまわりを渦巻く磁場ができており，導線方向に動く伝導電子には，動径方向を向く磁気力も働く．電流が導線方向に流れるためには，動径方向の電気力と磁気力は打ち消し合わなければならない．つまり磁気力まで考えると，導線内部にも電荷が分布していなければならない．

ではこの場合，本節冒頭のパラドックスはどうなるだろうか．導線内の電荷分布は，動径方向の全ローレンツ力が0になるという条件から決まる．パラドックスは，この状態を電流方向（導線方向）にローレンツ変換をした基準で見るとどうなるかという問題である．しかしこれは動径方向に直交する方向へのローレンツ変換なので，ある基準で動径方向の全ローレンツ力が0ならば，変換した基準でも（電荷分布や電流分布は変わるので電気力と磁気力は個々には変わるが）全ローレンツ力は0であり，条件を満たしている．

これでパラドックスは解決するが，折角なので具体的な計算をしてみよう．伝導電子はすべて，一定の速度 v で動いているという古典的なモデルで考える．実験室系（Σ 系）での導線内部の電荷分布を，伝導電子は ρ_-（< 0，ここでは絶対値ではない），残りを ρ_+（> 0）と記す．実験室系とは伝導電子のみが動いている基準である．全電荷は $\rho = \rho_+ + \rho_-$ である．どれも軸からの距離 r の関数である．導線の半径を a とすれば $r < a$ である．

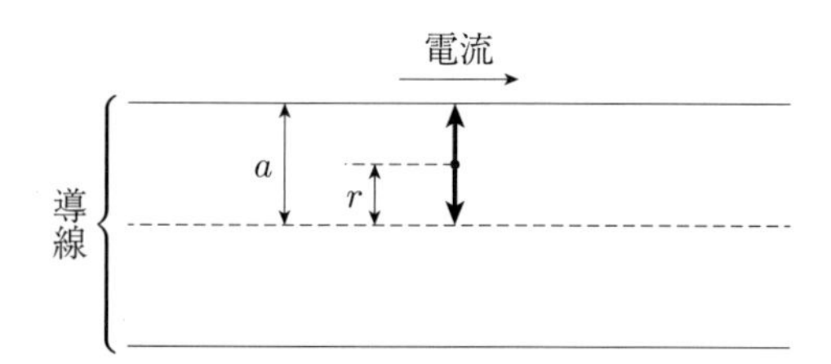

図 4.6　Σ 系では，伝導電子には中心向きの磁気力と外向きの電気力が働いてつりあう．Σ' 系ではどちらも 0 になる．

導体全体は半径 a の円柱だが，その内部の同軸の，半径 r の円柱を考える．その単位長さ当りの電荷は

$$\lambda(r) = 2\pi \int_0^a dr' r' \rho$$

なので，その内部円筒表面の，動径方向（r 方向）の電場 E_r は

$$E_r(r) = \frac{1}{2\pi\varepsilon_0}\frac{\lambda}{r} = \frac{1}{\varepsilon_0 r}\int dr' r' \rho$$

となる．また，その内部円筒には

$$2\pi v \int dr' r' \rho_-$$

の電流が流れているので，その表面の磁場（回転角方向）は

$$B_\phi(r) = \frac{\mu_0 v}{r} \int dr' r' \rho_-$$

である．したがって，そこを速度 v で動く電子に働く動径方向の全ローレンツ力は

$$\text{全ローレンツ力} \propto E_r + vB_\phi = \frac{1}{\varepsilon_0 r} \int dr' r' \left(\rho_+ + \left(1 - \frac{v^2}{c^2}\right) \rho_- \right) \tag{4.43}$$

となる．これがすべての r（$< a$）で 0 になるという条件より

$$\rho = \rho_+ + \rho_- = (v/c)^2 \rho_- \tag{4.44}$$

となり，導線は負に帯電していることがわかる．

導線方向にローレンツ変換しても全ローレンツ力が 0 になるのは力の変換則から当然だが，たとえば伝導電子系（Σ' 系，すなわち実験室系に対して v で動いている基準）で考えてみよう．その基準での電荷密度を「$'$」を付けて表すと，ローレンツ収縮の分だけ密度が変化するので（結果としてはそれで正しいことは 4.4 節で示した)，$\gamma = 1/\sqrt{1-(v/c)^2}$ として

$$\rho'_+ = \gamma \rho_+, \qquad \rho'_- = \gamma^{-1} \rho_-.$$

したがって，式 (4.43) $= 0$ より

$$\rho' = \rho'_+ + \rho'_- = \gamma(\rho_+ + \gamma^{-2} \rho_-) = 0$$

となり，この基準では内部電荷は 0 になる．式 (4.44) の ρ をローレンツ変換しても $\rho' = 0$ が得られる．つまり帯電していない．したがって動径方向の電気力は 0 である．

つまり，この基準で静止している伝導電子にも動径方向の力は働かない．基準によって帯電の様子は変わるが，伝導電子に動径方向の力が働かないという性質は不変であり，パラドックスは生じない．

参考文献とコメント

特殊相対論（+ それに基づく電磁気学）の説明はどこにでも見られるが，初等的な解説本を見たい人がおられれば，「グラフィック講義相対論の基礎」（和田：サイエンス社）をご覧いただきたい．

ローレンツ収縮による帯電の説明は諸教科書にあるが，本書のような解説は見たことはない．最終節については [McD10] で学んだ．少し見方を変えて書いているが，計算自体はそこに書かれているものである．

第 5 章

点電荷による電磁場

本章の要点

・等速直線運動をする点電荷の電磁場の変換則からの導出を復習する．電場の方向が，同時刻での点電荷から放射状であることを確認する（方向については遅延効果は見られない）．

・マクスウェル方程式の速度での摂動計算から同じ式を求める．2 次の計算から始めて，厳密解に進む．

・帯電していない直線電流が直線と垂直方向に動くときの電場の発生を，方向依存性をもつ修正版クーロン則から計算する．

・加速度をもつ点電荷による電磁場を，速度についての摂動の最低次で計算する．その結果は電磁波と，変動効果の組合せであることを説明する．

・等速とは限らない一般的な運動をする点電荷の電磁場の諸公式を復習し，その間の関係について解説する．摂動計算との関係を調べる．

・その式の中で遅延効果と変動効果がどのように見られるかを説明する．

5.1 等速で動く点電荷による電磁場

等速で動く点電荷の電磁場を求めよう．クーロン則と BS 則がどれだけ修正されるかが焦点である．さまざまな導出法があるが，最も簡単なのは，相対論での時空座標と場の変換則を使った方法だろう．

ある基準（Σ 系とする）で点電荷 q が座標の原点に静止している場合には，電場は当然

$$\boldsymbol{E} = (E_x, E_y, E_z) = \frac{q}{4\pi\varepsilon_0}\frac{1}{r^3}(x, y, z)$$

であり，$\boldsymbol{B} = 0$ である．この座標系に対して x 方向に一定の速度 $-v$ で動いている基準を Σ' 系とする．点電荷はこの基準では速度 v で x 方向に動いていることになる．$t = t' = 0$ で両系の原点は一致するとする．$t' = 0$ では点電荷は

Σ' 系でも原点にある．

Σ' 系での時空座標は，$t' = 0$ では

$$x = \gamma x', \qquad y = y', \qquad z = z' \tag{5.1}$$

であり

$$r^2 = (\gamma x')^2 + y'^2 + z'^2 \tag{5.2}$$

となる．したがって場の変換則も考えると，この基準での $t' = 0$ での電場は，Σ' 系での座標で表現すると

$$E'_x = E_x = \frac{q}{4\pi\varepsilon_0}\frac{\gamma x'}{r^3}, \tag{5.3a}$$

$$E'_y = \gamma E_y = \frac{q}{4\pi\varepsilon_0}\frac{\gamma y'}{r^3}. \tag{5.3b}$$

E'_z は E'_y と同様．因子 γ が共通なので，これらは

$$\boldsymbol{E}' = \frac{q}{4\pi\varepsilon_0}\frac{\gamma}{r^3}(x', y', z')$$

とまとまる．

つまり Σ' 系での電場 $\boldsymbol{E}'$ は $\boldsymbol{r}'$ 方向である．これは不思議である．時刻 $t' = 0$ で位置 (x', y', z') において観測される電場は $t' < 0$ で発生したはずであり，そのときの点電荷の位置は $x' < 0$ であった．しかし電場は，あたかも点電荷が原点にあるかのような方向を向いている．方向について遅延効果がない．因子 γ が共通だからだが，その由来は上の手順からわかるように，$\boldsymbol{v}$ に平行な成分と垂直な成分では異なっているので，不思議な結果である．

遅延効果が見えなくなるというのは，1.5 節での半電流の計算でもあった．そこでは電場は同時刻での電荷の大きさで決まっていた．2.3 節ではそうなる理由を，「変動効果」の結果として説明したが，ここでも同じメカニズムが働いていることを 5.5 節で説明する．

方向は Σ' 系の座標で放射状だが，大きさは r' ではなく r（式 (5.2)）で決まっており，Σ' 系では球対称ではない．速度の効果がある．各位置での Σ' 系での x 軸からの角度を θ とすると $(\beta = v/c)$

$$r^2 = (\gamma r' \cos\theta)^2 + (r' \sin\theta)^2 = \gamma^2 r'^2 (1 - \beta^2 \sin^2\theta) \tag{5.4}$$

なので，Σ' 系での電場は，<u>「$'$」をはずして書くと</u>

$$\boldsymbol{E} = \frac{q}{4\pi\varepsilon_0}\frac{\boldsymbol{r}}{r^3} f(\theta) \tag{5.5a}$$

$$\text{ただし} \quad f(\theta) = \frac{1 - \beta^2}{(1 - \beta^2 \sin^2\theta)^{3/2}} \tag{5.5b}$$

である．前後方 $(\theta = 0 \text{ or } \pi)$ で小さく，垂直方向 $(\theta = \pi/2)$ で大きい．

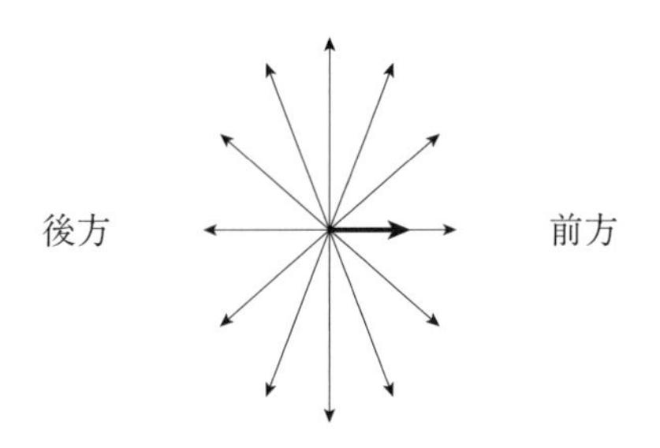

図 5.1　等速で動く点電荷による電場：方向は放射状，大きさは横方向で大きい．

磁場はこれからすぐにわかる．Σ' 系の Σ 系に対する速度は $-\boldsymbol{v}$ なので，前章の変換公式とは符号が異なり

$$\boldsymbol{B}' = \gamma\boldsymbol{v}/c^2 \times \boldsymbol{E}$$

である．この式では $\boldsymbol{E}$ は $\boldsymbol{v}$ に垂直方向しかきかないので，$\boldsymbol{E}'_\perp = \gamma\boldsymbol{E}_\perp$ を使えば

$$\boldsymbol{B}' = \boldsymbol{v}/c^2 \times \boldsymbol{E}' \tag{5.6}$$

となる．「$'$」をはずして書けば

$$\boldsymbol{B} = \frac{\mu_0 q}{4\pi}\frac{\boldsymbol{v}\times\boldsymbol{r}}{r^3}f(\theta) \tag{5.6$'$}$$

となる．式 (5.5) と式 (5.6$'$) が，等速度 $\boldsymbol{v}$ で動く点電荷の電磁場である．

5.2　摂動で求める（2 次の計算）

動いている点電荷の磁場は，速度 v の 1 次のオーダーでは BS 則の形になることを 1.10 節で示した．式 (5.6) で電場にクーロン則（$f(\theta)$ のない式）を使った形である．そして同節では，v での摂動計算を続けることもできるというコメントをした．実際にその計算を，次のオーダーでしてみよう．

計算を始める前に，得るべき結果を先に確認しておこう．等速運動の場合の電場は厳密に式 (5.5a) なのだが，これのクーロン則からのずれを最低次，つまり v^2 のオーダーで求めるという問題である．式 (5.5b) より，$\cos\theta = \boldsymbol{v}\cdot\boldsymbol{r}/vr$ も使えば

$$\begin{aligned} f(\theta) &\fallingdotseq 1 - \beta^2(1 - 3/2\sin^2\theta) \\ &= 1 + (1/2c^2)(v^2 - 3(\boldsymbol{v}\cdot\boldsymbol{r}/r)^2) \end{aligned} \tag{5.7}$$

であり，右辺第 2 項が補正の最低次である．

求める電場の補正項を（v の次数を明記して）$\boldsymbol{E}^{(2)}$ とし，1.10 節の磁場を $\boldsymbol{B}^{(1)}$ とすれば，解くべき式は，

$$\nabla\times\boldsymbol{E}^{(2)} = -\partial_t\boldsymbol{B}^{(1)} = \boldsymbol{v}\cdot\nabla\boldsymbol{B}^{(1)} \tag{5.8}$$

である．$\nabla\cdot\boldsymbol{E}^{(2)}=0$ でもあるので，式 (1.7) より

$$\boldsymbol{E}^{(2)}(\boldsymbol{r})=\frac{1}{4\pi}\int dV'\frac{1}{R}(\nabla'\times\boldsymbol{v}\cdot\nabla\boldsymbol{B}^{(1)})$$
$$=\frac{\mu_0 q}{4\pi}\frac{1}{4\pi}\int dV'\frac{1}{R}\left(\nabla'\times(\boldsymbol{v}\cdot\nabla')\left(\boldsymbol{v}\times\nabla'\frac{1}{R'}\right)\right)$$

となる．ただし

$$\boldsymbol{R}=(\boldsymbol{r}-\boldsymbol{r}_q)-(\boldsymbol{r}'-\boldsymbol{r}_q)=\boldsymbol{r}-\boldsymbol{r}',\qquad \boldsymbol{R}'=\boldsymbol{r}'-\boldsymbol{r}_q$$

である（$\boldsymbol{r}_q=\boldsymbol{r}_0+\boldsymbol{v}t$ は点電荷の位置）．

$$\nabla'\times\left(\boldsymbol{v}\times\nabla'\frac{1}{R'}\right)=-4\pi\boldsymbol{v}\delta^3(\boldsymbol{R}')-(\boldsymbol{v}\cdot\nabla')\nabla'\frac{1}{R'}$$

を使えば，成分表示では（以下，$\boldsymbol{r}_q=\boldsymbol{0}$ とし，$\boldsymbol{R}'=\boldsymbol{r}'$ として考える）

$$E_i^{(2)}(\boldsymbol{r})=-\frac{\mu_0 q}{4\pi}\frac{\boldsymbol{v}\cdot\boldsymbol{r}}{r^3}v_i-\frac{\mu_0 q}{4\pi}\frac{v_j v_k}{4\pi}\int dV'\frac{1}{R}\partial_i'\partial_j'\partial_k'\frac{1}{r'}. \tag{5.9}$$

ここで

$$X_{ijk}(\boldsymbol{r})=\frac{1}{4\pi}\int dV'\frac{1}{R}\partial_i'\partial_j'\partial_k'\frac{1}{r'}$$
$$=a\ r_ir_jr_k/r^5+b\ (\delta_{ij}r_k+\delta_{jk}r_i+\delta_{ki}r_j)/r^3 \tag{5.10}$$

と書き，この式の a と b を求めよう．まず

$$X_i(\boldsymbol{r})=\frac{1}{4\pi}\int dV'\frac{1}{R}\partial_i'\frac{1}{r'}=a_0\frac{r_i}{r} \tag{5.11}$$

から出発する．

$$\partial_iX_i(\boldsymbol{r})=\frac{1}{4\pi}\int dV'\frac{1}{R}\Delta\frac{1}{r'}=-\frac{1}{r}$$

より，$a_0=-1/2$ であることがわかる．そして

$$\partial_j\partial_kX_i=X_{ijk}$$

なので，少しの計算の後に，式 (5.10) では

$$a=3/2,\qquad b=-1/2 \tag{5.12}$$

であることがわかる．

注：式 (5.11) の積分の収束性が気になる人は，あるいは以上の計算の検算をしたいという人は

$$X_{ij}(\boldsymbol{r})=\frac{1}{4\pi}\int dV'\frac{1}{R}\partial_i'\partial_j'\frac{1}{r'}=a'\ r_ir_j/r^3+b'\ \delta_{ij}/r \tag{5.13}$$

から出発するとよい．$i=j$ として和を取ると，

$$-\frac{1}{r}=(a'+3b')\frac{1}{r}\quad\Rightarrow\quad a'+3b'=-1.$$

そして

$$X_{ijk}=\partial_kX_{ij}=a'\ (\delta_{jk}r_i+\delta_{ki}r_j)/r^3-3a'\ r_ir_jr_k/r^5-b'\ \delta_{ij}r_k/r^3.$$

これは ijk について完全対称でなければならないので

$$a'=-b'$$

であることもわかり，式 (5.12) が得られる．

式 (5.10) や式 (5.13) の積分は $1/|\boldsymbol{r}-\boldsymbol{r}'|$ の展開公式を使えば可能だが面倒である．$r<r'$ の領域の積分，$r>r'$ の領域の積分，そして $1/r$ の微分の特異項（第 9 章）の 3 つを計算して足さなければならない．それによって正しい結果になるのは印象的ではあるが．

式 (5.10) を式 (5.9) に代入すれば，結局

$$\begin{aligned}\boldsymbol{E}^{(2)} &= -\frac{\mu_0 q}{4\pi}(1+2b)(\boldsymbol{v}\cdot\boldsymbol{r})/r^3\boldsymbol{v} \\ &\quad -\frac{\mu_0 q}{4\pi}\left(a(\boldsymbol{v}\cdot\boldsymbol{r}/r)^2+bv^2\right)\boldsymbol{r}/r^3. \end{aligned} \tag{5.14}$$

これに式 (5.12) を代入すれば，$\boldsymbol{v}$ の項（第 1 項）がなくなること，つまり $\boldsymbol{E}^{(2)}\parallel\boldsymbol{r}$ であり点電荷の位置から放射状であること，そして $\boldsymbol{r}$ の係数は式 (5.7) を再現していることがわかる．

そして磁場の次のオーダーは

$$\nabla\times\boldsymbol{B}^{(3)}=\frac{1}{c^2}\partial_t\boldsymbol{E}^{(2)}$$

より

$$\boldsymbol{B}^{(3)}=\boldsymbol{v}/c^2\times\boldsymbol{E}^{(2)} \tag{5.15}$$

となる．（$\nabla\cdot\boldsymbol{E}^{(2)}=0$ なので $\nabla\times(\boldsymbol{v}\times\boldsymbol{E}^{(2)})=-(\boldsymbol{v}\cdot\nabla)\boldsymbol{E}^{(2)}=\partial_t\boldsymbol{E}^{(2)}$.）

5.3 マクスウェル方程式の解として

かなり簡単になったのでこの摂動計算をさらに進めることも可能と思えるが，試みてはいない．実際，厳密な結果はわかっているのだから，摂動計算を進めるモチベーションはない．ただし点電荷の動きが等速ではない場合についての摂動計算は 5.5 節で続ける．

ここでは，電場が放射状になりそうだという結論から何が導かれるかを考えてみよう．5.1 節では変換則から，等速運動をする点電荷の電磁場を求めた．5.2 節ではマクスウェル方程式を v の 2 次の近似で解いて，その精度で同じ結果が得られることを示した．本節では，電場が放射状であるとの前提の上でマクスウェル方程式を解き，5.1 節と同じ結論が得られることを示す．蛇足と思われる読者は次節に飛んでいただきたい．

点電荷が原点に位置する時刻で考える．動きの方向を x 方向とし，場の観測点の，x 方向との角度を θ とする．電場の予想される形は

$$\boldsymbol{E}=\frac{1}{4\pi\varepsilon_0}\frac{\boldsymbol{r}}{r^3}f(\beta\cos\theta) \tag{5.16}$$

である（対称性から回転角 ϕ には依存しない）．f はここでは角度の未知の関数だが，後の便宜のために，変数を $\xi=\beta\cos\theta$ とする．

$$\xi=\beta\cos\theta=\boldsymbol{v}\cdot\boldsymbol{r}/cr.$$

変位電流 $\partial_t \boldsymbol{E}$ は x 方向について軸対称なので，$\boldsymbol{B}$ は x 軸を対称軸として渦巻くと想定されるが，実際

$$\boldsymbol{B} = \boldsymbol{v} \times \boldsymbol{E} \tag{5.17}$$

とすればマクスウェル方程式が満たされることも以下で示す．

式 (5.16) と式 (5.17) がマクスウェル方程式の 4 式を満たすという条件から関数 f を求めよう．$\nabla \cdot \boldsymbol{E} = q\delta^3(r)/\varepsilon_0$ から始める．$\boldsymbol{r} \neq 0$ で $\nabla \cdot \boldsymbol{E} = 0$ になるためには $\boldsymbol{r} \cdot \nabla f = 0$ であればよいが，f は $\boldsymbol{r}$ に依存しないので明らかである．$\boldsymbol{r} = 0$ での特異性の大きさ（原点に点電荷 q）は，単位球面上の積分が

$$\int f(\xi) d\Omega = 4\pi \tag{5.18}$$

であればよい．この式は後で，f の大きさを決めるときに使う．

$\nabla \cdot \boldsymbol{B}$ は

$$\nabla \cdot \boldsymbol{B} = \nabla \cdot (\boldsymbol{v} \times \boldsymbol{E}) = -\boldsymbol{v} \cdot (\nabla \times \boldsymbol{E}) = 0$$

である．$\nabla \times \boldsymbol{E}$ の $\boldsymbol{v}$ 方向の成分（x 成分）が 0 であることはすぐに確かめられる．

一つ飛ばして $\nabla \times \boldsymbol{B}$ は

$$\begin{aligned}\nabla \times \boldsymbol{B} &= \varepsilon_0\mu_0 \nabla \times (\boldsymbol{v} \times \boldsymbol{E}) = \varepsilon_0\mu_0 \boldsymbol{v}(\nabla \cdot \boldsymbol{E}) - \varepsilon_0\mu_0(\boldsymbol{v} \cdot \nabla)\boldsymbol{E} \\ &= \mu_0 q\boldsymbol{v}\delta^3(\boldsymbol{r}) + \varepsilon_0\mu_0\partial_t \boldsymbol{E}.\end{aligned}$$

$\boldsymbol{E}$ は $\boldsymbol{v}$ 方向に平行移動しているだけなので

$$\partial_t \boldsymbol{E} = -(\boldsymbol{v} \cdot \nabla)\boldsymbol{E}$$

であることを使った．上式は AM 則に他ならない．逆に言えば，式 (5.17) が AM 則から正当化されたことになる．

そして最後に $\nabla \times \boldsymbol{E} = -\partial_t \boldsymbol{B}$ の式から f に対する微分方程式を求める．

$$\nabla\xi = \frac{\boldsymbol{v}}{cr} - (\boldsymbol{v} \cdot \boldsymbol{r})\frac{\boldsymbol{r}}{r^3}$$

なので，$\nabla \times \boldsymbol{E}$ のほうは

$$\nabla \times \left(\frac{\boldsymbol{r}}{r^3} f(\xi)\right) = f' \boldsymbol{v} \times \frac{\boldsymbol{r}}{cr^4}.$$

また右辺の $-\partial_t \boldsymbol{B} = (\boldsymbol{v} \cdot \nabla)\boldsymbol{B}$ のほうは

$$(\boldsymbol{v} \cdot \nabla)\left(\boldsymbol{v} \times \frac{\boldsymbol{r}}{r^3} f\right) = \boldsymbol{v} \times \left(f(\boldsymbol{v} \cdot \nabla)\frac{\boldsymbol{r}}{r^3} + f' \frac{\boldsymbol{r}}{r^3}\left(\frac{v^2}{cr} - \frac{(vr)^2}{cr^3}\right)\right)$$

となるので，等値して $\boldsymbol{v} \times \boldsymbol{r}$ の係数を比較すれば f に対する式が得られる．整理すると

$$(1 - \beta^2 + \xi^2)f' = -3\xi f$$

となる．これを解けば

$$f = C(1 - \beta^2 + \xi^2)^{-3/2} = C(1 - \beta^2 \sin^2\theta)^{-3/2}.$$

積分定数 C は式 (5.18) より決まり，$C = 1 - \beta^2$ である．

変換則から得た式 (5.5a,b) がマクスウェル方程式からも得られたわけだが，当然ではある．出発点はクーロン則（静止した点電荷の電磁場）であり，式で言えば第 1 章の式 (1.3a,d) だが，これらと変換則から電磁誘導の法則や AM 則が得られることは前々章でも議論したことである．

5.4 応用例：動く電流による電場

動いている電子による電磁場には方向依存性があることがわかった．しかしだとすると，電流が作る電磁場の従来の計算には問題は起こらないのだろうか．電流が流れる導線の中では伝導電子は動いている．では伝導電子による電場の計算では，その影響を考えなくていいのだろうか．

たとえば x 軸上の一様な無限直線電荷を考える．電場は x 軸を中心軸とする放射状であり，電荷密度を λ とすれば，その大きさは

$$E = \frac{1}{2\pi\varepsilon_0}\frac{\lambda}{r} \tag{5.19}$$

である（r は x 軸からの距離）．しかしこの式は，電荷が動いているか否かによって影響されないのだろうか．4.5 節では，電荷密度はそれを観測する基準に依存するという話をしたが，その問題ではない．ある基準で観測される密度が λ（一定）であり，その基準での電場が式 (5.19) で表されると主張する場合，電荷が動いているか否かは関係しないのかという疑問である．

上式 (5.19) を求めるには，(A) ガウスの法則の積分形による方法（通常は x 軸を中心とする円筒で考える）と，(B) 各部分からのクーロン場を積分する方法がある．ガウスの法則は電荷は動いているか否かは関係ないので，(A) で考える限り，電荷の動きは関係ないはずである．では (B) で考えたらどうなるだろうか．電荷が動いていれば当然，非等方のクーロン則を使わなければならない．

しかし実際に式を作って積分すると，結果は電荷の速度に依存しないことがわかる（各自，確かめていただきたい）．非等方の場合，前後方向では電場は弱まり横方向では強まるので，平均化することで結果が変わらない．式 (5.5) は非常にうまくできていると感心する．マクスウェル方程式（特に微分形のガウスの法則）を満たしていることから，必然の結果だと言うべきかもしれないが．

しかし電場の非等方性が結果に影響する例もある．3.3 節では動く電流が電場を発生させるという例を 2 つあげた．1 つは電流を，電流が流れる方向にスライドさせるという話であり，電流上に電荷が発生するのが電場発生の原因だった．それの粒子レベルからの詳しい解説を 4.5 節で行った．

もう一つの例（具体例 2）は，電流を，それに垂直な方向に動かすという話だった．3.3 節ではそのときの電場の発生を電磁誘導の法則を使って説明をし

たが，これを，スライドする場合と同様に，粒子レベルから説明してみよう．電磁誘導の法則とは電場と磁場の間の整合関係を表したものである（[和田 21a]）．つまり電磁誘導による場の導出は真の発生原因を突き止めていない．その意味で，粒子レベルからの議論は，より真理に迫った説明と言える．

3.3 節では電流は無限平面だったが，話を簡単にするために，$+x$ 向きに流れる無限直線電流だとする．電流が流れる導線は xy 平面上を $+y$ 方向に等速で動いており，$t=0$ では x 軸に一致しているとする．そのときに点 P : $(0,r,0)$ での電場を求めよう．導線は帯電していないとする．導線の動きは電流とは直角方向なので，動きによる帯電の変化は考える必要はない．

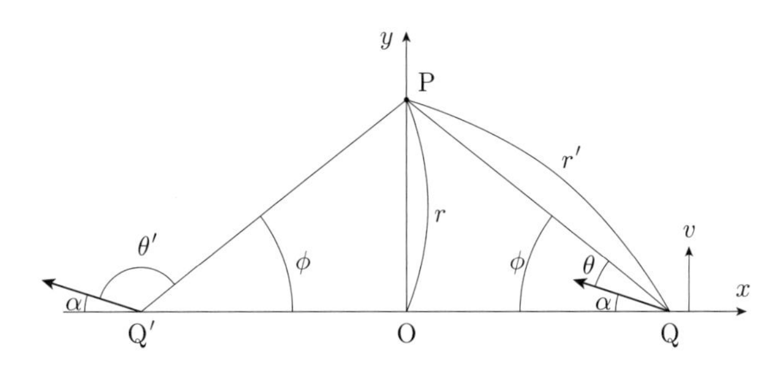

図 5.2　$t=0$ で x 軸に一致している直線電流が，y 方向に一定の速度 v で平行移動している．Q と Q$'$ の電子は角度 α 方向に動く．その方向から見た P（観測点）の方向は，$\sin\theta' > \sin\theta$．つまり P では Q$'$ の影響のほうが強い．

この問題も前例と同様に，電磁誘導によってもベクトルポテンシャルを使っても計算できるだろう．しかしここでは，導線内の動く伝導電子が作る電場を合計するという方針で問題を解く．

導線内の伝導電子は導線上を（導線に対して）速度 v_e（>0）で左方向に動いているというモデルで考える．また導線が $+y$ 方向に動く速度を v とする．すると伝導電子は図 5.2 の角度 α で表される斜め方向に動いていることになる．その速度を V とすれば

$$v = V\sin\alpha, \qquad v_e = V\cos\alpha \tag{5.20}$$

である．

原点に対して対称な 2 点 Q と Q$'$ に位置する伝導電子を考える．電場を考える点 P に対する角度 ϕ は同じだが，それぞれの進行方向から見た角度（図の θ と θ'）は異なる．QP に比べて Q$'$P のほうが角度が大きい．そして 5.1 節の計算によれば，角度が大きい Q$'$ による電場のほうが大きい．合成電場は $\pm x$ 方向だが Q$'$ の影響のほうが大きいので左向きになる．そしてこの議論はすべての対称点について成り立つので，導線全体による P での電場は左向き（$-x$ 向き）になる．これを計算しよう．（y 方向の電場は導線が帯電していなければ，

積分の結果，0 になる．）

Q に位置する伝導電子（電荷 $-q$）による点 P での電場の x 成分は

$$E_x(Q) = \frac{1}{4\pi\varepsilon_0}\frac{q}{r'^3}\frac{(1-\beta^2)x}{(1-\beta^2\sin^2\theta)^{3/2}}. \tag{5.21}$$

ただし x は Q の x 座標，また $\beta = V/c$ とする．

$$r'\sin\theta = r\cos\alpha - x\sin\alpha$$

なので

$$r'^2(1-\beta^2\sin^2\theta) = (1-\beta^2\sin^2\alpha)x^2 + 2\beta^2 r(\sin\alpha\cos\alpha)x + r^2(1-\beta^2\cos^2\alpha).$$

これを式 (5.21) に代入し，電子密度 n を掛けた上で $-\infty < x < \infty$ で積分する．

$$\int dx(x\,\text{の二次関数})^{-3/2}$$

という形の積分になるので実行できる．やや面倒な計算になるが式 (5.20)，および

$$1-\beta^2\sin^2\alpha = 1-v^2/c^2(=\gamma^{-2})$$

を使えば結果は簡単になり，電流が $I = qnv_e$ であることも使えば

$$E_x = \frac{\mu_0 I v}{2\pi r}\gamma = \gamma v B$$

となる．

5.5 非等速の場合（摂動計算）

5.2 節の話の続きである．同節では $v=$ 一定 として計算を進めたが，その条件をはずそう．加速度を $\boldsymbol{a}$（$= d\boldsymbol{v}/dt$）とする．解くべき式は式 (5.8) に加速度の効果を加えて (式 (1.30) より)

$$\nabla\times\boldsymbol{E}^{(2)} = (\boldsymbol{v}\cdot\nabla)\boldsymbol{B}^{(1)} + \frac{\mu_0 q}{4\pi}\boldsymbol{a}\times\nabla\frac{1}{R}$$

となる．右辺第 2 項の寄与だけを取り出せば

$$\boldsymbol{E}^{(2)}(\text{加速度}) = \frac{\mu_0 q}{4\pi}\frac{1}{4\pi}\int dV'\frac{1}{R}\nabla'\times\left(\boldsymbol{a}\times\nabla'\frac{1}{R'}\right).$$

ここで

$$\nabla'\times\left(\boldsymbol{a}\times\nabla'\frac{1}{R'}\right) = \Delta'\frac{1}{R'}\boldsymbol{a} - (\boldsymbol{a}\cdot\nabla')\nabla'\frac{1}{R'} = -4\pi\boldsymbol{a}\delta^3(\boldsymbol{R}') - (\boldsymbol{a}\cdot\nabla')\,\nabla'\frac{1}{R'}$$

である．そしてこの式の第 2 項の積分は式 (5.13) の X_{ij} を使って表されるので，多少の計算の結果

$$\boldsymbol{E}^{(2)}(\text{加速度}) = -\frac{q}{8\pi\varepsilon_0 c^2}\left(\frac{(\boldsymbol{a}\cdot\boldsymbol{r})\boldsymbol{r}}{r^3} + \frac{\boldsymbol{a}}{r}\right) \tag{5.22}$$

となる．

この電場は点電荷の加速度によって発生したものであり，遠方では r に反比例するので，電磁波を表していると考えたくなるが，横波条件（$\boldsymbol{r}\cdot\boldsymbol{E}=0$）を満たしていない．では式 (5.22) は何を表しているのだろうか．

答を先に言うと，点電荷が等速ではない場合，クーロン場自体も加速度による補正が生じ，それを $\boldsymbol{a}$ で展開すると同じタイプの項が出てくる．この補正と電磁波を加えたものが式 (5.22) なのである．このことを具体的に示そう．

静的なクーロン則の形 $\frac{\boldsymbol{R}}{R^3}$ が，状況が動的な場合にどのように変化するか，これまでの知識から考えてみよう．遅延効果，そして変動効果を取り入れなければならない．観測点を $\boldsymbol{r}$，発生源（点電荷）の位置を $\boldsymbol{r}_q$ とすると $\boldsymbol{R}=\boldsymbol{r}-\boldsymbol{r}_q$ だが，遅延効果とは，$\boldsymbol{r}_q$ を求める時刻を，観測時刻 t ではなく，電場が発生した時刻（遅延時刻）t_R にせよということである．つまり

$$\boldsymbol{R} \quad \to \quad [\boldsymbol{R}]=\boldsymbol{r}-\boldsymbol{r}_q(t_R)$$

である．そして変動効果とは，これに，発生時の発生源の変化率で与えられる補正が加わるという意味であった．これを加えた結果を $\boldsymbol{R}^*$ とすると

$$\boldsymbol{R} \quad \to \quad \boldsymbol{R}^*=[\boldsymbol{R}]-[\boldsymbol{v}](t-t_R) \tag{5.23}$$

という修正をすることになる．$[\boldsymbol{v}]$ は発生時の速度だが，等速ならば

$$\boldsymbol{r}_q(t)-\boldsymbol{r}_q(t_R)=\boldsymbol{v}(t-t_R) \tag{5.24}$$

なので

$$\boldsymbol{R}^*=[\boldsymbol{R}]-(\boldsymbol{r}_q(t)-\boldsymbol{r}_q(t_R))=\boldsymbol{r}-\boldsymbol{r}_q(t).$$

つまり元の $\boldsymbol{R}$ に戻る．遅延効果と変動効果が打ち消し合う（2.3 節）．等速で動く点電荷による電場の方向は，同時刻での点電荷の位置から放射状であることになる．

しかし加速度があるとそうはならない．式 (5.24) が

$$\boldsymbol{r}_q(t_R)-\boldsymbol{r}_q(t)=\boldsymbol{v}(t_R-t)+\frac{1}{2}\boldsymbol{a}(t_R-t)^2$$

と書けるとしよう．この表現では $\boldsymbol{v}$ や $\boldsymbol{a}$ は時間 t での値なので

$$[\boldsymbol{v}]=\boldsymbol{v}+\boldsymbol{a}(t_R-t) \tag{5.25}$$

である．また，信号の伝達速度は光速度なので

$$|t-t_R|=|[R]|/c$$

である．これらを式 (5.23) に代入すれば

$$\boldsymbol{R}^*=\boldsymbol{R}+\frac{|[\boldsymbol{R}]|^2}{2c^2}\boldsymbol{a}$$

となる．v の 1 次の項は消えている．また 2 次の効果はすでに計算済みなので無視し，積 va のオーダーの項も無視すれば $|[\boldsymbol{R}]|\fallingdotseq R$ としてよい．同じ近似で

$$R^*\fallingdotseq R+\frac{\boldsymbol{a}\cdot\boldsymbol{R}}{2c^2}R$$

と書ける．

これらの補正をすると

$$\frac{\boldsymbol{R}}{R^3} \quad \to \quad \frac{\boldsymbol{R}^*}{R^{*3}} \fallingdotseq \frac{\boldsymbol{R}}{R^3} + \frac{1}{2c^2 R}\boldsymbol{a} - \frac{3\boldsymbol{a}\cdot\boldsymbol{R}}{2c^2 R^3}\boldsymbol{R}$$

となる．つまり式 (5.22) は電磁波成分と，この補正に必要な項の和だということである．具体的に書けば（$\boldsymbol{r}_q = 0$ の時間で考えて $\boldsymbol{R}$ を $\boldsymbol{r}$ として）

$$\text{式 (5.22)} = \text{電磁波成分} - \frac{q}{4\pi\varepsilon_0 c^2}\left(\frac{3(\boldsymbol{a}\cdot\boldsymbol{r})\boldsymbol{r}}{2r^3} - \frac{\boldsymbol{a}}{2r}\right).$$

結局

$$\text{電磁波成分} = \frac{q}{4\pi\varepsilon_0 c^2}\left(\frac{(\boldsymbol{a}\cdot\boldsymbol{r})\boldsymbol{r}}{r^3} - \frac{\boldsymbol{a}}{r}\right) = \frac{q}{4\pi\varepsilon_0 c^2}\frac{\boldsymbol{r}\times(\boldsymbol{r}\times\boldsymbol{a})}{r^3}. \qquad (5.26)$$

これは横波条件（$\boldsymbol{r}$ との内積が 0）を満たしており，電磁波の電場として正しい形をしている．

最後に，磁場のほうを考えておこう．式 (5.26) より

$$\text{磁場の電磁波成分} = \frac{q}{4\pi\varepsilon_0 c^2}\frac{\boldsymbol{r}\times\boldsymbol{a}}{r^2} \qquad (5.27)$$

となることが期待されるが，そうなるだろうか．

摂動で次に解くべき式は

$$\nabla\times\boldsymbol{B}^{(3)} = \frac{1}{c^2}\partial_t \boldsymbol{E}^{(2)}$$

である．$\boldsymbol{E}^{(2)}$ のうちの v^2 の部分寄与は，$\boldsymbol{v}\times\boldsymbol{E}$ の形の磁場を与える (式 (5.17))．しかし上式は，$\boldsymbol{B}^{(3)}$ に対して $\boldsymbol{a}$ の 1 次，$\boldsymbol{v}$ の 0 次では何も与えない．では，式 (5.27) はどこから出てくるだろうか．

これも BS 則に対する「遅延 + 変動」効果を考えることによって理解できる．この効果とは，

$$\boldsymbol{v}\times\frac{\boldsymbol{R}}{R^3} \quad \to \quad [\boldsymbol{v}]\times\frac{\boldsymbol{R}^*}{R^3}$$

の入れ換えのために必要な補正である．$\boldsymbol{v}$ についての 0 次では式 (5.25) だけを考えればよく，$\boldsymbol{R}\to\boldsymbol{R}^*$ の入れ替えは考える必要はない．したがって上式による補正は式 (5.27) の逆符号であることがすぐわかる．つまりこの補正と電磁波成分 (5.27) は打ち消し合って，$\boldsymbol{B}^{(3)}$ の $\boldsymbol{v}$ の 0 次の項からは $\boldsymbol{a}$ の 1 次の項が消えている．

5.6 厳密解

動く点電荷による電磁場は厳密解がわかっており（ただし解と言っても遅延時刻 t_R を r の関数として求める計算が残されている形式的な解が），ここまでの摂動計算は，（個人的には）好奇心が満たされたが，意味がどれだけあるかは怪しい．それでも，厳密解の導出はかなり面倒な計算なので，物理的な意味を理解する上で，摂動計算も役立つのではと思う．

本章の残りでは，この厳密解について簡単なまとめをする．詳しい教科書には書いてあることだが，いくつかの表式があるので，整理しておくことも読者にとって有用だろう．また，幾つか独自のコメントも付け加え，摂動計算との関連も指摘する．

連続的に分布する電荷と電流がある場合の一般的なケースでの電磁場は第2章で紹介した．連続分布の場合の式がわかっているのだから，その特殊例として点電荷の場合も求められるが，計算は予想以上に面倒である．

点電荷の電磁場を求める手法は大まかに分けると2通りある．

方法 I：連続分布に対する（ローレンスゲージでの）ポテンシャルの公式 (2.13) を点電荷に書き換える．その結果は**リエナール–ヴィーヒェルトポテンシャル**（LW ポテンシャル）として知られている．それを微分すれば電磁場が得られるが，計算は（私には）かなり面倒である．

方法 II：電磁場に対するジェフィメンコの式 (2.14) と (2.15) を点電荷に書き換える（注参照）．書き換え自体は難しくないが，最初に得られる形は見通しがよくないので，それを変形した式がしばしば引用されており，**ヘビサイド–ファインマンの式**と呼ばれている．この計算も面倒で，[ジャクソン] では章末の演習問題 6.2 となっている．

注：あるいはローレンスゲージのポテンシャルの式を点電荷に書き換えるが，LW ポテンシャルという形にはしないで電磁場を計算し，同じ結果を得ることもできる ([太田])．

いくつかの教科書でのそれぞれの結果の式番号を章末に記しておく．この両方法で得られる結果は同等のはずだが見かけ上はかなり異なる．同等であることの明示的な計算をしている教科書は私の手元にはなかったので，あとでその計算を示そう．そのことは別として，以下ではまず等速で動くという簡単な場合を中心に，遅延/変動効果などについて考察する．

最初は，方法 I でのリエナール–ヴィーヒェルトポテンシャルの導出を復習する．等速とは限らない一般的なケースを考える．動く点電荷の軌道を $\boldsymbol{r}_q(t)$ とする．それによる電荷密度は

$$\rho(\boldsymbol{r}, t) = q\delta^3(\boldsymbol{r} - \boldsymbol{r}_q(t))$$

である．これをスカラーポテンシャルの公式 (2.13) に代入するが

$$[\rho(\boldsymbol{r}', t)] = q\delta^3(\boldsymbol{r}' - \boldsymbol{r}_q(t_R))$$

である．遅延時間 t_R は，時刻 t，位置 $\boldsymbol{r}$ での場が発生源 $\boldsymbol{r}'$ において発生した時刻であり

$$t_R = t\ - |\boldsymbol{r} - \boldsymbol{r}'|/c$$

である．$\boldsymbol{r}'$ での積分をするのだが，面倒なのは t_R が $\boldsymbol{r}'$ に依存することである．

$\boldsymbol{r}$ と t を与えたときに上記の δ 関数から決まる $\boldsymbol{r}' = \boldsymbol{r}_q$ におけるこの点電荷

の速度を $\boldsymbol{v}$ とし，その方向を（簡単のために）x 方向とする．そして

$$g \equiv x' - x_q(t_R)$$

とすると，任意の関数 $f(\boldsymbol{r})$ について

$$\int dx' f(x')\delta(x' - x_q(t_R)) = \frac{f(x_q(t_R))}{|dg/dx'|} \tag{5.28}$$

である．t_R は $\boldsymbol{r}, \boldsymbol{r}'$ そして t の関数だが δ 関数より $\boldsymbol{r}$ と t で決まる量になり

$$c(t - t_R) = |\boldsymbol{r} - \boldsymbol{r}_q(t_R)| \tag{5.29}$$

で計算される．式 (5.28) 右辺の分母は $g = 0$ での値である．そして式 (5.29) より

$$\begin{aligned} dg/dx' &= 1 - (dx_q/dt_R)(dt_R/dx') = 1 - v(x - x_q)/c|\boldsymbol{r} - \boldsymbol{r}_q| \\ &= 1 - \boldsymbol{v} \cdot (\boldsymbol{r} - \boldsymbol{r}_q)/c|\boldsymbol{r} - \boldsymbol{r}_q| = 1 - [\boldsymbol{\beta} \cdot \boldsymbol{R}/R] \end{aligned}$$

となる．$\boldsymbol{v}$ が x 方向であることを使った．また

$$\boldsymbol{R} = \boldsymbol{r} - \boldsymbol{r}_q.$$

R はその絶対値である．括弧（$[\cdots]$）で囲ったのは，遅延時間 t_R での $\boldsymbol{r}_q$ の値を使うという意味である．また，$dy_q/dt_R = dz_q/dt_R = 0$ なので，y' と z' の積分では式 (5.28) 右辺の分母のような因子は出てこない．

これらを使えば結局

$$\varphi(\boldsymbol{r}, t) = \frac{q}{4\pi\varepsilon_0} \frac{1}{[R - \boldsymbol{\beta} \cdot \boldsymbol{R}]} \tag{5.30a}$$

となる（$\boldsymbol{\beta} = \boldsymbol{v}/c$）．静的な場合の分母 R が変更を受けた形だが，$[\cdots]$ となっているのが遅延効果であり，$\boldsymbol{\beta} \cdot \boldsymbol{R}$ を引いているのが変動効果である．

ベクトルポテンシャル (2.13) も同様に

$$\boldsymbol{A}(r, t) = \frac{\mu_0 q}{4\pi} \frac{[\boldsymbol{v}]}{[R - \boldsymbol{\beta} \cdot \boldsymbol{R}]} \tag{5.30b}$$

となる．これらがリエナール–ヴィーヒェルトポテンシャルと呼ばれている式であり，任意の軌道 $\boldsymbol{r}_q(t)$ に対して成り立つ．

電磁場はこれらを微分すれば得られる．といっても，遅延時間 t_R が $\boldsymbol{r}$ と t の関数であり，実際の計算はやっかいである．かなりのスペースをかけて説明している教科書もあるのでここでは計算は省略する．5.8 節に結果だけ提示するが，詳細は章末の参考文献を参照．以下では電磁場を具体的に求めなくても上式からわかる諸性質を議論する．

等速の場合

具体的に点電荷が等速運動している場合にどうなるか見てみよう．$x_q = vt$, $y_q = z_q = 0$ とする．まず遅延時間 t_R は式 (5.29)，つまり

$$c^2(t - t_R)^2 = (x - vt_R)^2 + y^2 + z^2$$

から求める．二次方程式になり，解は

$$t_R = \frac{1}{(c^2 - v^2)}\left((c^2 t - vx) - \sqrt{X}\right),$$

ただし

$$X = c^2\left((x - vt)^2 + y^2 + z^2\right) - v^2(y^2 + z^2).$$

$s = \sqrt{X}/c$ という記号を導入すると

$$\begin{aligned} s^2 = X/c^2 &= (x - vt)^2 + y^2 + z^2 - \beta^2(y^2 + z^2) \\ &= R^2(1 - \beta^2 \sin^2\theta) \end{aligned} \tag{5.31}$$

となる．これより

$$\begin{aligned} [R - \boldsymbol{\beta}\cdot\boldsymbol{R}] &= c(t - t_R) - \beta(x - vt_R) \\ &= (ct - \beta x) - \frac{1}{c}(c^2 - v^2)t_R = s. \end{aligned} \tag{5.32}$$

打ち消し合いの結果，X つまり s だけになった．v の 1 次の補正がなくなっているのが特徴で，遅延効果 $[R]$ と変動効果 $\boldsymbol{\beta}\cdot\boldsymbol{R}$ の打ち消し合いの結果である．

次に，これを使って電場を計算しよう．

$$\partial_x\varphi = \frac{q}{4\pi\varepsilon_0}\partial_x\frac{1}{s} = -\frac{1}{4\pi\varepsilon_0}(x - vt)/s^3,$$

$$\partial_t A_x = \frac{\mu_0 q}{4\pi}v\partial_t\frac{1}{s} = \frac{1}{4\pi\varepsilon_0}\beta^2(x - vt)/s^3$$

なので，$t = 0$ とすれば（点電荷が原点に位置する時刻）

$$\begin{aligned} E_x = -\partial_x\varphi - \partial_t A_x &= \frac{q}{4\pi\varepsilon_0}(1 - \beta^2)x/s^3 \\ &= \frac{q}{4\pi\varepsilon_0}\frac{x}{R^3}\frac{1 - \beta^2}{(1 - \beta^2\sin^2\theta)^{3/2}}. \end{aligned} \tag{5.33}$$

他の方向についてはベクトルポテンシャルはないので

$$E_y = -\partial_y\varphi = \frac{q}{4\pi\varepsilon_0}\frac{y}{R^3}\frac{1 - \beta^2}{(1 - \beta^2\sin^2\theta)^{3/2}}.$$

E_z も同様であり，式 (5.5) が再現された．式 (5.6) も $\boldsymbol{B} = \nabla\times\boldsymbol{A}$ から得られる．

加速度の効果：最低次

ここまでは等速の場合だった．加速度 $\boldsymbol{a}$ がある場合に，上記の計算がどのように修正されるかを考えよう．ただし $\boldsymbol{a}$ による補正項の係数は v の 0 次だけを考える．5.5 節の議論との関連性がポイントである．

この近似では，$[R - \boldsymbol{\beta}\cdot\boldsymbol{R}]$ の，式 (5.32) の s からのずれは式 (5.25′) と同じであり

$$[R - \boldsymbol{\beta}\cdot\boldsymbol{R}] = s + \frac{1}{2}\frac{\boldsymbol{a}\cdot\boldsymbol{R}}{c^2}R$$

である．この式の微分を計算すれば

$$\nabla\left(\frac{1}{[R-\boldsymbol{\beta}\cdot\boldsymbol{R}]}\right) \fallingdotseq \nabla\frac{1}{s} - \frac{1}{2c^2}\nabla(\boldsymbol{a}\cdot\boldsymbol{R})/R$$

だが

$$\nabla\frac{\boldsymbol{a}\cdot\boldsymbol{R}}{R} = \boldsymbol{a}/R - (\boldsymbol{a}\cdot\boldsymbol{R})\boldsymbol{R}/R^3$$

なので電磁波の成分が得られる．5.5 節で差し引く必要のあった遅延/変動効果はすでに $\nabla(1/s)$ の中に含まれている．

この方法では，磁場の電磁波成分も直接得られる．ベクトルポテンシャル (5.30b) で

$$[\boldsymbol{v}] = \boldsymbol{v} + \boldsymbol{a}(t_R - t) \fallingdotseq \boldsymbol{v} - \boldsymbol{a}R/c$$

であることを考えればよい．

5.7 遅延効果と変動効果（一般的なケース）

式 (5.5) が再現されたということで，電場は同時刻の点電荷の位置の方向（または逆方向）を向いていることが確認された．遅延効果は見られない．遅延効果が消えるという現象は半無限電流でもあったが（2.3 節），そこでは変動効果との打ち消し合いがあった．ここでも同様の理由付けができることを示そう．

式 (5.33) の場合，E_x はベクトルポテンシャルの効果も加えることで，他の成分と同じ因子が得られた．しかしベクトルポテンシャルの効果は v^2 であり，v の 1 次である遅延効果を打ち消す主原因ではありえない．v の 1 次の効果はすでに $\partial_x\varphi$ の段階で消えている．

前節ではポテンシャルの段階から点電荷による表現に移行し，それから電場を計算した．前節の分類で言えば方法 I である．それに対して半直線電流の場合の 2.3 節での議論は，電場に対するジェフィメンコの式を使ったものであり，電荷の寄与は 2 つの項で表されていた．これと同じことをするには，前節の方法 II，つまり電場の式にしてから点電荷に移行するという計算方法が必要になる．

そこで，式 (2.14) から出発し，そこでの電荷分布と電流分布を点電荷のものに置き換えてみよう．δ 関数の処理法はすでに説明したので，結論は容易に得られ

$$\boldsymbol{E} = \frac{q}{4\pi\varepsilon_0}\left[\frac{\boldsymbol{R}}{(R-\boldsymbol{\beta}\cdot\boldsymbol{R})R^2} + \frac{1}{c}\partial_t\frac{\boldsymbol{R}}{(R-\boldsymbol{\beta}\cdot\boldsymbol{R})R} - \frac{1}{c^2}\partial_t\frac{\boldsymbol{v}}{R-\boldsymbol{\beta}\cdot\boldsymbol{R}}\right] \tag{5.34}$$

となる．各項が式 (2.14) 2 行目の 3 項に対応する．

第 3 項は v^2 のオーダーでありベクトルポテンシャルの項に対応するので以下では考えない．v の 1 次での R 方向からのずれを見るには，第 1 項と第 2 項の分子だけを考えればよい．

第 1 項の分子は

$$[\boldsymbol{R}] = \boldsymbol{r} - \boldsymbol{r}_q(t_R) = (\boldsymbol{r} - \boldsymbol{r}_q(t)) + (\boldsymbol{r}_q(t) - \boldsymbol{r}_q(t_R)) .$$

右辺第 2 項が遅延効果である．また式 (5.34) の第 2 項（変動効果）の分子は

$$\partial_t[\boldsymbol{R}] = -d\boldsymbol{r}_q/dt = -\boldsymbol{v}(t_R)$$

なので，

$$\text{遅延効果} + \text{変動効果} = (\boldsymbol{r}_q(t) - \boldsymbol{r}_q(t_R)) - (R/c)\boldsymbol{v}(t_R)$$

となる．

$$t - t_R = R/c$$

なのだから，もし点電荷の動きが等速であり $\boldsymbol{r}_q = \boldsymbol{v}t$ と書けるのならば，遅延効果と変動効果が打ち消し合って，電場の方向に遅延効果が見えないことが理解できる．また，一般的なケースでも，式 (5.34) の第 1 項と第 2 項の分子を合わせれば

$$[\boldsymbol{R}] + (R/c)\partial_t[\boldsymbol{R}] = \boldsymbol{r} - (\boldsymbol{r}_q(t_R) + (t - t_R)\boldsymbol{v}(t_R))$$

となり，電場は，発生源が発生時間（遅延時間）t_R から等速 $\boldsymbol{v}(t_R)$ で動き続けたとしたときの位置（右辺の $(\cdots)$）で瞬間的に発生したかのような方向を向くことがわかる．この結論は場の厳密解の形を見ればわかる話だが，ここでは v の 1 次でだが簡単な計算で示した．

5.8 補足：公式の比較

一般的な運動をする点電荷による電磁場の計算方法は 2 つあると 5.6 節で説明した．そのうち方法 II のほうはジェフィメンコの式を経由するものだが（またはそれに準じた方法），その第 1 段階の結果は式 (5.34) である．そしてさらに計算を進めたものがヘビサイド–ファインマンの公式と呼ばれており，具体的には

$$\boldsymbol{E} = \frac{q}{4\pi\varepsilon_0}\left[\frac{\boldsymbol{R}}{R^3} + \frac{R}{c}\partial_t\frac{\boldsymbol{R}}{R^3} + \frac{1}{c^2}\partial_t^2\frac{\boldsymbol{R}}{R}\right], \tag{5.35}$$

$$\boldsymbol{B} = \left[\frac{\boldsymbol{R}}{cR} \times \boldsymbol{E}\right]$$

となる．ただし式 (5.34) から上式の導出はかなり面倒であり，[ジャクソン] では章末問題，[ファインマン] では難しいが気が向いたらやってみろと書いてあるだけだが，[太田] には導出に必要な式が少し書かれている（章末参照）．

もう一つの方法 I は LW ポテンシャルを微分して求めるものであり，こちらの計算も（私には）簡単とは言えないが，諸教科書に手順は示されている．結果だけを示しておくと

$$\boldsymbol{E} = \frac{q}{4\pi\varepsilon_0}\left[\frac{(\boldsymbol{R}-\boldsymbol{\beta}R)(1-\beta^2)}{(R-\boldsymbol{\beta}\cdot\boldsymbol{R})^3} + \frac{\boldsymbol{R}\times((\boldsymbol{R}-\boldsymbol{\beta}R)\times\boldsymbol{a})}{c^2(R-\boldsymbol{\beta}\cdot\boldsymbol{R})^3}\right] \tag{5.36}$$

である（磁場は上式と同じ）．手順はともかくこの結果はわかりやすい．第 1 項は（$\boldsymbol{v} =$ 一定 とすれば）等速運動のときの式に一致し，第 2 項は加速度による電磁波の放出である．

式 (5.35) と式 (5.36) は同等のはずだか，それを明示的に示したものは私は知らない（もちろんどこかにあるだろう）．そこで式 (5.34) から式 (5.36) を導けないかを考えたのだが，手数はかかるが機械的な計算ですむことがわかった．

計算のポイントは t での微分を t_R の微分に変えることである．t_R での微分を ∂_{t_R} $(=\partial/\partial t_R)$ と書くと（$\boldsymbol{n} = \boldsymbol{R}/R$ として）

$$\partial_{t_R}[\boldsymbol{R}] = -\partial_{t_R}[\boldsymbol{r}_0] = -c[\boldsymbol{\beta}],$$

$$\partial_{t_R}[R] = -[\boldsymbol{R}/R\cdot\partial_{t_R}\boldsymbol{r}_0] = -c[\boldsymbol{n}\cdot\boldsymbol{\beta}]$$

というように計算できる．そして微分の置き換えは

$$\frac{\partial t_R}{\partial t} = 1 + \frac{\partial t_R}{\partial t}\partial_{t_R}[R/c] = 1 + \frac{\partial t_R}{\partial t}[\boldsymbol{n}\cdot\boldsymbol{\beta}]$$

より

$$\frac{\partial t_R}{\partial t} = \left[\frac{1}{1-\boldsymbol{n}\cdot\boldsymbol{\beta}}\right]$$

であることを使えばよい．あとは直線的な計算で式 (5.36) が得られる．ただしこの形がいきなり出てくるのではなく，まずは括弧をばらした結果が得られる．

参考文献とコメント

5.1 節の結果は，相対論に言及のある電磁気の教科書ならば見られるだろう．5.2 節の計算は，たとえば [加藤]（第 4 章 12.5）や [太田]（11.5.2 節）で行われているが，他の現象とのアナロジーを使った手続で結果を出している．ここでの手法のほうがシンプルだと思う．5.3 節の計算は，ほぼ，上記の [加藤] に従っている．

5.4 節のモデルは，磁気現象は基準を変えれば電気現象として理解できるという話の流れの中で [パーセル]（5.9 節）で紹介されているが，そこでは具体的な計算は行われていない．

5.5 節の話は本書独自のものだが，[太田] の 14.4.3 節の計算とかぶっている部分もある．

5.6 節以降の厳密解については，諸教科書にさまざまなノーテーションで書かれている．私が見た限りで結果の式番号をリストアップしておく．

方法 I の結果：

[ジャクソン](14.13)(14.14).

[グリフィス](10.72)(10.73).

[太田](14.21)(14.22).

方法 II の結果：第 1 段階 → ファインマン–ヘビサイドの公式.

[ジャクソン] (6.58)(6.59)→(6.60)(6.61).

[太田] p.431 の最後の式 →(14.23).

[ファインマン](20.1)（+20.5 節の脚注）.

第 6 章

電磁誘導

本章の要点

・電磁誘導という現象には，磁場が変化する場合と，導体（ループ）が動く場合とがある．それらを統一的に理解することを本章全体の目的とする．

・磁束の変化率が起電力に等しいというのが基本法則だが，そもそも起電力とは何か，それをどう表現するかという問題から出発する．

・起電力の式はローレンツ力の式と同じ形になることを示すが，速度 v とは何かということを含め，物理的内容は同じではない．

・磁気双極子と導線のループというシステムを使って電磁誘導現象の統一的理解の一例を示す．磁気双極子が動いている場合とループが動いている場合との計算をパラレルに行う．

・従来の電磁誘導の法則の証明法を復習する．

・ループが移動し変形もする場合の電磁誘導の法則を 4 次元的に一般化し，誘導電場による電磁誘導現象を含む統一的な法則になることを示す．

6.1 電磁誘導の法則とは

電磁誘導といった場合に何を指すのかは単純ではない．典型的な現象としては以下の 2 つのタイプがある．

現象 I：静的な磁場が存在する空間内で導線のループを変化させるとループに電流が流れる．（ループの変化には，単なる位置の移動も形状の変形も含まれる．）

現象 II：磁場を変化させると静止しているループに電流が流れる．（磁場の変化には，発生源である磁石を動かす方法や，電流を変化させて電磁石による磁場の強さを変える方法などがある．）

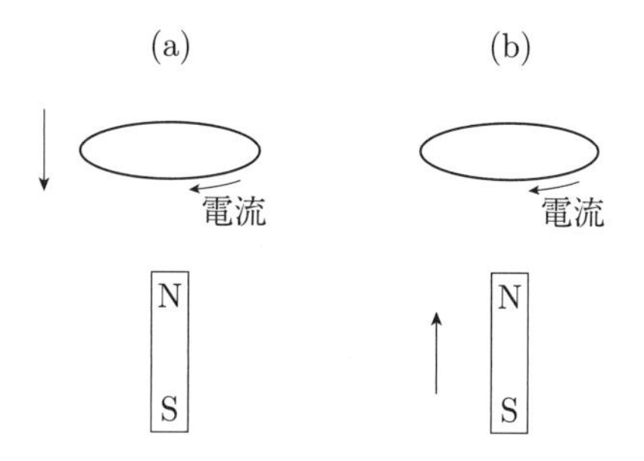

図 6.1　電磁誘導とされる 2 つの現象：(a) 導線ループが動く．(b) 磁石が動く．

しかしこの 2 つの現象は本質的に同じものだと思わせる例もある．図 6.1 のように磁石と導線のループがある．図 (a) ではループが下向きに動いており，これは上記の現象 I に相当する．一方，図 (b) では磁石が上向きに動いており，これは現象 II に相当する．そしてどちらでも導線ループに電流が流れる．これは同じ現象を，基準を変えて見ているに過ぎない．以下で説明するように，それぞれの設定で電流が流れる理由は異なる法則によって説明されるのだが，その裏には何らかのつながりがあると誰でも考えるだろう．

では，**電磁誘導の法則**という言葉は何を指すのだろうか．第 3 章ではマクスウェル方程式の 3 番目

$$\nabla \times \boldsymbol{E} = -\partial_t \boldsymbol{B} \tag{6.1}$$

あるいはその積分形である

$$\oint dl E_{\parallel} = -\frac{d}{dt}\int dS B_{\perp} \tag{6.1$'$}$$

を（留保付きで）電磁誘導の法則と呼んだが，その呼び方は，上記の 2 種類の現象があることを考慮していないという点からも問題である．

電磁誘導の法則あるいは**ファラデーの法則**といった場合，一般的には上記の 2 つの現象に対する共通の法則として

$$\text{ループに発生する起電力} = -\text{磁束の変化率} \tag{6.2}$$

とするのが普通だろう．記号で書けば

$$\mathscr{E} = -\frac{d\Phi}{dt} \tag{6.2$'$}$$

となる．

この式で磁束 Φ は，面をつらぬく磁場の積分として定義する．歴史をさかのぼって，磁力線あるいは磁束線などといった概念を持ち出す必要はなく，ここではそのようなことはしない．

それに対して**起電力** $\mathscr{E}$ という概念は単純ではない．電磁誘導での起電力の他に，電池の起電力，熱電効果や光電効果による起電力などがあるが，すっきりした統一的な定義が難しい．いずれにしろ，電磁場とかローレンツ力といっ

た電磁気学の基本概念ではなく，それらによって現れる現象の，ある種の性質を表す量である．起電力はしばしば，単位電荷を動かすときに必要な仕事として定義されているが，本書では採用しない．結果としては，注意して使えばこれで正しいと思われるが，誤解を招きかねない状態もある．ここでは起電力という用語に沿った定義を試みる．

まず「電池の起電力」を定義しよう．電池は回路をつないでいない状況でも，両極にプラスとマイナスの電荷を発生させており，その結果として静電場が生じるので両極間に電位差がある．たとえばその電位差が 1.5 V であるとき，その電池の起電力は 1.5 V であるという．その電位差を発生させる電池の化学的性質が起電力であり，その大きさを，結果として生じる電位差を使って表す．

同様に，電磁誘導の場合の起電力はループに電流を発生させる性質を指すが，その大きさの決め方にはいくつかの方法が考えられる．第一は，ループに発生した電流と同じ大きさの電流を流すのに必要な電池の起電力として，電磁誘導での起電力の大きさを決めることができる．ただ，「電池をつなげる」という設定を新たに持ち出すのはエレガントではない．そこで，そのループの一か所を切断して考えてみる．するとその切断部分（間隔は無限小とする）に正負の電荷がたまり電位差が発生する．電池との類推で考えれば，その電位差の大きさがこのループの起電力の大きさとみなせそうである．

この定義にもとづけば，起電力を測定するには，一か所を切断してそこに電圧計をつなげばいいことになる．これは自明とも言えるが，勘違いしがちな部分もあるので，確認しておこう．

起電力の測定：上記の方法での起電力の測定を現象 II の場合で計算する．図 6.2 をみていただきたい．左側の丸いループをつらぬく磁場が変化しているとする．そこに発生する電場の大きさを測定したい．一か所を切断し，そこに，電圧計が付いている四角いループを付ける．この部分には磁場はないとする．この電圧計はどこの何を測定することになるのか，というのが問題である．

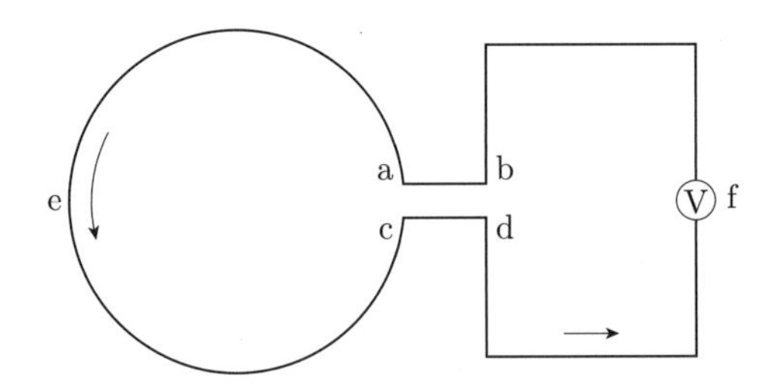

図 6.2　左側のループ内の磁束が変化することによる誘導起電力の電圧計による測定．ループを切断した部分に正負の電荷が発生し，それによる電位差が電圧計で測定される．

記号を導入する．V_{aec} を，a から e を通って c までの，ループに沿っての電場の積分 $\int dlE_{\parallel}$ だとする．ca は含まない．V と書いたが電位差ではない．誘導電場があるので左のループでは電位というものは考えていない．V_{dfb} も同様に，電場の線積分として定義する．

V_{ca} は，c から a への直線経路（ループの切断部分）での電場の線積分である．距離は無限小と考えるが，c と a には正負の電荷が貯まるので電場が大きくなり V_{ca} は有限である（放電は起こらないとする）．式 (6.1′) より，ε をループ一周の線積分として

$$V_{\mathrm{aec}} + V_{\mathrm{ca}} = \varepsilon \quad (= -d\Phi/dt)$$

である．

また，右側のループは電圧計をつなげた回路であり，そこには磁場は存在しない（誘導電場はない）とする．また，a と b，c と d は同電位なので（距離は無限小で導線の抵抗は有限）

$$V_{\mathrm{dfb}} + V_{\mathrm{bd}} = V_{\mathrm{dfb}} + V_{\mathrm{ac}} = 0$$

である．したがって

$$V_{\mathrm{dfb}} = V_{\mathrm{ca}} = \varepsilon - V_{\mathrm{aec}}$$

右側のループの抵抗が電圧計の部分に集中しているとすれば，V_{dfb} が電力計の測定値である．さらに，左側のループ全体の抵抗を r，右側のループの抵抗を R（ほぼ電圧計の抵抗）とすると，電流が一定である（瞬間的には）ということから

$$V_{\mathrm{aec}}/r = V_{\mathrm{dfb}}/R$$

なので

$$V_{\mathrm{dfb}} = \varepsilon - \frac{r}{R} V_{\mathrm{dfb}}$$

となる．$r/R \to 0$ の極限では起電力 ε が測定されることがわかる（0 ではないときは電圧降下がある）．

この極限では

$$V_{\mathrm{dfb}} = V_{\mathrm{ca}} = \varepsilon \quad \text{かつ} \quad V_{\mathrm{aec}} = 0 \tag{6.3}$$

である．ca の間隔は無限小としているので，V_{ca} には電磁誘導によって生じた誘導電場の効果はない．これは ca 間の生じたクーロン電場による電位差であり，電圧計はそれを測定するのだが，それが誘導電場のループ積分 ε に等しいというのが上式の意味である．また，ループを切断するが電圧計の回路はつながないとしても $R \to \infty$ ということなので式 (6.3) が成り立つ．切断部分に生じる電位差によって起電力の大きさを定義することが正当化される．

右側の抵抗のないところ（$r = 0$）に有限の電流が流れているとすれば，V_{aec}

は 0 である（式 (6.3)）．あるいは電圧計の回路がつながっていなければ電流は流れないので，やはり $V_{\text{aec}} = 0$ が成り立つ．これらの状況ではループ内では誘導電場とクーロン電場が打ち消し合っている．

注：クーロン電場と誘導電場は $\nabla \cdot \boldsymbol{E}$ に起因するか $\nabla \times \boldsymbol{E}$ に起因するかという区別であり，電場の縦成分と横成分に対応する．第 2 章末尾で指摘したように，それらは正しい因果関係をもつ独立した成分ではないが，定義自体は可能であり，ここでの議論で使っても問題は生じないとの想定の下で話を進める．

いずれにしろ式 (6.2) は，電磁気学の基本法則として新たに加わるものではない．これまでの基本法則（マクスウェル方程式とローレンツ力の公式）から証明できるものである．しかし以下で詳しく議論するが，現象 I と II では異なる基本法則が関与する．現象 II における式 (6.2) の証明で本質的な役割を果たすのが式 (6.1) であり，そのため，この式自体が電磁誘導の法則と呼ばれることもある．その一方で，現象 I における式 (6.2) の証明で重要なのがマクスウェル方程式の 2 番目（$\nabla \cdot \boldsymbol{B} = 0$）である．この式を電磁誘導の法則と呼ぶ人を見たことはないが．

相対論的見地からは式 (6.1) と $\nabla \cdot \boldsymbol{B} = 0$ は式 (4.28b) のようにまとまり，電磁気学における**ビアンキ恒等式**と呼ばれる．つまり現象 I と現象 II を統一的に理解するには，このビアンキ恒等式が本質的な役割を果たすと期待される．それについては 6.9 節で解説する．いずれにしろ誤解を避けるためにも，少なくとも本章では，式 (6.1) ではなく式 (6.2) を電磁誘導の法則（= ファラデーの法則）と呼ぶことにする．他の章では式 (6.1) を電磁誘導の法則と呼ぶことがあるが，それはご容赦いただきたい．

もう一つ，用語について気になるのは，「誘導」である．誘導という用語は何らかの因果関係をイメージさせる．たとえば式 (6.1) から，（右辺の）磁場の時間的な変化が（左辺の）電場を発生させるという因果関係を読み取る人も多いだろう．（私のものも含め）初等的な電磁気の本にはそのように書いてあることが多い．しかしそれにはかなり問題があるというのも，本章のポイントの一つである（6.6 節参照）．

6.2 棒とレールのモデル

前節では電磁誘導を，ループに起電力が発生する現象として説明した．しかし式 (6.2) からは離れるが，起電力はループでなくても発生する．ループでの起電力を，一か所で切断したときに切断点に生じる電位差によって表される量と説明したが，単に，有限な長さの棒を（現象 I でのように）磁場内で動かしても，棒の両端に電位差が発生する．これも棒に生じた起電力の結果だと考えられる．そのことを含めて，まず現象 I での起電力の発生メカニズムについて考えよう．

現象Ⅰでは磁場内で導体を動かすのだから，起電力の原因は導体内部の伝導電子に働く磁気力である．磁気力の結果として棒，あるいは切断されたループの両端付近に電荷がたまり，導体内部に電場が生じる．この内部電場による電気力と，外部の磁場による磁気力がバランスするという条件から，起電力の大きさが決まる．ただしここでも起電力の大きさを，電荷の移動によって生じた電位差の大きさとする前節の定義を踏襲する．

この話を具体化するため，大学初年度の電磁気（あるいは高校物理）で課すレベルの問題を一つ解説する．たわいのない話だが，あまり書かれていない細かな点まで踏み込んで話す．

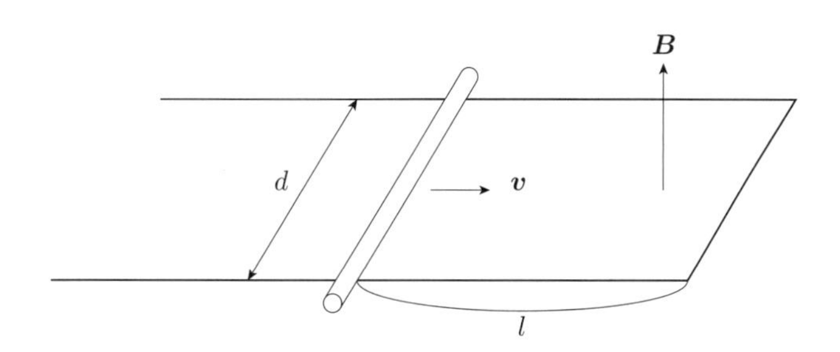

図 6.3　レールの上を導体棒が動く．

図 6.3 のようなシステムを考えよう．2 本のレールの上を導体棒が転がっている．最初はレールは絶縁体で電流は流れないとする．また垂直方向に一様な静的な磁場 $\boldsymbol{B}$ があるとする．外場としての電場はない．

導体棒の速度を $\boldsymbol{v}$ とする．導体棒が動けば，磁気力が働き棒内の伝導電子が移動して電荷の再配置が起こる．レールには電流が流れないとすれば棒の両端付近を中心に正負の電荷がたまり，棒内に棒方向に電場 $\boldsymbol{E}_c$ が発生する．電荷による電場だから誘導電場ではなくクーロン電場なので $\boldsymbol{E}_c$ と書いた．その大きさはつり合いの条件から

$$\boldsymbol{E}_{c\|} = (\boldsymbol{v} \times \boldsymbol{B})_{\|} \tag{6.4}$$

である．$\|$ とは棒方向という意味である．電流は流れていないとしているので，電子の速度は棒の速度 $\boldsymbol{v}$ に等しい（古典的な伝導電子モデルで考えている）．したがって

$$\boldsymbol{E}_c \text{ による電位差} = +vBd$$

この電位差をもって棒に生じた起電力の大きさを表すとすれば

$$\text{棒に生じる起電力 } \mathscr{E} = vBd. \tag{6.5}$$

（この状況で，棒の端から端までの仕事によって起電力を定義すると，力はつり合っているので，起電力 = 仕事 = 0 になってしまう．）

このケースでは棒以外の部分には，伝導電子を動かす磁場の作用はないので，これが，棒とレールからできるループ全体の起電力でもある．また，このループをつらぬく磁束は

$$\Phi = Bdl$$

なので，$dl/dt = -v$ を使えば，式 (6.2) が成立していることがわかる．

式 (6.5) は $\boldsymbol{v} \times \boldsymbol{B}$ の，棒に沿っての積分である．しかし棒以外の部分は電子の速度 $\boldsymbol{v}$ は 0 なので，レールを含めたループ全体での $\boldsymbol{v} \times \boldsymbol{B}$ の積分だとしてもよい．つまり，閉曲線での積分記号を使って

$$\text{図 6.3 の場合：起電力 } \mathscr{E} = \oint dl(\boldsymbol{v} \times \boldsymbol{B})_{\parallel} \tag{6.6}$$

となる．$\parallel$ は積分路に沿った成分を表す．

ここまではレールは絶縁体であるとして考えた．ではレールが導体であり先端がつながっていて回路ができ，電流が流れるとしたらどうなるだろうか．問題は速度 $\boldsymbol{v}$ の意味である．これまでは，$\boldsymbol{v}$ は回路の各部分の速度だった．しかし上式右辺の起源は電子に働く磁気力なのだから，$\boldsymbol{v}$ は電子の速度でなければならない．そして電流が流れているときは，電子の速度は回路の各部分の速度とは異なる．また，レールの部分は動いていないので回路の速度としては $\boldsymbol{v} = 0$ だから上式の積分を回路全体に拡張できたが，そこでも電子は動いているとしたら $\boldsymbol{v}$ は 0 ではない．

しかしこの違いは式 (6.6) には影響しない．伝導電子の回路方向の動きは，$\boldsymbol{v} \times \boldsymbol{B}$ の回路方向の成分にはきかないからである．つまり式 (6.6) は $\boldsymbol{v}$ に電流の流れを加えても変わらないことになる．

といっても，電流が流れても何も変わらないということではない．図 6.3 のモデルでは棒にブレーキがかかる．$\boldsymbol{v}'$ を回路に沿っての電子の速度だとすれば，$\boldsymbol{v}' \times \boldsymbol{B}$ という力が棒に垂直にかかる．この力は伝導電子が金属の格子から受ける量子力学的結合の力とつりあっている（伝導電子は導体棒から飛び出さない）．棒自体にはその反作用によりブレーキがかかる．つまり棒の運動エネルギーが減る（回路に発生するジュール熱になる）．棒を一定の速度で動かし続けるためには棒を押し続けなければならない．

磁気力は運動方向に垂直なので電子に仕事をしない．しかし回路に電流 I が流れているとき，式 (6.5) の起電力は回路に $\mathscr{E} I$ の仕事をする．その関係を電子レベルで説明しておこう．各位置での伝導電子の速度 $\boldsymbol{v}_e$ を

$$\boldsymbol{v}_e = \boldsymbol{v} + \boldsymbol{v}'$$

と書く．$\boldsymbol{v}$ は導線の各位置での速度，$\boldsymbol{v}'$ は導線に対する伝導電子の速度である．磁気力の仕事が 0 ということは

$$q\boldsymbol{v}_e \cdot (\boldsymbol{v}_e \times \boldsymbol{B}) = q\boldsymbol{v} \cdot (\boldsymbol{v}_e \times \boldsymbol{B}) + q\boldsymbol{v}' \cdot (\boldsymbol{v}_e \times \boldsymbol{B}) = 0$$

ということである．第 1 項は磁気力が導線にする仕事，第 2 項は磁気力が電流にする仕事（$\mathscr{E} I$ に相当）である．つまり

$$\mathscr{E} I \text{ への各電子の寄与} = q\boldsymbol{v}' \cdot (\boldsymbol{v}_e \times \boldsymbol{B}) = -q\boldsymbol{v} \cdot (\boldsymbol{v}_e \times \boldsymbol{B})$$

である．電流が持つエネルギーが増える分だけ，（外力が働かなければ）導線の力学的エネルギーが減ることを意味する．

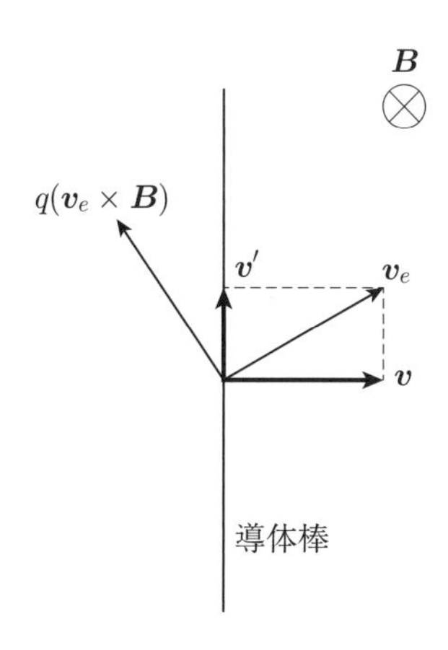

図 6.4　磁気力は電子に対しては正，棒に対しては負の仕事をする．

6.3　誘導電場による起電力

前節の起電力の公式 (6.6) は現象 I の場合の話である．図 6.2 のように（磁場の変化による）誘導電場もある場合は，それによる力も加えなければならない．導線のループの一か所が切断されており，その付近に電荷がたまってクーロン電場 $\boldsymbol{E}_c$ が生じ，伝導電子に働く力がつりあった状況を考えよう．その場合にはつりあいの式 (6.4) には，右辺に誘導電場（$\boldsymbol{E}_i$ と記す）による電気力の効果も加わる．つまり

$$\text{回路方向のつり合い：} \boldsymbol{E}_{c\parallel} = (\boldsymbol{E}_i + \boldsymbol{v} \times \boldsymbol{B})_\parallel \tag{6.7}$$

となる．右辺で $\boldsymbol{E}_i$ は磁場が変化する効果，$\boldsymbol{v} \times \boldsymbol{B}$ は回路が動く効果である．

起電力を，切断部分に発生する電位差で定義するという本書の方針にしたがえば

$$\text{起電力} = \boldsymbol{E}_c \text{ の切断部分での線積分}$$

だが，$\boldsymbol{E}_c$ はクーロン場なので右辺は積分経路に依存せず，ループに沿った（切断部分を除く）ループ全体での積分に等しい．そしてそれは式 (6.7) より

$$\boldsymbol{E}_c \text{ の切断部分での線積分} = (\boldsymbol{E}_i + \boldsymbol{v} \times \boldsymbol{B}) \text{ のループ全体に沿った線積分.}$$

右辺の積分では，切断した微小部分は無視できるので，ループ全体の積分とした．そして $\nabla \times \boldsymbol{E}_c = 0$ であることから，ループ全体の積分に対しては，

$$\oint dl \boldsymbol{E}_{i\parallel} = \oint dl(\boldsymbol{E}_i + \boldsymbol{E}_c)_\parallel = \oint dl \boldsymbol{E}_\parallel$$

である．$\boldsymbol{E}$ は全電場である．これらをつなぎ合わせれば

$$\text{起電力（ループ）} = \oint dl(\boldsymbol{E} + \boldsymbol{v} \times \boldsymbol{B})_\parallel \tag{6.8}$$

となる．

結局，現象 I と II，そしてそれらを任意の形で組み合わせた状況において，起電力がローレンツ力の積分という形で書けることがわかった．ローレンツ力とは相対論的な規準の変換に対して四元ベクトル的な変換をする量である．つまり電磁誘導の法則 (6.2) を，基準に依存しない法則として統一的に理解する出発点ができた．といっても，この法則が統一的に証明できたわけではない．それはこれからのテーマである．

この起電力の定義について，幾つか注意しておこう．まず，式 (6.8) の磁気力 $\boldsymbol{v} \times \boldsymbol{B}$ の部分を，電場と同じ効果をもつという意味で有効電場としている教科書も見られる．しかしこのような「有効電場」は，電場に対するこれまでの電磁気の法則を満たすものではなく，混乱を引き起こしかねない．電磁誘導の法則 (6.2) による起電力が，式 (6.8) のようにローレンツ力の式によって表されるということの重要性は以下の議論を見ていただければ明らかである．

また，この定義式で考えれば起電力は，積分経路に実際に導線が存在するか否かは無関係に決まる量であり，任意の抽象的な曲線 C に沿って定義できる．といっても，その場合に速度 $\boldsymbol{v}$ の意味について注意すべき点がある．前記の棒とレールのモデルだったら $\boldsymbol{v}$ は棒の速度として曖昧さはなく，伝導電子の速度とみなしても同じであることはすでに説明した．しかし抽象的な閉曲線 C が，移動ばかりでなく変形もして閉曲線 C' となるという場合，C のどの位置が C' のどの位置に対応するのかは決まらない．とすると，各位置の速度 $\boldsymbol{v}$ も一意的には決まらない．

しかしこの任意性は起電力の式 (6.8) には影響しない．2 通りの対応関係を考え，それぞれの対応での各点での速度を $\boldsymbol{v}_1$，$\boldsymbol{v}_2$ とすると，$\boldsymbol{v}' = \boldsymbol{v}_1 - \boldsymbol{v}_2$ はループ方向を向くベクトルである．したがって $(\boldsymbol{v}' \times \boldsymbol{B})_\parallel = 0$ であり，式 (6.8) にはきかない．あとで式 (6.2) の証明をするが，その証明からも，この任意性は問題にならないことがわかるだろう．

6.4 単極誘導

電磁誘導に関係する現象の他の例としてファラデーの**単極誘導**を取り上げる．電磁誘導の法則（式 (6.2)）をどのように適用するのかが議論になる例で

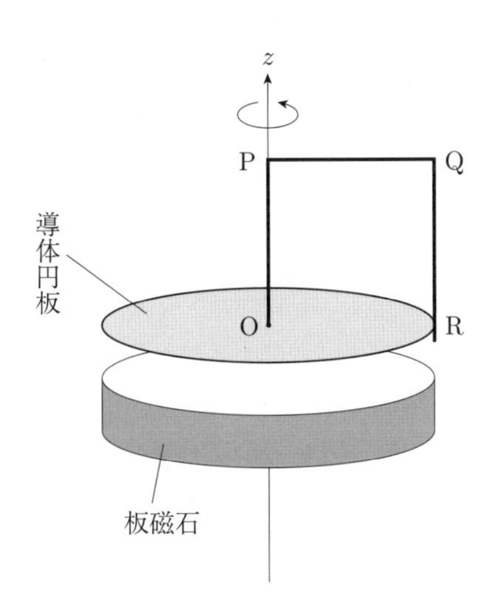

図 6.5　単極誘導.

ある.

図 6.5 のように，大きな板磁石があり，その上部に，上向きの一様な磁場 B ができているとする．板磁石の上に，平行に導体円板が置かれ，z 軸のまわりに一定の角速度 ω で回転している．また，図のように，OPQR と導線がつながれ，回路ができている．R の部分はブラシになって滑っており，円板は回転するが導線部分は動かない．

このような状況では回路に電流が流れる．それはどのように説明できるだろうか．この問題を，第 2 節の棒とレールと同様の手順で分析してみよう．まず，上部に付けた回路の抵抗が無限大であるなどの理由で，電流は流れていない状況で考え，そのときの円板の中心と縁の間に生じる電位差の計算から始める．

電流が流れていない状況では，円板内の伝導電子も円板と一緒に，角速度 ω で回転している（ここでも古典的な伝導電子モデルで考えている）．導体円板上の，軸からの距離が r の点を考えよう．その点は角度方向に $v = \omega r$ で動いているので，点電荷 q は，円板の半径方向に $q\omega rB$ の磁気力を受ける．したがって，等速回転しているときは電荷の再配置が起こり，この磁気力と内部電場とがつりあった状態になる．

この内部電場による電位差は，棒の場合（式 (6.5)）と同様に考えれば

$$\text{軸と円板の縁の間の電位差} = \int dr\omega rB = \frac{1}{2}\omega a^2 B \tag{6.9}$$

となる（a は円板の半径）．つまりこの回路には，これだけの起電力をもつ「磁気」電池が付いているとみなせる．

回路は付いているが電流は流れていないので，全体の軸対称性は破れていない．したがって電荷分布も軸対称であり，上式の積分も，どちらの方向に行っても変わらない．積分は中心から円板の縁に向けて直線である必要もなく，任

意の曲線に沿って，磁気力の線方向の成分を積分すればよい．

ではこの状況で式 (6.2) は成り立っているだろうか．この場合は誘導電場は生じていないので，式 (6.2) は

$$\frac{d\Phi}{dt} = -\oint dl(\boldsymbol{v} \times \boldsymbol{B})_{\parallel} \tag{6.10}$$

と書ける．しかし図 6.5 のような設定では，円板の部分は 2 次元的に広がっているので，何をループとみなして積分すべきか自明ではない．

しかし電流が流れていない場合には簡単で，図 6.6 のように，金属円板部分での積分経路を円板と一緒に回転する（つまり円板に固定されている）ようにとればよい．図の OS だが，円板と一緒に動く経路ならば直線である必要はなく，中心から円の縁まで延びる任意の曲線で構わない．（縁の部分 RS の長さは変化するが，そこでは $\boldsymbol{v} \times \boldsymbol{B}$ が縁方向の成分をもたないので影響はない．）

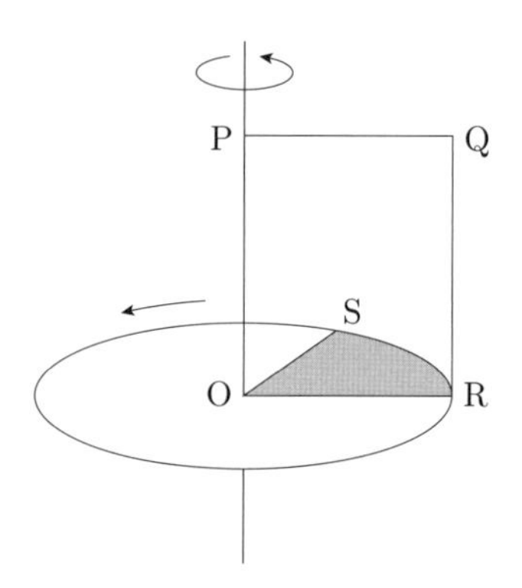

図 6.6　OSRQPO をループとする．矩形 OPQRO と扇形 OSR を貫く磁束を計算する（ただし矩形部分は $\Phi = 0$）．

確認のため，この場合の $d\Phi/dt$ を計算してみよう．

$$一回転での \Phi の変化 = 円板の面積 \times 磁場 = \pi a^2 B$$

なのだから，周期で割れば

$$d\Phi/dt = \pi a^2 B \div (2\pi/\omega) = \omega a^2 B/2 \tag{6.11}$$

となり式 (6.9) に一致する．つまり電磁誘導の法則（式 (6.10)）は成立している．

ここまでは，電流は流れていないとしてきたので簡単だった．では電流が流れているとどうなるだろうか．$\boldsymbol{v}$ を伝導電子の速度としても式が変わらないかが問題である．棒とレールのモデルでのように，考えるループと電流が流れるループが同じならば，$\boldsymbol{v}$ は伝導電子の速度ベクトルとしても構わないことは説明した．しかしここでのモデルの場合には，ブラシの位置 R が固定されているので全体の設定が回転対称ではない．つまり導体円板が回転するとき，電流の

経路が一緒に回転している保証はない．

それでも，流れる電流は導体板上のすべての経路の電流の合計なので，平均操作をすれば，式 (6.11) の結論は変わらないと思われる（導体板が一周すれば元の状態に戻るということから）．少なくともすべての経路の合計として，電磁誘導の法則が成立していると予想される（厳密に証明できたという気はしていないが）．

単極誘導には次のような問題もよく議論される．円板は回転しているが磁石は静止しているというのが本節の設定だったが，円板を止めたまま磁石を回転させると電流は流れない．また，円板と磁石をいっしょに回転させると電流は流れる．つまりこの現象は，円板と磁石の相対的な関係で決まっているのではないということである．この話は回転系の問題としても興味深く，次章でとりあげる．

6.5 磁気双極子による電磁誘導

現象 I と II を統一的に見るという観点をさらに強調するために，わかりやすい具体例として**磁気双極子**を考えよう．磁気双極子の実体としては一様に磁化した球状の磁石，あるいは一様な表面電荷が回転する球を考えればよい．どちらでも球外の磁場は厳密に，下記の磁気双極子の磁場に等しい．

この例を使って，第 1 節の 2 つの現象をパラレルに解析しよう．現象 I では，静止している磁気双極子による磁場によって動くループに起電力が発生する．現象 II では，動く磁気双極子による電場によって静止したループに起電力が発生する．変化する磁場によって誘導電場が発生するという見方はどこでもしていないことに注意．磁気双極子は静止していない限り，磁場も電場も発生させている．第 4 章的な言い方をすれば，電磁場テンソルを発生させている．電場は磁場に誘導されているという見方は，因果関係のない（相関関係に過ぎない）ところに因果関係を持ち込んだ見方である．

原点に置かれた，z 方向を向く磁気双極子を考える．そのベクトルポテンシャルは

$$\boldsymbol{A}(\boldsymbol{r}) = \frac{\boldsymbol{m} \times \boldsymbol{r}}{r^3} \tag{6.12}$$

と表される．$\boldsymbol{m}$ は z 方向を向く定ベクトルであり，通常の $\mu_0/4\pi$ という係数は $\boldsymbol{m}$ に含まれているとする．$\boldsymbol{A}$ は z 軸を中心とする，xy 平面に平行な環状になる．

磁場は $\boldsymbol{B} = \nabla \times \boldsymbol{A}$ で計算されるが，その z 成分，および z 軸に垂直な成分はそれぞれ

$$B_z = m(3z^2 - r^2)/r^5,$$

$$\boldsymbol{B}_\perp = 3mz\boldsymbol{R}/r^5.$$

$\boldsymbol{R} = (x, y, 0)$ は z 軸に垂直な放射状のベクトルである.

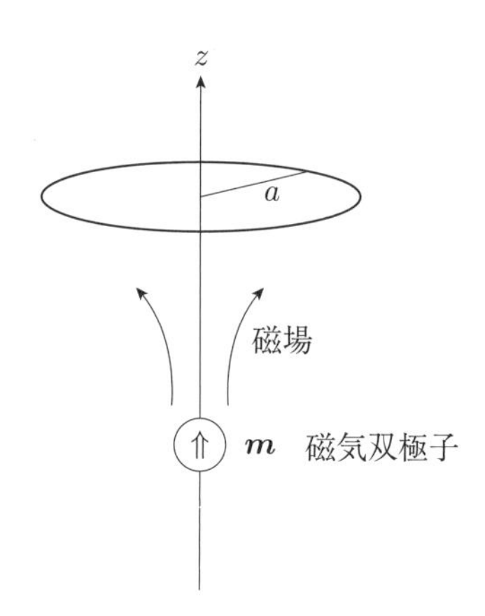

図 6.7　磁気双極子と導線のループ.

次に，この磁気双極子の上方（$z > 0$）に，半径 a の環状の導線を z 軸に垂直に置き（環の中心は z 軸上），z 方向に動かす．現象 I の，磁気力による電磁誘導が起こる.

導線の速度を v とすれば，環状導線上に発生する磁気力は導線の方向だから

$$\text{起電力} = \oint dl(\boldsymbol{v} \times \boldsymbol{B})_\parallel = 2\pi av|\boldsymbol{B}_\perp| = vI(z). \tag{6.13}$$

ただし $I(z) = 6\pi ma^2z/r^5$ であり，r は原点と環状導線の距離（$r^2 = z^2 + a^2$）である．一方，この環状導線を貫く磁束は（B_z を使った多少の計算の後）

$$\Phi = 2\pi ma^2/r^3 \tag{6.14}$$

とわかるので，$dz/dt = v$ であることを使って $d\Phi/dt$ を計算すれば，式 (6.2) が成立していることがわかる.

次にこのシステム全体を，z 方向に速度 v で動く別の慣性系で見てみよう（最初の慣性系を Σ 系，新たな慣性系を Σ' 系と呼ぶ）．回路が静止しており磁気双極子が動いている系なので，現象 II のタイプになる.

このケースでは起電力は電場によって生じる．電気力による電磁誘導である．その電場はしばしば，時間的に変化する磁場によって誘導されると解釈され，その場合，電場は式 (6.1) を使って計算されることになる．もちろんそれで間違いではないが，わざわざ磁場を介して電場を計算する必要性はない．ベクトルポテンシャルがわかっているのだから，$\boldsymbol{E} = -\partial\boldsymbol{A}/\partial t$ を使えば電場はすぐに計算できる.

具体的に計算しよう．まず，Σ 系（最初の系）での，z 軸を中心として渦巻くベクトルポテンシャルの大きさを，z 軸からの距離は a と限定して $A(z)$ と

書く（時間に依存しない）．すると Σ' 系で見たときのベクトルポテンシャルの大きさ A' は

$$A'(z,t) = A(z+vt) = ma/(a^2+(z+vt)^2)^{3/2}.$$

ローレンツ収縮は無視したが $A=A'$ 自体は相対論的にも正しい．E' も z 軸の回りを渦巻き，その大きさは $E'(z) = -\partial A'/\partial t$ で計算される．起電力はその $2\pi a$ 倍であり，式 (6.13) の z を $z+vt$ と読み替えれば同じになる．

一方，この座標系で z に位置する回路を貫く磁束は，（A の xy 成分は変わらないので $B'_z(z,t) = B_z(z+vt)$ であることを考えれば）式 (6.14) で $r^2 = (z+vt)^2 + a^2$ とすればよい．それを t で微分すれば（ここでは z は定数），起電力に等しくなり，式 (6.2) が成立している．

折角なので，Σ' 系の Σ 系に対する速度 v_0 が，Σ 系での回路の速度 v に等しくない，より一般的な状況を考えておこう（ただしどちらも z 方向とする）．この場合，Σ' 系では回路は，（非相対論的には）$v-v_0$ で動いていることになる．また磁気双極子は $-v_0$ で動いているので電場も発生している．起電力の起源として電気力と磁気力の両方を考えなければならない．つまり現象 I と現象 II が共存する．結果は以上の話からすぐに得られ，式 (6.13) の記号を使えば（z は Σ' 系での回路の z 座標であり $dz/dt = v-v_0$，また $z+v_0t$ は双極子と回路の距離）

$$\text{磁気力による起電力} = (v-v_0)I(z+v_0t),$$

$$\text{電気力による起電力} = v_0 I(z+v_0t).$$

一方，磁束は式 (6.14) の r の中で z を $z+v_0t$ に置き換えればいい．磁束の時間微分は

$$\frac{d\Phi}{dt} = \frac{\partial\Phi}{\partial t} + \frac{dz}{dt}\frac{\partial\Phi}{\partial z} \tag{6.15}$$

で計算され，磁束の変化率が起電力の総和に等しいことが（非相対論的近似でだが）示される．

6.6 起電力の変換

磁気双極子の例を出したのは，現象 I と現象 II で，法則（式 (6.2)）がいかに統一的に見られるかを学ぶためであった．B_z は z 方向の変換に対して不変なので，磁束の変化率が基準の取り方によらないのは自明である（ただし厳密には相対論的補正があるが $\cdots$ 式 (6.17) 参照）．問題になるのは起電力のほうである．

回路の電子に働く力は，現象 I では磁気力，現象 II では電気力なので別の現象のように見えるが，本書では，電気力と磁気力の区別は基準に依存するということを第 4 章や第 5 章で説明した．基準によらない概念にするには，ローレ

ンツ力として考えなければならない．そして 6.3 節では，起電力をローレンツ力の式によって定義できることを示した．つまり電磁誘導の法則を，ローレンツ力（の積分）が磁束の変化率に等しいという法則だとみることによって，現象 I と現象 II の統一性が見えてくる．

また前節の計算では，起電力の原因においても現象 I と現象 II が統一的に扱われている．現象 I では起電力の原因は磁場，現象 II では電場だが，両者は双極子のベクトルポテンシャルから直接，計算された．動く点電荷が電場も磁場も生成するのと同様に，動く磁気双極子も磁場ばかりでなく電場も生成する．そしてそれぞれは基準に依存する．物理的に意味があるのは電場と磁場のセット（相対論的に言えば電磁テンソル）である．電場と磁場は同等な立場にあり，磁場が変化するから電場が生成されたわけではない．動く双極子が作る電場と磁場が式 (6.1) を満たすのは，どちらも同じ双極子から生成されているからである．つまり式 (6.1) は因果関係ではなく，各量の定義から直接，導かれる関係式である．

前節では，z 方向の動きについては任意の基準で結果が変わらないことを直接の計算で示した．しかしこのことは，起電力をローレンツ力で表したことから予想されたことである．相対論的な四元ベクトル（特に四元力）の変換則では，横方向の成分は不変であるという一般的な定理の結果に過ぎない．

それで納得できる方はすぐに次項に進んでいただいて構わないが，一応，計算をしておこう．まず，z 方向に速度 v_0 で互いに動いている Σ 系と Σ' 系での電磁場は

$$E_z = E'_z, \quad B_z = B'_z,$$
$$\boldsymbol{E}_\perp = \gamma_0(\boldsymbol{E}'_\perp - \boldsymbol{v}_0 \times \boldsymbol{B}'_\perp), \quad \boldsymbol{B}_\perp = \gamma_0\left(\boldsymbol{B}'_\perp + \frac{\boldsymbol{v}_0}{c^2} \times \boldsymbol{E}'_\perp\right)$$

という関係にある．

前節のように回路が xy 平面に平行な場合の起電力の変換を計算すると

$$\int dl(\boldsymbol{E} + \boldsymbol{v} \times \boldsymbol{B})_\parallel = \gamma_0 \int dl\left((1 - vv_0/c^2)\boldsymbol{E}' + (\boldsymbol{v} - \boldsymbol{v}_0) \times \boldsymbol{B}'\right)_\parallel$$

となる（$\boldsymbol{v}_0 \cdot \boldsymbol{E}'_\perp = 0$ を使った）．少し紛らわしいが「$\parallel$」とはループに沿った方向という意味だから z 方向に対しては垂直であり，上の変換公式で「$\perp$」の場合を使っている．

3.7 節でほとんど同じ計算をしたときに指摘したことだが

$$(1 - vv_0)\gamma_0 = \gamma(v)/\gamma(v'),$$
$$(\boldsymbol{v} - \boldsymbol{v}_0)\gamma_0 = \boldsymbol{v}'\gamma(v)/\gamma(v')$$

という関係がある．$\gamma(v)$ は v から計算される γ という意味であり，$\boldsymbol{v}'$ は $\boldsymbol{v}$ と $\boldsymbol{v}_0$ から合成される速度である．これらより

$$\text{上式} = \frac{\gamma(v')}{\gamma(v)} \int dl(\boldsymbol{E}' + \boldsymbol{v}' \times \boldsymbol{B}')_\parallel$$

となる．つまり

$$\mathscr{E} = \gamma(v) \int dl(\boldsymbol{E} + \boldsymbol{v} \times \boldsymbol{B})_{\parallel} \tag{6.16}$$

という量は，回路に垂直なローレンツ変換に対して不変であることがわかる．

磁束は $B_z = B'_z$ から不変なので，それを回路の固有時間 τ で微分したものも不変である．そして

$$\frac{d\Phi}{d\tau} = \frac{dt}{d\tau}\frac{d\Phi}{dt} = \gamma(v)\frac{d\Phi}{dt} \tag{6.17}$$

なのだから，式 (6.16) ＝ 式 (6.17) という変換に対して不変な式から，γ のない，起電力が磁束の時間的変化率に等しいという通常の式が得られる．ただし t 微分は，式 (6.15) と同じ全微分である．前節で非相対論的計算で等式が厳密に成り立ったのは，γ が両辺で打ち消し合うからである．

6.7 電磁誘導の法則：証明 1

棒とレールのモデルや磁気双極子という特殊例で電磁誘導の法則（式 (6.2)）が成立することを示してきた．ここからは一般的な状況での法則の証明に移る．まず，通常の教科書にある証明を復習しよう．．通常の教科書では現象 I と現象 II では異なったタイプの証明がなされていることが多い．ここでは現象 II の，式 (6.1) を使った証明から始める．ループは動いていないのだから起電力は電場だけが寄与する．したがって

現象 II の場合：

$$\begin{aligned}\text{式 (6.2) の左辺} &= \int dlE_{\parallel} = \int dS(\nabla \times \boldsymbol{E})_{\perp} = -\int dS\partial_t B_{\perp} \\ &= -d/dt \int B_{\perp} dS = \text{式 (6.2) の右辺.}\end{aligned}$$

2 番目の等号は数学の定理（ストークスの定理），3 番目の等号は式 (6.1)，4 番目の等号は積分範囲が一定（つまり現象 II）であることを使っている．これだけだと物理法則は式 (6.1) だけのようだが，最初の等号も，起電力（の前半）を表す物理法則である．その意味で式 (6.2) は式 (6.1′) と等価ではない．

この証明法を現象 I に適用すると，そのままではループ全体が形状を変えず同じ速度 $\boldsymbol{v}$ で動くという場合にしか適用できない．それをどう回避するかという問題は次節で扱うことにして，磁場が変化せず，ループは動くが形状が変わらないという前提で話を進めると

現象 I の場合：

$$\begin{aligned}\text{式 (6.2) の左辺} &= \int dl(\boldsymbol{v} \times \boldsymbol{B})_{\parallel} = \int dS(\nabla \times (\boldsymbol{v} \times \boldsymbol{B}))_{\perp} \\ &= \int dS\left((\nabla \cdot \boldsymbol{B})\boldsymbol{v} - (\boldsymbol{v} \cdot \nabla)\boldsymbol{B}\right)_{\perp} = -\int dS(\boldsymbol{v} \cdot \nabla)\boldsymbol{B}_{\perp} \\ &= -\int dS'\partial_t \boldsymbol{B}'_{\perp} = \text{式 (6.2) の右辺.}\end{aligned}$$

($\boldsymbol{B}'$ については後述). 現象 II との比較を確認していただきたい. 最初の等号は起電力の後半であり, また 4 番目の等式で $\nabla \cdot \boldsymbol{B} = 0$ を使った. つまりこのケースでは, 式 (6.1) の代わりに $\nabla \cdot \boldsymbol{B} = 0$ が中心的な役割を果たす. あとは数学的操作である.

5 番目の等式で, $\boldsymbol{B}'$ や積分 S' の「$'$」は, 全体が速度 $\boldsymbol{v}$ で動いている座標系で表現したという意味である. $\boldsymbol{B}$ は静的としているので

$$\boldsymbol{B}'(\boldsymbol{r}', t) = \boldsymbol{B}(\boldsymbol{r} = \boldsymbol{r}' + \boldsymbol{v}t)$$

であり, したがって

$$\partial_t \boldsymbol{B}' = (\boldsymbol{v} \cdot \nabla)\boldsymbol{B}$$

である. 新しい座標系で表せば積分領域は一定なので最後の等式が導かれる.

以上の話は現象 I で, ループが変形せずに速度 $\boldsymbol{v}$ で平行移動しているという場合から出発した. これは, 速度 $\boldsymbol{v}$ で動いている基準で見れば現象 II になるというケースである. つまり実質的に同じ現象であり, 違った法則で説明されるように見えたとしても, それは見かけに過ぎないはずである.

そして一方では式 (6.1) という法則が, 他方では $\nabla \cdot \boldsymbol{B} = 0$ という法則が重要であった. しかし基準を変えたときにローレンツ力の公式を変えない (つまり起電力の式を変えない) ような場の変換を考えれば, $\nabla \cdot \boldsymbol{B} = 0$ という法則が式 (6.1) を意味することは, 3.3 節で解説した. また逆に, 現象 II の基準から現象 I の基準に変換すれば, 式 (6.1) は $\nabla \cdot \boldsymbol{B} = 0$ を意味することも証明できる. つまり, それぞれの基準でそれぞれの法則を使って同じ結論式 (6.2) になったのは不思議なことではなく, それはさらに証明が統一化されうることを示唆している.

6.8 電磁誘導の法則：証明 2

前節の証明では, 現象 I について, ループ全体が変形せず同じ速度で動いていることを前提にした. しかし電磁誘導の法則は, ループが変形する場合にも

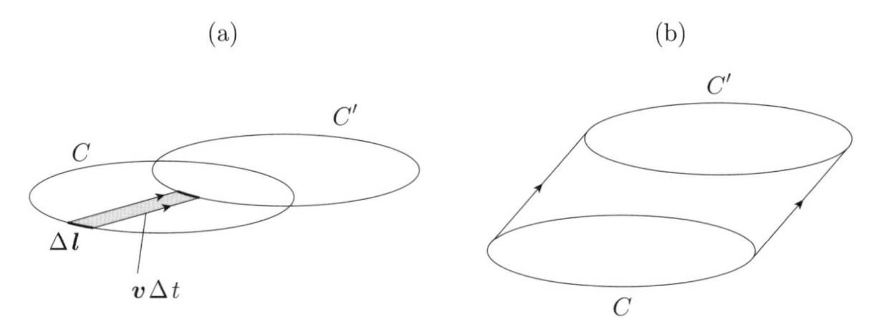

図 6.8　(a) C から C' にスライドしている場合：斜線部分の面積が $|\Delta \boldsymbol{l} \times \boldsymbol{v}\Delta t|$. (b) 上下方向にもずれている場合.

通用する，より幅広い現象に対する法則である．このような状況で，現象 I の電磁誘導の法則がどのように証明されているかを復習する．

図 6.8(a) のように，ループが C から C' に変化するとする．C の各部分 $\Delta \boldsymbol{l}$ が $\boldsymbol{v}$ だけ動いている．$\boldsymbol{v}$ は場所に依存してよい．つまり C と C' の形が変っていてもよい．

外場としての磁場を $\boldsymbol{B}$ とすると，$\Delta \boldsymbol{l}$ の部分の起電力に対する寄与は

$$\text{起電力}：(\boldsymbol{v} \times \boldsymbol{B}) \cdot \Delta \boldsymbol{l} = (\Delta \boldsymbol{l} \times \boldsymbol{v}) \cdot \boldsymbol{B} \tag{6.18}$$

に等しい．次に，微小時間 Δt での磁束の変化を考えよう．$(\Delta \boldsymbol{l} \times \boldsymbol{v}\Delta t)$ が，$\Delta \boldsymbol{l}$ の部分でのループに囲まれた面積の変化なので，$(\Delta \boldsymbol{l} \times \boldsymbol{v}\Delta t) \cdot \boldsymbol{B}$ はその部分の磁束の変化を表し，それをループ全体で積分すれば全磁束の変化 $\Delta\Phi$ になる．これを上式右辺と比較すれば式 (6.2) が証明される（との主張がある）．

これだけの説明で終わっている本もあるが不十分である．$\nabla \cdot \boldsymbol{B} = 0$ はどう関係するのだろうか．この説明が一見，よさそうに見えるのは，図 6.8(a) で，ループがループ面に沿ってスライドしているように描いているからである．一般にはループはスライドするばかりでなく，面に垂直な方向にも動く．一般的な状況は図 6.8(b) のように描かなければならない．この場合に式 (6.2) を，式 (6.18) の書き換えを取り入れた上で書くと（以下，微小時間でのループの移動によって構成される柱状の立体を考える）

$$\begin{aligned}
&\text{起電力} \times \text{微小時間}\Delta t \\
&= \text{側面から出ていく磁束} \\
&= -(\text{上面から出ていく磁束}) + (\text{下面から入ってくる磁束})
\end{aligned} \tag{6.19}$$

という関係になる．2 番目の等式で $\nabla \cdot \boldsymbol{B} = 0$ を使っている．つまり上下面と側面から構成される立体の内部では磁場は発散も吸収もされていないということである．そして最右辺は微小時間 Δt での上下面での磁束の変化なので，Δt で割れば式 (6.2) となる．つまりこの場合の電磁誘導の法則は，$\nabla \cdot \boldsymbol{B} = 0$ と起電力の式を組み合わせた結果であることがわかる．

6.9 統一的な証明

前節では現象 I の一般的証明を説明したが，これをさらに拡張して，現象 II を含むような証明にするというのが本節のテーマである．この場合の拡張とは，3 次元的な考察から 4 次元的な考察に移ることである．(6.7 節の証明の 4 次元化は，ループの形状が変わらない場合に限定されるので不十分である．)

最初に $\nabla \cdot \boldsymbol{B}$ の積分形のテンソル化を説明しておく．S を閉曲面，V をそれで囲まれる 3 次元部分だとすると，ガウスの定理は

$$\int dSB_i n_i = \int dV \nabla \cdot \boldsymbol{B}$$

である（n_i は面 S に垂直な単位ベクトル）．磁場を 2 階反対称テンソルとして考えて

$$B_{ij} = \varepsilon_{ijk} B_k, \qquad n_i = \varepsilon_{ijk} e_j e'_k$$

とすると（e_j と e'_k は面 S 内の，各点で面の方向を決める独立なベクトル．直交している必要はない），上式は

$$\int dS B_{ij} e_i e'_j = \frac{1}{2} \varepsilon_{ijk} \int dV \partial_i B_{jk} \tag{6.20}$$

とも書ける．そして物理的には右辺は 0 である（$\nabla \cdot \boldsymbol{B} = 0$）．それが式 (6.19) を意味し現象 I の電磁誘導の法則が導けるというのが前節の話だった．

これを 4 次元時空での電磁テンソル $F_{\mu\nu}$ に拡張する（F_{ij} が磁場，F_{0i} が電場に相当 $\cdots$ 式 (4.27)）．S を時空内での 2 次元閉曲面とすると，式 (6.19) の拡張として

$$\int F_{\mu\nu} e^{\mu} e'^{\nu} dS \propto \varepsilon^{\mu\nu\kappa\lambda} \int \partial_{\mu} F_{\nu\kappa} n_{\lambda} dV \tag{6.21}$$

という関係が成り立つ．n_λ は 3 次元領域 V の各点での，V に直交する方向の四元単位ベクトルであり，e^μ などは式 (6.20) と同様に面 S を指定する四元ベクトルである．大きさを指定していないので上式を比例関係で書いたが，右辺は 0 になるのでこれで十分である．

注：式 (6.21) は微分形式で書けば

$$F = \frac{1}{2} F_{\mu\nu} dx^{\mu} \wedge dx^{\nu}$$

として

$$\int_{\partial V} F = \int_V dF$$

である．部分積分によって示すには

$$\varepsilon^{\mu\nu\kappa\lambda} n_{\lambda} n'_{\kappa} \propto e^{\mu} e'^{\nu} - e^{\nu} e'^{\mu}$$

という関係式を使えばよい．ただし n' は，n と 4 次元的な意味で直交する，表面 S 上の法線ベクトルである．

そして式 (6.1) と $\nabla \cdot \boldsymbol{B} = 0$ を 4 次元的にまとめたものが $\partial_\mu F_{\nu\kappa} = 0$ であり，したがって式 (6.21) $= 0$ である．このことから現象 I と現象 II を統一化したファラデーの法則が以下のように証明できる．

起電力はローレンツ力 f_μ によって表されると説明してきたが，4 次元的表示では $f_\mu = F_{\mu\nu} v^\nu$ である．閉回路 C の各点が時空内で v^ν という 4 次元速度で動いているとすれば（各点で異なっていてもよい），回路に沿っての積分が，起電力の 4 次元的表現になる．

$$\text{起電力} = \int_C dl F_{\mu\nu} v^{\nu} e^{\mu}. \tag{6.22}$$

e^μ は回路に沿っての単位ベクトルである．これに微小な固有時間 $\varDelta\tau$ を掛ける．するとこの積分は，$e^\mu v^\nu \varDelta\tau$ で定義される幅の狭い（4 次元時空内の）環

状の帯上での $F_{\mu\nu}$ の積分になり，4 次元的意味での磁束である．

ここで，この帯の上下を 2 つの面 S_1 と S_2 で覆い，閉曲面 S を作る．シンボリックには

$$S = C\varDelta\tau + S_1 + S_2$$

だが，それぞれの部分での磁束を $\Phi(*)$ というように表すと

$$\Phi(C\varDelta\tau) + \Phi(S_1) - \Phi(S_2) = 0$$

となる．ただし S_2 に関しては磁束を内向き（未来方向）に定義したのでマイナスを付けた．この式を $\varDelta\tau$ で割って $\to 0$ の極限を考えれば

$$\text{起電力（式 (6.22)）} = -\frac{d\Phi(S)}{d\tau} \tag{6.23}$$

という電磁誘導の法則が得られる．

たとえば $v^\mu = (1, 0, 0, 0)$ の場合は起電力は電気力だけになるので，現象 II に対応する．また $v^\mu = (0, \boldsymbol{v})$ という形の場合には起電力は磁気力だけになり，現象 I に対応する．そして式 (6.23) は両方の効果をもつ一般的な電磁誘導に対する法則を表す．またここでは回路が変形している場合も含めているので，何らかの慣性系で S_i が同時刻上にあるという保証はない．相対論的に厳密で共変な公式にするためには必然だろう．

参考文献とコメント

起電力をローレンツ力の公式で説明している本は以外に少ない．私の記憶では Landau & Lifshitz（Electrodynamics of Continuous Media，§63）で見たのが最初だったが，速度 v の意味についての深い議論はなかったと思う．確かに本書でも起電力を形の上ではローレンツ力の式で表したが，物理的な意味まで完全に同じだとは主張していないことにも注意していただきたい．それが，起電力とローレンツ力の関係があまり強調されないことの原因かもしれない．

6.5 節の現象 II に対する証明はどの本にもあるが，同節の現象 I に対する証明は見たことがない．私は 6.5 節の証明を 4 次元化することを最初考えていたのだが，それではループが変形する場合は扱えなかった．そのとき北野正雄氏から，Hehl & Obukhov（Foundations of Classical Electrodyamics, Springer (2003)）の発想を描いた図をご教示いただき，6.9 節の証明の式を書いた．同書に具体的にどのような式が書かれているのかは知らない．少なくとも標準的な教科書には記されていないことだが，退官していることもあり，他の本で同様の記述を探す余裕はなかった．

なお，本章は [和田 21b] の内容を広げたものである．

第 7 章

非慣性系での電磁気学

本章の要点

・時空座標を（ローレンツ変換ではなく）ガリレイ変換した場合の電磁気学の法則の変換について調べる．第 3 章の話の続きである．2 通りの変換則，そしてそれを組み合わせたことになる，相対論的な第三の変換則を説明する．

・ガリレイ変換された時空での光速度の問題を解説する．光速度は不変ではなくなるが，マイケルソン–モーレーの実験とは無矛盾である．

・簡単な具体例を変換された法則を使って解く．

・同様のことを回転系で考える．やはり 3 通りの変換則が考えられる．

・それらを回転する帯電円筒と帯電球面に適用して電磁場を求める．回転系では静止して見えるシステムである．回転系は通常の電磁気の法則は成り立たないので必ずしも簡単な話にはならないが，従来の方法とは異なる興味深い解法が得られる．

・単極誘導の問題を回転系で考察する．

7.1 ガリレイ変換とマクスウェル方程式：変換則 I

第 3 章では基準を変えたときの電磁場の変換則について，いくつかの可能性を提示した．そして第 4 章では相対論の話に進んだ．時空座標の変換をローレンツ変換に変えたという点がポイントだった．

本章前半では，時空座標のガリレイ変換は変えないままで議論を進めたらどうなるかを考える．Σ 系に対して Σ' 系は等速 $\boldsymbol{v}_0$ で動いているとするとすれば，

$$\boldsymbol{r}' = \boldsymbol{r} - \boldsymbol{v}_0 t, \qquad t' = t$$

である．こうすると電磁気の法則の形が変わってしまうので相対論に比べれば有用性は劣るが，正しく議論を進めれば間違った話でもなく，近似理論でもな

い．アカデミックな観点からも興味深く，本章後半の回転系での電磁気学の話に進むためにも，知っておく価値のある話である．

注：電磁気の法則はガリレイ変換に対して不変ではない．どう変換されるかが以下の話だが，それとは別に，ガリレイ変換に対して不変な電磁気学の法則とはどのようなものなのかという議論もある．それはマクスウェル理論に対する近似理論となる．本書の話の道筋からはずれるトピックスだが，6.7 節に簡単にまとめておいたので，興味のある方は参考にしていただきたい．

第 3 章では電磁場の 2 通りの変換を考えたが，まず，3.2 節のケース（変換則 I とする）から始める．ローレンツ力の公式の形を変えないという条件から導いた変換則であり，再掲すると

$$\boldsymbol{E}' = \boldsymbol{E} + \boldsymbol{v}_0 \times \boldsymbol{B}, \qquad \boldsymbol{B}' = \boldsymbol{B} \tag{7.1}$$

である．また，式 (3.7) より

$$\rho' = \rho, \qquad \boldsymbol{j}' = \boldsymbol{j} - \boldsymbol{v}_0 \rho. \tag{7.2}$$

3.7 節では Σ 系で静的なケースでマクスウェル方程式の変換を計算したが，ここでは一般的なケースでの計算を示す．任意の関数 $f(\boldsymbol{r}, t)$ について，空間微分は

$$\nabla f = \nabla' f$$

だが，時間微分は

$$\partial_t f = \partial_t f(\boldsymbol{r} = \boldsymbol{r}' + \boldsymbol{v}_0 t', t') = \partial_{t'} f - (\boldsymbol{v}_0 \cdot \nabla') f \tag{7.3}$$

である（$\partial_t f = 0$ ならば 3.3 節の式になる）．

まず電場の発散は

$$\nabla' \cdot \boldsymbol{E}' = \nabla \cdot (\boldsymbol{E} + \boldsymbol{v}_0 \times \boldsymbol{B}) = \rho/\varepsilon_0 + \nabla \cdot (\boldsymbol{v}_0 \times \boldsymbol{B}').$$

右辺第 2 項は，ガリレイ変換によって，電磁気学での意味での非慣性系（法則の形が変わる系のこと）に移ったことによって生じた仮想電荷とみなされ，「$'$」をはずして

$$\nabla \cdot \boldsymbol{E} = (\rho + \rho_S)/\varepsilon_0 \tag{7.4}$$

と書かれる．ただし

$$\rho_S = \varepsilon_0 \nabla \cdot (\boldsymbol{v}_0 \times \boldsymbol{B}) \tag{7.5}$$

が仮想電荷であり，S は，同様の項が生じることを回転系で示したシッフの頭文字である．以下，**シッフ電荷**などと呼ぶ．さらに仮想分極を

$$P_S = -\varepsilon_0 (\boldsymbol{v}_0 \times \boldsymbol{B}) \tag{7.6}$$

とすると，$\rho_S = -\nabla \cdot P_S$ である．

磁場の発散の式は

$$\nabla' \cdot \boldsymbol{B}' = \nabla \cdot \boldsymbol{B} = 0 \tag{7.7}$$

で変わらない．次に電場の回転は

$$\begin{aligned}\nabla' \times \boldsymbol{E}' &= \nabla \times (\boldsymbol{E} + \boldsymbol{v}_0 \times \boldsymbol{B}) = -\partial_t \boldsymbol{B} + \nabla \times (\boldsymbol{v}_0 \times \boldsymbol{B}) \\ &= -\partial_t \boldsymbol{B} + (\nabla \cdot \boldsymbol{B})\boldsymbol{v}_0 - (\boldsymbol{v}_0 \cdot \nabla)\boldsymbol{B} = -\partial_{t'} \boldsymbol{B}'.\end{aligned} \tag{7.8}$$

最後に $\nabla \cdot \boldsymbol{B} = 0$ と式 (7.3) を使った．つまり Σ' 系でもこの公式は変わらない．

磁場の回転の計算はやや面倒である．

$$\begin{aligned}\nabla' \times \boldsymbol{B}' &= \nabla \times \boldsymbol{B} = \mu_0 \boldsymbol{j} + \varepsilon_0 \mu_0 \partial_t \boldsymbol{E} \\ &= \mu_0(\boldsymbol{j}' + \boldsymbol{v}_0 \rho) + \varepsilon_0 \mu_0 \partial_{t'}(\boldsymbol{E}' - \boldsymbol{v}_0 \times \boldsymbol{B}') - (\boldsymbol{v}_0 \cdot \nabla')(\boldsymbol{E}' - \boldsymbol{v}_0 \times \boldsymbol{B}').\end{aligned}$$

これを「$'$」をはずして

$$\nabla \times \boldsymbol{B} = \mu_0(\boldsymbol{j} + \boldsymbol{j}_S) + \varepsilon_0 \mu_0 \partial_t \boldsymbol{E} \tag{7.9}$$

と書こう．$\boldsymbol{j}_S$ は仮想電流だが，具体的には

$$\begin{aligned}\boldsymbol{j}_S/\varepsilon_0 &= \boldsymbol{v}_0 \left(\nabla \cdot (\boldsymbol{E} - \boldsymbol{v}_0 \times \boldsymbol{B})\right) - \partial_t(\boldsymbol{v}_0 \times \boldsymbol{B}) - (\boldsymbol{v}_0 \cdot \nabla)(\boldsymbol{E} - \boldsymbol{v}_0 \times \boldsymbol{B}) \\ &= -\partial_t(\boldsymbol{v}_0 \times \boldsymbol{B}) + \nabla \times (\boldsymbol{v}_0 \times (\boldsymbol{E} - \boldsymbol{v}_0 \times \boldsymbol{B}))\end{aligned} \tag{7.10}$$

となる．これも，仮想磁化を

$$\boldsymbol{M}_S = \varepsilon_0 \boldsymbol{v}_0 \times (\boldsymbol{E} - \boldsymbol{v}_0 \times \boldsymbol{B}) \tag{7.11}$$

とすれば

$$\boldsymbol{j}_S = \partial_t \boldsymbol{P}_S + \nabla \times \boldsymbol{M}_S \tag{7.12}$$

となる．結局，マクスウェル方程式の斉次式はそのままの形で成り立つが（式 (7.7) と式 (7.8)），非斉次式は修正されることがわかった．式 (7.4) と式 (7.9) である．

7.2 電磁波と光速度

まず，通常のマクスウェル方程式が成り立つ基準から出発する．この基準を Σ 系とする．そこから前節のようにガリレイ変換をした基準を Σ' 系とする．Σ 系で速度 $\boldsymbol{v}$ で動いているものは，Σ' 系での速度は

$$\boldsymbol{v}' = \boldsymbol{v} - \boldsymbol{v}_0$$

となる．$\boldsymbol{v}_0$ も $\boldsymbol{v}$ も y 方向とし，動いているものを光だとすると，Σ' 系での光の速度 c_G は

$$c_G = c - v_0 \tag{7.13}$$

となる．Σ' 系では**光速度不変の原理**は成り立たない．

Σ' 系での電磁波を具体的に求めてみよう．まず，Σ 系で y 方向に進む電磁波

$$E_z = E_0 \sin(ky - \omega t),$$
$$B_x = B_0 \sin(ky - \omega t)$$

を考える（他の成分は 0）．マクスウェル方程式より

$$E_0/B_0 = \omega/k = c$$

である．これを，y 方向に速度 v で進む Σ' 系に変換すると（$y_G = y - vt$）

$$E_{Gz} = E_z - v_0 B_z = (E_0 - v_0 B_0)\sin(ky_G - \omega_G t),$$
$$B_{Gx} = B_x = B_0 \sin(ky_G - \omega_G t),$$

ただし

$$\omega_G = \omega - kv.$$

したがって Σ_G 系での光速度は

$$c_G = \omega_G/k = c - v$$

であり式 (7.13) になる．また振幅の比率は

$$\text{電場の振幅}/\text{磁場の振幅} = (E_0 - v_0 B_0)/B_0 = c - v = c_G \tag{7.14}$$

となる．

以上は変換別による議論だが，同じことを，前節で導いた Σ_G 系でのマクスウェル方程式から導いてみよう．まず，一般的な平面波として

$$\boldsymbol{E} = \boldsymbol{E}_0 \sin(\boldsymbol{k}\cdot\boldsymbol{r} - \omega t),$$
$$\boldsymbol{B} = \boldsymbol{B}_0 \sin(\boldsymbol{k}\cdot\boldsymbol{r} - \omega t)$$

を考える（添え字 G を付けていないがすべて Σ' 系での量である）．これを前節の Σ' 系でのマクスウェル方程式に代入すれば

$$\boldsymbol{k}\cdot\boldsymbol{E}_0 = \boldsymbol{k}\cdot(\boldsymbol{v}_0 \times \boldsymbol{B}_0),$$
$$\boldsymbol{k}\cdot\boldsymbol{B}_0 = 0,$$
$$\boldsymbol{k}\times\boldsymbol{E}_0 = \omega\boldsymbol{B}_0,$$
$$\boldsymbol{k}\times\boldsymbol{B}_0 = -\omega/c^2\boldsymbol{E}_0 + \mu_0\boldsymbol{j}_S.$$

ただし仮想電流 $\boldsymbol{j}_S$ は

$$\boldsymbol{j}_S/\varepsilon_0 = \omega\boldsymbol{v}_0 \times \boldsymbol{B}_0 + \boldsymbol{k}\times(\boldsymbol{v}_0 \times (\boldsymbol{E}_0 - \boldsymbol{v}_0 \times \boldsymbol{B}_0))$$

である．ここで本節前段に合わせて $\boldsymbol{k} \parallel \boldsymbol{v}_0 \parallel \boldsymbol{e}_y$，$\boldsymbol{B}_0 \parallel \boldsymbol{e}_x$ としよう．すると第 1 式と第 3 式より $\boldsymbol{E}_0 \parallel \boldsymbol{e}_z$ であることがわかる．

このときは第 1 式と第 2 式は自動的に満たされており，第 3 式と第 4 式は

$$kE_0 = \omega B_0,$$
$$kB_0 = \omega E_0/c^2 + k(2v_0E_0 + v_0^2B_0)/c^2$$

となる．これらより E_0/B_0 を消去して，$c_G = \omega/k$ についての式にすると

$$c_G^2 + 2v_0 c_G - (c^2 - v_0^2) = 0$$

となり，これを解くと

$$c_G = \pm c - v_0$$

となる．式 (7.13) である．振幅についても式 (7.14) が得られる．

以上は，基準を動かす方向に進む光速度の話だが，それと垂直に進む方向の速度も注意が必要である．これまでと同様に，Σ' 系は Σ 系に対して y 方向に等速 v で動いているとする．Σ' 系で z 方向に動いている物体の速度 c'_G が Σ 系では光速度 c であるとき，c'_G は何かという問題である．Σ' 系では

$$z' = c'_G t, \qquad y' = 0$$

なので，Σ 系では

$$z = c'_G t, \qquad y = vt.$$

この速度が c ならば

$$c^2 = c'^2_G + v^2 \quad \to \quad c'_G = c\sqrt{1 - v^2/c^2} \tag{7.15}$$

となる．v に垂直な方向の光速度も不変ではない．

7.3 マイケルソン–モーレーの実験

ガリレイ変換された Σ' 系では光速度は不変ではないことを示した．正しい電磁気の法則を変換しているだけなのだから矛盾ではないはずだが，たとえば**マイケルソン–モーレーの実験**（以下，**MM 実験**という）の結果は，光速度が不変ではない Σ' 系ではどのように説明できるのだろうか．

MM 実験で使う干渉計で，縦方向（z 方向）と横方向（y 方向）のアームの長さが（静止状態で見て）等しいとする．そして Σ 系ではこの干渉計は，y 方向に速度 v で動いているとする．静止状態でのアームの長さを L とすれば，Σ 系では横方向のアームの長さは

$$L' = L\sqrt{1 - v^2/c^2}$$

である．このローレンツ収縮を考えれば，Σ 系で見ても光がアームを一往復する時間は（光速度一定のもとで）縦と横で変わらないというのが，相対論での MM 実験の説明である．結果はよく知られているように，どちらでも

$$\text{往復の時間} = \frac{2L}{c}\frac{1}{\sqrt{1 - v^2/c^2}} \tag{7.16}$$

である．縦と横で光路差はない．横方向の計算では鏡が動いていることを考慮する必要があることに注意．

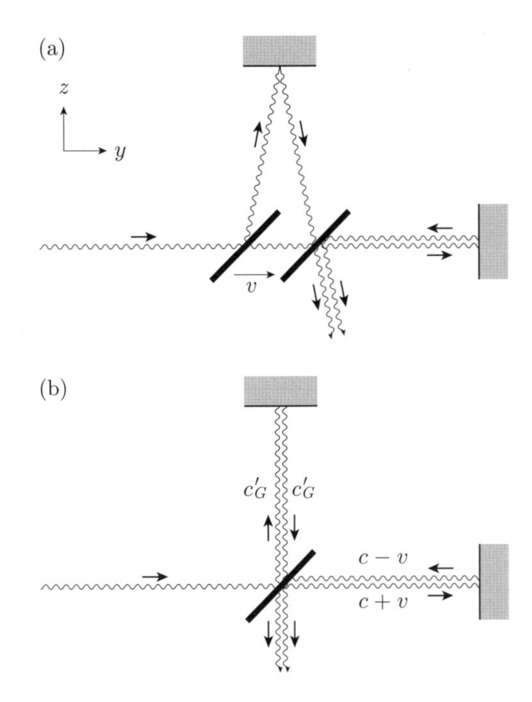

図 7.1　(a) Σ 系：装置が y 方向に速度 v で動いている系．(b) Σ' 系：Σ 系からガリレイ変換で移った，装置が静止している系．

次に，Σ 系からガリレイ変換をして干渉計が静止して見える基準（Σ' 系）に移ろう（$v_0 = v$）．この基準では，y 方向の光速度は $c \pm v$ である．もう一つ重要なポイントは，この基準では，y 方向のアームの長さは Σ 系での長さと同じであり（ガリレイ変換なのだから），L ではなく L' である．したがって

$$\text{往復の時間}\ (y\ \text{方向}) = L'/(c-v) + L'/(c+v) = \text{式}\ (7.16)$$

である．また z 方向は光速度が式 (7.15) になることを考えれば

$$\text{往復の時間}\ (z\ \text{方向}) = 2L/c'_G = \text{式}\ (7.16)$$

となる．光路差はない．ガリレイ変換では $t' = t$ なのだから計算するまでもない結果なのだが，光速度の違いを正しく考慮しなければならないという点が興味深い．

Σ 系では装置は動いているので，式 (7.16) を得るには鏡が動いていることを考慮する必要があった．一方，Σ' 系では装置が静止しているので話は簡単である．Σ 系から（ガリレイ変換ではなく）ローレンツ変換をしても，装置の静止系にすることはできる．そしてその場合に光路差がないことはほぼ自明だが，そこで得られる時間は式 (7.16) ではない．時間の変換が必要となる．その意味では $t = t'$ であるガリレイ変換に利点がある．縦横での光速度の違いを考慮しなければならなかったという欠点もあるが．

7.4 変換則 II

変換則 I 式 (7.1) はローレンツ力の式の形が基準に依存しないという条件から得られたものである．その結果として，電磁場の発生の法則（ガウスの法則と AM 則）は変更された．

しかし非慣性系での電磁場の定義は一意的ではない．ローレンツ力の式は犠牲にし，発生の法則のほうを尊重する定義をすることもできる．3.4 節で考えた変換である．再掲すると

$$\boldsymbol{E}^* = \boldsymbol{E}, \qquad \boldsymbol{B}^* = \boldsymbol{B} - \boldsymbol{v}_0/c^2 \times \boldsymbol{E} \tag{7.17}$$

とする（変換則 II）．7.1 節の場と区別するために，Σ' 系での量を「$*$」を付けて示した．座標および電荷電流の変換は式 (7.2) と同じである．

この変換でマクスウェル方程式がどうなるか調べておこう．3.4 節では Σ 系で電磁場は静的だとしたが，ここでは一般的な場合を考える．

$$\begin{aligned}
&\nabla' \cdot \boldsymbol{E}^* = \nabla \cdot \boldsymbol{E} = \rho/\varepsilon_0 = \rho'/\varepsilon_0, \\
&\nabla' \cdot \boldsymbol{B}^* = \nabla \cdot (\boldsymbol{B} - \boldsymbol{v}_0/c^2 \times \boldsymbol{E}) = \boldsymbol{v}_0/c^2 (\nabla \times \boldsymbol{E})(\neq 0), \\
&\nabla' \times \boldsymbol{E}^* = \nabla \times \boldsymbol{E} = -\partial_t \boldsymbol{B}(\neq -\partial_{t'} \boldsymbol{B}'), \\
&\nabla' \times \boldsymbol{B}^* = \nabla \times (\boldsymbol{B} - \boldsymbol{v}_0/c^2 \times \boldsymbol{E}) = \mu_0 \boldsymbol{j} + \varepsilon_0\mu_0 \partial_t \boldsymbol{E} - \nabla \times (\boldsymbol{v}_0/c^2 \times \boldsymbol{E}) \\
&\qquad = \mu_0 \boldsymbol{j} + \varepsilon_0\mu_0 \partial_t \boldsymbol{E}^* - \varepsilon_0\mu_0 \left((\nabla \cdot \boldsymbol{E}^*)\boldsymbol{v}_0 - (\boldsymbol{v}_0 \cdot \nabla)\boldsymbol{E}^*\right) \\
&\qquad = \mu_0 \boldsymbol{j} - \mu_0 \rho \boldsymbol{v}_0 + \varepsilon_0\mu_0 \partial_{t'} \boldsymbol{E}^* = \mu_0 \boldsymbol{j}' + \varepsilon_0\mu_0 \partial_{t'} \boldsymbol{E}^*.
\end{aligned} \tag{7.18}$$

変換則 I とは逆に，非斉次式のほうは一般的なケースでも形が変わらない．Σ' 系でもガウスの法則とアンペールの法則が成り立つということである．一方，斉次式のほうの形が変わっている．これらも Σ' 系の量で書き直さなければ話は完結しないが，$\partial_t \boldsymbol{B} = \nabla \times \boldsymbol{E} = 0$ の場合には，Σ 系の式と変わらないことがわかる．つまり第 1 章のケース I と II では，変換則 II では 4 つのマクスウェル方程式の形は変わらない．

ローレンツ力の式は変わる．

$$\begin{aligned}
\boldsymbol{F} &= q\boldsymbol{E} + q\boldsymbol{v} \times \boldsymbol{B} \\
&= q\boldsymbol{E}^* + q(\boldsymbol{v}' + \boldsymbol{v}_0) \times (\boldsymbol{B}^* + \boldsymbol{v}_0/c^2 \times \boldsymbol{E}^*) \\
&= q\boldsymbol{E}^* + q(\boldsymbol{v}' + \boldsymbol{v}_0) \times (\boldsymbol{v}_0/c^2 \times \boldsymbol{E}^*) + q(\boldsymbol{v}' + \boldsymbol{v}_0) \times \boldsymbol{B}^*.
\end{aligned} \tag{7.19}$$

つまり Σ' 系での磁気力は $q\boldsymbol{v}' \times \boldsymbol{B}^*$ ではなく $q(\boldsymbol{v}' + \boldsymbol{v}_0) \times \boldsymbol{B}^*$ である．Σ' 系では点電荷は静止（$\boldsymbol{v}' = 0$）していても磁場から力を受ける．

7.5 具体例：無限直線

以上のような変換則を使うと何か便利なことがあるのかないのか，簡単な例

で考えてみよう．z 軸上に無限長の導線があり，一様電荷 λ が分布し定常電流 I が流れているとする．以下，円筒座標系 (r, ϕ, z) で考える．電場と磁場は

$$E_r = \frac{1}{2\pi\varepsilon_0}\frac{\lambda}{r}, \qquad B_\phi = \frac{\mu_0}{2\pi}\frac{I}{r} \tag{7.20}$$

である．このシステムを，z 方向に速度 v_0 でガリレイ変換した基準 Σ' で見る．ただし

$$I' = I - v_0\lambda = 0 \quad すなわち \quad v_0 = I/\lambda$$

として，Σ' 系では電流が 0 になるようにする．

これを，本章で議論してきた，Σ' 系での法則を使って考えるのだが，電流が 0 になることで，どれだけ計算が簡単になるのか（ならないのか）がポイントである．Σ' 系で場がわかれば変換則から Σ 系での場がわかる．Σ 系で磁場は電荷分布 λ には依存しないので，これは直線電流による磁場の，電流を使わない計算になる．もともと簡単な問題だが，Σ' 系で考えることでさらに簡単になるだろうか．

まず変換則 II で考えよう（こちらのほうが簡単）．電場の法則は発散も回転も変わらないので，E^* は式 (7.20) の E である．変換則は $\boldsymbol{E}^* = \boldsymbol{E}$ だったのだから当然のことだが．この $\boldsymbol{E}$ を使うと $\boldsymbol{v}_0 \cdot (\nabla \times \boldsymbol{E}) = 0$ になるので磁場の発散は 0 になる．電流もないので $\nabla \times \boldsymbol{B}^*$ も 0 であり，結局，$\boldsymbol{B}^* = 0$ である．電流のない Σ' 系の磁場として当然の結果である．そしてこれらから変換則を使って Σ 系での磁場がわかる．Σ' 系で考えると，電場の計算だけで（Σ 系での）磁場が得られた．$\boldsymbol{v}_0 \cdot (\nabla \times \boldsymbol{E}) = 0$ であったことが幸運だった．

次のようにも考えられる．$\lambda \neq 0$ だが $I = 0$ だとする．Σ 系の電場（式 (7.20) の E）がわかっているとすれば，変換則より Σ' 系での磁場が計算できる．Σ' 系では $I' = -v_0\lambda$ なので，Σ' 系での直線電流による磁場がわかったことになる．そしてこの設定では Σ 系も Σ' 系も磁場のマクスウェル方程式は変わらないので，Σ' 系での磁場の式は，Σ 系での（直線電流）による磁場の式と形が同じである（値が同じだとは言っていない）．具体的に書けば（絶対値だけで考える）

$$B^* = \frac{v_0}{c^2}E = \frac{v_0}{c^2}\frac{1}{2\pi\varepsilon_0}\frac{\lambda}{r} = \frac{\mu_0}{2\pi}\frac{I'}{r}$$

となる．式 (7.20) と同じ形の B が得られた．ガリレイ変換ではなくローレンツ変換でも同じ議論ができるが，あちこちに γ が出てくる．

次に同じ問題を変換則 I で考える．Σ' 系では電流がないとしても仮想の電荷/電流が登場するので計算は簡単にはならないが，一応，書いておこう．計算練習にはなる．このタイプの問題で普通に行うように，法則を積分形に書き換えて計算する．また，Σ' 系の場だけを考えて計算するので，場に「$'$」という記号は付けない．

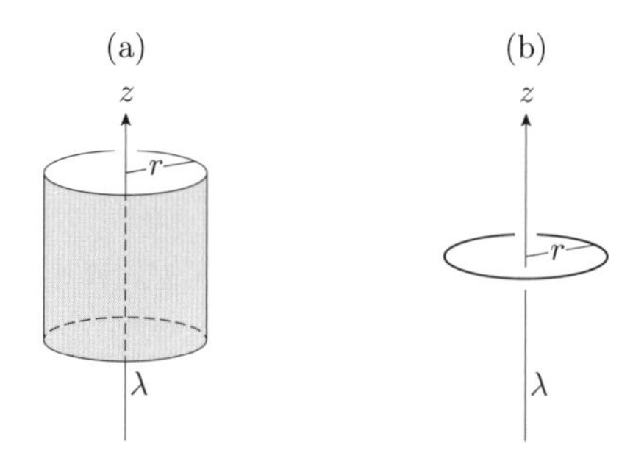

図 7.2　(a) 式 (7.21a) を計算する円筒．(b) 式 (7.22a) を計算する円周．

円筒座標系 (r, ϕ, z) で電場は r 方向，磁場は ϕ 方向だとし，またいずれも r のみの関数だとする．$\nabla \cdot \boldsymbol{E}$ については，図 7.2 のように z 軸を中心とする，半径 r で単位長さの円筒を考える．ガウスの定理より

$$\int dS\, E = \frac{\lambda}{\varepsilon_0} - \frac{1}{\varepsilon_0}\int dS\, P \tag{7.21a}$$

となるが，式 (7.6) より

$$P/\varepsilon_0 = v_0 B$$

なので

$$2\pi r E = \lambda/\varepsilon_0 + 2\pi r v_0 B \tag{7.21b}$$

となる．また $\nabla \times \boldsymbol{B}$ については，z 軸に垂直な，半径 r の円周を考える．ストークスの定理より

$$\int dl\, B = \mu_0 \int dl\, M \tag{7.22a}$$

となるが

$$M/\varepsilon_0 = v_0 E + v_0^2 B$$

なので，式 (7.22a) は，全体を $2\pi r$ で割ると

$$B = \frac{v_0}{c^2}E + \frac{v_0^2}{c^2}B = \frac{\beta E}{c} + \beta^2 B. \tag{7.22b}$$

式 (7.21b) と式 (7.22b) を連立して解けば

$$B = \frac{\mu_0}{2\pi}\frac{v_0 \lambda}{r}, \qquad E = \frac{1}{2\pi\varepsilon_0}\frac{\lambda}{r}(1-\beta^2) \tag{7.23}$$

となる．これらが Σ' 系での電磁場である．Σ 系の場は変換によって得られる．計算はまったく楽になっていない．

結果に対して物理的な考察をしておこう．Σ' 系では真電流がない分が仮想電流に置き換わって同じ磁場を作っている．また，電場は仮想分極の分だけ弱まっている．この直線の周囲に点電荷が存在する場合，それが受けるローレンツ力は変わらない（この変換則ではローレンツ力の公式は変わらない）．基準による速度の違いから生じる磁気力の差が，電場の補正と打ち消し合う．

7.6 ガリレイ変換の相対論的な取扱い

本章のこれまでの2つの変換則の議論では，相対論的な発想はどこでも出てこなかった．といっても，近似理論を考えたわけではない．相対論（第4章）での，電磁場を4次元時空内のテンソルとみなすという立場は取らなかったということである（非相対論的な近似理論については次節で触れる）．電磁気の法則はミンコフスキーの時空で考えるときれいな形になるという知識は無視した．無視したから間違っているというわけではないが，本節では，それを取り入れて考えるとどうなるかという話をする．ローレンツ変換を考えるわけではない．ガリレイ変換をミンコフスキー時空の枠組で扱うという意味である．

相対論での記法は4.2節で一通り説明した．それを使って書けば，ガリレイ変換は

$$x'^0 = x^0 = ct, \quad x' = x - \beta x^0 \qquad ただし\ \beta = v_0/c \tag{7.24}$$

である．これを，ミンコフスキー時空での斜交座標系（非慣性系）への変換則とみなす．そして電磁場はセットとしてミンコフスキー空間のテンソルとみなし，その変換則は，座標系の変換則と共変な形で定義する．斜交座標系への変換なので，共変テンソルと反変テンソルの違いが大きく，これまで説明してきた2つの変換則が，それぞれに出てくる．興味深い話だと思うが，アカデミックであまり有用とは言えないことはお断りしておく．面倒に感じたら本節は適当なところでスキップしていただきたい．

電磁場を，時空の電磁テンソルとして $F^{\mu\nu}$（$\mu, \nu = 0〜3$）とまとめて書くことは4.2節Fで説明した．まず，電磁気の法則がそのままの形で書ける基準 Σ 系での反変電磁テンソルを $F^{\mu\nu}$ とする．この基準からローレンツ変換した別の基準での電磁テンソルは，ローレンツ変換の行列 L を使って式(4.17)のようにして求めるが（$F^{\mu\nu}$ には添え字が2つあるのでそれぞれの添え字に行列 L を掛ける），式(7.24)など，より一般的な座標変換

$$x'_\mu = x'_\mu(x_\nu)$$

を考えるときは，L の代わりに

$$\Lambda^\mu{}_\nu = \partial x'^\mu / \partial x^\nu$$

を使って

$$F'^{\mu\nu} = \Lambda^\mu{}_\lambda \Lambda^\nu{}_\kappa F^{\lambda\kappa} \tag{7.25}$$

というように変換させる．ここでは座標変換は一次式とするので，Λ は定数行列である．

共変ベクトルも類似の変換ができるが，Σ' 系の反変テンソルから，Σ' 系の計量 $g'_{\mu\nu}$ を使って求めることもできる．$g'_{\mu\nu}$ は式(4.11)と式(7.24)から

$$g'_{\mu\nu}dx'^{\mu}dx'^{\nu} = -(1-\beta^2)(dx^0)^2 + 2\beta dx^0 dx' + dx'^2 + dy^2 + dz^2 \tag{7.26}$$

である．

Σ' 系での電磁場も，これらのテンソルから式 (4.27)，あるいは（反変の場合は）電場の符号を変えた式によって定義する．反変の場合の電場を $\boldsymbol{E}^*$，共変の場合を $\boldsymbol{E}'$ と書こう．磁場も同様．それらは式 (7.25) によって，Σ 系での電磁場と関係付けられる．

これらは 7.4 節と 7.1 節で使った場の記号だが，Σ 系の電磁場との関係を見ると，それらに一致していることがわかる．つまり，式 (7.17) と式 (7.1) が再現される．

マクスウェル方程式のことも説明しておこう．Σ' 系での式を書くには，一般の計量 $g_{\mu\nu}$ をもつ時空で式 (4.28a,b) を書き直さなければならない．一般座標での共変微分というものが必要になるが，電磁テンソルの反対称性より結果は単純になり，非斉次および斉次のマクスウェル方程式は任意の座標系で

$$\partial_\alpha(\sqrt{-g}\,F^{\alpha\mu}) = -\mu_0\sqrt{-g}\,j^\mu,$$

$$\partial_\mu F_{\nu\lambda} + \partial_\nu F_{\lambda\mu} + \partial_\lambda F_{\mu\nu} = 0$$

と書ける [太田]．そして式 (7.26) の場合は $g = -1$ である．つまり Σ' 系であっても，反変テンソルから定義される電磁場は非斉次のマクスウェル方程式をそのままの形で満たし，共変テンソルから定義される電磁場は斉次のマクスウェル方程式をそのままの形で満たす．これはまさに，7.1 節と 7.4 節の話に合致する．場の変換則が同じになったのだから当然のことなのだが．

電荷電流についても計算しておこう．4.2 節 E ではローレンツ変換をして式 (4.24a,b) という結果を得たが，ガリレイ変換の Λ を使って計算すると Σ' 系では

$$j'^{\mu} = (c\rho', \boldsymbol{j}') = (c\rho, \boldsymbol{j} - \boldsymbol{v}_0\rho)$$

となる．一方，共変ベクトルは

$$j'_\mu = g'_{\mu\nu}j'^{\nu} = \bigl(-(1-\beta^2)c\rho + \boldsymbol{v}_0\cdot\boldsymbol{j}'/c,\ \boldsymbol{j}' + \boldsymbol{v}_0\rho\bigr) = (-c\rho + \boldsymbol{v}_0\cdot\boldsymbol{j}/c,\ \boldsymbol{j}) \tag{7.27}$$

となり，電荷密度のほうが変換される．少し不思議だが，$j^\mu j_\mu$ という量が不変であることを考えれば納得できる．似た式が次節でも出てくる．

力はベクトル $\boldsymbol{F}$ に仕事率 f^0 を加えて 4 元力 $f^\mu = (f^0, \boldsymbol{F})$ として考える (4.2 節 C)．Σ' 系では

$$f'^{\mu} = \Lambda^\mu{}_\nu f^\nu = (f^0,\ \boldsymbol{F} - \boldsymbol{\beta}f^0),$$

$$f'_\mu = g'_{\mu\nu}f'^{\nu} = \bigl(-(1-\beta^2)f^0 + \boldsymbol{\beta}\cdot(\boldsymbol{F} - \boldsymbol{\beta}f^0),\ \boldsymbol{F}\bigr)$$

となる．これらを電磁場で表すと

$$f'^{\mu} = F'^{\mu\nu} j'_{\nu}, \qquad f'_{\mu} = F'_{\mu\nu} j'^{\nu}.$$

具体的に空間成分（普通の力）を計算すると，共変テンソルの式からは

$$F_i = F'_{i\mu} j'^{\mu} = (\rho' \boldsymbol{E}' + \boldsymbol{j}' \times \boldsymbol{B}')_i$$

になるが，これは Σ' 系でのローレンツ力の式そのものである．

一方，反変テンソルによる計算ではローレンツ力の式が変わる．

$$\begin{aligned} f'^{i} &= (\boldsymbol{F} - \boldsymbol{\beta} f^0)_i = F'^{i\mu} j'_{\mu} \\ &= \frac{-\boldsymbol{E}^*_i}{c} \left(-(1-\beta^2)c\rho + \boldsymbol{\beta} \cdot \boldsymbol{j}'\right) + ((\boldsymbol{j}' + \boldsymbol{v}_0 \rho) \times \boldsymbol{B}^*)_i . \end{aligned} \tag{7.28}$$

これと，点電荷に働く力として書いた式 (7.19) を比較しよう．まず磁気力の部分は $\boldsymbol{j}' \times \boldsymbol{B}^*$ ではない．式 (7.19) と同様の変更を受けている．また

$$(\boldsymbol{v}' + \boldsymbol{v}_0) \times (\boldsymbol{v}_0 \times \boldsymbol{E}^*) = -(\boldsymbol{v}' \cdot \boldsymbol{v}_0 + v_0^2)\boldsymbol{E}^* + ((\boldsymbol{v}' + \boldsymbol{v}_0) \cdot \boldsymbol{E}^*)\, \boldsymbol{v}_0$$

であることを考えれば，式 (7.19) と式 (7.28) の違いは上式右辺の第 2 項，密度で書きかえれば $(\boldsymbol{j} \cdot \boldsymbol{E}^*)\boldsymbol{v}_0$ であることがわかる．そして $\boldsymbol{j} \cdot \boldsymbol{E}^*$ は仕事率なのだから，これは式 (7.28) の $\boldsymbol{\beta} f^0$ の部分に他ならない．つまり式 (7.19) と式 (7.28) は合致する．（ちなみに $\boldsymbol{\beta} f^0$ の項が出てくるのは，加速度を固有時間 τ で定義したとき

$$d^2x'/d\tau^2 = d^2x/d\tau^2 - v_0 d^2t/d\tau^2$$

となり，$d^2t/d\tau^2 \propto f^0$ だからである（運動方程式の時間成分）．つまりガリレイ変換では非慣性系に移るので，慣性力が生じる．）

7.7 補足：ガリレイ不変な電磁気学（非相対論的近似理論）

ここまで議論してきたのは，マクスウェルの電磁気理論をガリレイ変換したらどうなるかという話であった．ローレンツ変換ではないのだから，法則の形は変わる．不変ではない．それに対して，ガリレイ変換で不変な電磁気理論はどのようなものか，という議論もある．当然，等価な理論にはならず，マクスウェルの理論の非相対論的な近似理論とみなされるものになる（[LeB]）．本章の流れから見ると寄り道になるが，こちらに関心のある人もいると思うので，簡単に補足しておく．関心のない方は次節に飛んでいただきたい．

非相対論的な近似は光速が $c \to \infty$ となる極限だと考えられるが，$c^2 = 1/\varepsilon_0\mu_0$ なので，$\varepsilon_0 \to 0$ と $\mu_0 \to 0$ との 2 通りの極限の取り方がある．そしてそれに応じて，2 通りの非相対論的な近似理論が構成される．それぞれ説明しよう．時空座標の変換はどちらの場合も

$$\boldsymbol{r}' = \boldsymbol{r} - \boldsymbol{v}_0 t, \qquad t' = t$$

である．

$\boldsymbol{\mu_0} \to \mathbf{0}$ の場合：電場優勢極限

$\mu_0 = 1/(\varepsilon_0 c^2)$ としてマクスウェル方程式から μ_0 を消去する．また $\boldsymbol{B}^* = c^2 \boldsymbol{B}$ とし，その上でマクスウェル方程式の $c \to \infty$ の極限を考えると（ε_0 は一定）（本節の「$*$」は，変換則 II での「$*$」とは無関係）

$$\nabla \cdot \boldsymbol{E} = \rho/\varepsilon_0,$$

$$\nabla \cdot \boldsymbol{B}^* = 0,$$

$$\nabla \times \boldsymbol{E} = -c^{-2}\partial_t \boldsymbol{B}^* \fallingdotseq 0,$$

$$\nabla \times \boldsymbol{B}^* = \boldsymbol{j}/\varepsilon_0 + \partial_t \boldsymbol{E}.$$

電荷電流の変換則は，相対論での式で $\gamma = 1$ として考えると

$$\rho' = \rho - \boldsymbol{v}_0 \cdot \boldsymbol{j}/c^2 \fallingdotseq \rho,$$

$$\boldsymbol{j}' = \boldsymbol{j} - \boldsymbol{v}_0 \rho$$

となる．そして場の変換則は

$$\boldsymbol{E}' = \boldsymbol{E}, \qquad \boldsymbol{B}^{*\prime} = \boldsymbol{B}^* - \boldsymbol{v}_0 \times \boldsymbol{E}.$$

7.4 節で考えたものと同じであり，そこでの計算を参考にすれば，これらの変換則のもとで上記のマクスウェル方程式が不変であることはわかるだろう．

この変換ではローレンツ力の式は不変ではなく，不変なのは電気力だけである．

$$\text{電磁気力} = \rho \boldsymbol{E}.$$

磁気力のない理論となっている．$|\boldsymbol{E}| \gg c|\boldsymbol{B}|$ の極限での理論である．

$\boldsymbol{\varepsilon_0} \to \mathbf{0}$ の場合：磁場優勢極限

今度は $\varepsilon_0 = 1/(\mu_0 c^2)$ としてマクスウェル方程式から ε_0 を消去する．また $\rho^* = c^2 \rho$ とする．するとマクスウェル方程式は

$$\nabla \cdot \boldsymbol{E} = \mu_0 \rho^*,$$

$$\nabla \cdot \boldsymbol{B} = 0,$$

$$\nabla \times \boldsymbol{E} = -\partial_t \boldsymbol{B},$$

$$\nabla \times \boldsymbol{B} = \mu_0 \boldsymbol{j} + c^{-2}\partial_t \boldsymbol{E} \fallingdotseq \mu_0 \boldsymbol{j}.$$

第 4 式は $c^2 \to \infty$ とした．これがこの極限でのマクスウェル方程式である．この極限で ρ^* は有限な量であるとみなす．電荷電流の変換則は，相対論での式で $\gamma = 1$ として考えると

$$\rho'^* = \rho^* - \boldsymbol{v}_0 \cdot \boldsymbol{j}, \qquad \boldsymbol{j}' = \boldsymbol{j} - \frac{\boldsymbol{v}_0 \rho^*}{c^2} \fallingdotseq \boldsymbol{j}$$

となる．少し不思議だが式 (7.27) に相当する．そして場の変換則は

$$\boldsymbol{E}' = \boldsymbol{E} + \boldsymbol{v}_0 \times \boldsymbol{B}, \qquad \boldsymbol{B}' = \boldsymbol{B}$$

である（$\frac{v_0}{c} \to 0$ とするので磁場は変換しない）．この変換則のもとで，上記のマクスウェル方程式は不変である．場の変換則は 7.1 節と同じだが，電荷の変換則と第 4 式の修正のため，仮想電荷/電流は出てこない．不変な電磁気力は

$$\text{電磁気力} = \boldsymbol{j} \times \boldsymbol{B}$$

であり，磁気力のみの理論となる．

$\nabla \times \boldsymbol{B}$ の式からわかるように，$\nabla \cdot \boldsymbol{j} = 0$ でなければならない．つまり局所的な電荷の連続方程式は成り立たない．といっても，基底の変換による電荷の変化は

$$\int dV(\rho'^* - \rho^*) \propto \boldsymbol{v}_0 \cdot \int dV(\nabla \times \boldsymbol{B})$$

なので，$\boldsymbol{B}$ が遠方で $1/r^3$ のように振る舞っていれば部分積分によって 0 になる．つまり大局的には基準の変換に対して電荷は保存する．

これは $|\boldsymbol{E}| \ll c|\boldsymbol{B}|$ の極限での理論であり，$c|\rho| \ll |\boldsymbol{j}|$ でもある．現代の日常生活の状況を表している（電流はあるが静電気は小さい）．

$c(= \omega/k) \to \infty$ ということだから $k = 0$ であり，どちらの理論でも波長の有限な電磁波は存在しない．空間全体での振動解はある．[LeB] ではさらに，電場と磁場を二重にして，つまり上記の 2 つの理論を合わせることにより，電気力も磁気力ももつ理論を作っているが，本稿の話とはずれていくのでここで止めておく．

7.8 回転系

ここからは本章のもう一つのテーマである回転系の話に移る．

マクスウェルの電磁気の法則が成り立っている Σ 系（慣性系）に対して，座標系全体が一定の角速度ベクトル $\boldsymbol{\omega}$ で回転している Σ' 系（回転系）を考える．原点は回転軸上にあるとする．時間に関してはガリレイ変換の場合と同様に

$$t' = t$$

とする．ガリレイ変換で使ってきた Σ' 系の速度 $\boldsymbol{v}_0$ は

$$\boldsymbol{v}_0 = \boldsymbol{\omega} \times \boldsymbol{r} = \boldsymbol{\omega} \times \boldsymbol{r}' \tag{7.29}$$

になり（原点は共通なので $\boldsymbol{r}$ と $\boldsymbol{r}'$ はベクトルとしては同じ），位置 $\boldsymbol{r}$ に依存する．以下，$\boldsymbol{v}_0$ をこの意味で使う．Σ 系での粒子の速度を $\boldsymbol{v}_q$ とすれば，Σ' 系での速度は

$$\boldsymbol{v}_q' = \boldsymbol{v}_q - \boldsymbol{v}_0 = \boldsymbol{v}_q - \boldsymbol{\omega} \times \boldsymbol{r}$$

である．

Σ' 系は慣性系ではないのだから，電磁場の変換則も一意的ではない．ガリレイ変換の場合と同様に 3 通りの可能性を考えよう．

変換則 I：ローレンツ力の形を不変にする変換 → $\boldsymbol{E}$ のみの変換

変換則 II：場の発生則の形を優先した変換 → $\boldsymbol{B}$ のみの変換

変換則 III：電磁場をミンコフスキー時空でのテンソルとみなす変換

I と II の変換則は，対応するガリレイ変換の式 (7.1)/式 (7.17) に式 (7.29) を適用すればよい．

以下，これらの場の変換それぞれに対して，マクスウェル方程式がどのように変換されるかを調べる．空間微分は変わらない．時間微分についてもスカラー関数ならば式 (7.3) が成立する．しかしベクトル（$\boldsymbol{A}$ とする）については，方向の変化も考えて

$$\partial_t \boldsymbol{A} = \partial_{t'} \boldsymbol{A} - (\boldsymbol{v}_0 \cdot \nabla')\boldsymbol{A} + \boldsymbol{\omega} \times \boldsymbol{A} \tag{7.30}$$

としなければならない．ガリレイ変換の場合と比較すると，$\boldsymbol{v}_0$ の位置依存性と $\boldsymbol{\omega} \times \boldsymbol{A}$ の効果を考えなければならないが，実はそれらが打ち消し合うことになる．以下では [Mod] に紹介されている次の手法を使う．$\nabla \cdot \boldsymbol{v}_0 = 0$, $(\boldsymbol{A} \cdot \nabla)\boldsymbol{r} = \boldsymbol{A}$ なので，

$$\begin{aligned}\nabla \times (\boldsymbol{v}_0 \times \boldsymbol{A}) &= (\nabla \cdot \boldsymbol{A})\boldsymbol{v}_0 + (\boldsymbol{A} \cdot \nabla)\boldsymbol{v}_0 - (\boldsymbol{v}_0 \cdot \nabla)\boldsymbol{A} \\ &= (\nabla \cdot \boldsymbol{A})\boldsymbol{v}_0 + \boldsymbol{\omega} \times \boldsymbol{A} - (\boldsymbol{v}_0 \cdot \nabla)\boldsymbol{A}.\end{aligned}$$

したがって式 (7.30) は

$$\partial_t \boldsymbol{A} + (\nabla \cdot \boldsymbol{A})\boldsymbol{v}_0 = \partial_{t'} \boldsymbol{A} + \nabla \times (\boldsymbol{v}_0 \times \boldsymbol{A}) \tag{7.31}$$

となり，これを使うと計算が速い．

変換則 I の場合：計算手順は微妙に異なるが，結果的には 7.1 節と同じになる．まず $\nabla \cdot \boldsymbol{E}$ は式 (7.4)(7.5) と変わらない（ただし $\boldsymbol{v}_0 = \boldsymbol{\omega} \times \boldsymbol{r}$）．$\nabla \cdot \boldsymbol{B}$ も同様である．電場の回転は，

$$\nabla' \times \boldsymbol{E}' = \nabla' \times (\boldsymbol{E} + \boldsymbol{v}_0 \times \boldsymbol{B}) = -\partial_t \boldsymbol{B} + \nabla' \times (\boldsymbol{v}_0 \times \boldsymbol{B}) = -\partial_t \boldsymbol{B}' \tag{7.32a}$$

となる．ただし最後は $\partial_t \boldsymbol{B}$ に式 (7.31) を適用し $\nabla \cdot \boldsymbol{B} = 0$ であることを使った．つまりこの式は Σ' 系でも形は変わらない．最後に磁場の回転は

$$\begin{aligned}\nabla' \times \boldsymbol{B}' = \nabla \times \boldsymbol{B} &= \mu_0 \boldsymbol{j} + \varepsilon_0 \mu_0 \partial_t \boldsymbol{E} \\ &= \mu_0 \boldsymbol{j} + \varepsilon_0 \mu_0 \left(\partial_{t'} \boldsymbol{E} - (\nabla \cdot \boldsymbol{E})\boldsymbol{v}_0 + \nabla \times (\boldsymbol{v}_0 \times \boldsymbol{E})\right) \\ &= \mu_0 \boldsymbol{j}' + \varepsilon_0 \mu_0 \left(\partial_{t'} \boldsymbol{E}' - \partial_{t'}(\boldsymbol{v}_0 \times \boldsymbol{B}) + \nabla \times (\boldsymbol{v}_0 \times \boldsymbol{E})\right)\end{aligned} \tag{7.32b}$$

となり（2 行目に式 (7.31) を使う），結局，式 (7.9)〜(7.12) と同じになる．つまり**シッフ電荷**，**シッフ電流**という仮想の電荷と電流を考えなければならな

い．もともとシッフは回転系で以上の式を導いた（[Sch]）．

ローレンツ力の式は変わらない．もともとそうなるように決めたのがこの変換則である．

変換則 II の場合：

$$\nabla' \cdot \boldsymbol{E}^* = \nabla \cdot \boldsymbol{E} = \rho/\varepsilon_0 = \rho'/\varepsilon_0,$$
$$\nabla' \cdot \boldsymbol{B}^* = \nabla \cdot (\boldsymbol{B} - \boldsymbol{v}_0/c^2 \times \boldsymbol{E}) = \boldsymbol{v}_0/c^2 \cdot (\nabla \times \boldsymbol{E})(\neq 0),$$
$$\nabla' \times \boldsymbol{E}^* = \nabla \times \boldsymbol{E} = -\partial_t \boldsymbol{B}(\neq -\partial_{t'} \boldsymbol{B}^*).$$

磁場の回転は少し面倒だが

$$\begin{aligned}\nabla' \times \boldsymbol{B}^* &= \nabla \times (\boldsymbol{B} - \boldsymbol{v}_0/c^2 \times \boldsymbol{E}) \\ &= \mu_0 \boldsymbol{j} + \varepsilon_0 \mu_0 \partial_t \boldsymbol{E} - \nabla \times (\boldsymbol{v}_0/c^2 \times \boldsymbol{E}) \\ &= \mu_0 \boldsymbol{j} + \varepsilon_0 \mu_0 \partial_{t'} \boldsymbol{E} - \mu_0 \rho \boldsymbol{v}_0 \\ &= \mu_0 \boldsymbol{j}' + \varepsilon_0 \mu_0 \partial_{t'} \boldsymbol{E}^*. \end{aligned} \tag{7.33}$$

2 行目へは式 (7.31) を使った．結局，$\varSigma$ 系と形が同じであることがわかり，全体としてガリレイ変換の場合（式 (7.18)）と同じになる．

静的であり（$\partial_t \boldsymbol{B} = 0$），$\boldsymbol{v}_0 \cdot (\nabla \times \boldsymbol{E}) = 0$ の場合には $\varSigma$ 系とすべて同じになり，既存の知識で電磁場を求めることができ，有用になるケースがある（次節の例を参照）．しかしローレンツ力の形は変わり，式 (7.19) と同じになる．$\boldsymbol{B}^* \neq 0$ であれば，$\varSigma'$ 系での速度が 0（$\boldsymbol{v}'_q = 0$）であっても磁場による力が働くことになる．

変換則 III の場合：変換則 I および変換則 II との関係はガリレイ変換のときと同じなので繰り返さない．ガリレイ変換の場合と同様に，反変テンソルの電磁場では変換則 I，共変テンソルの電磁場では変換則 II になる．形式的にはきれいだが，あまり有用ではない．

7.9 ファインマンの円筒

前節で得た式を具体例に適用してみよう．回転系で計算することで何かいいことがあるだろうか．最初の例はファインマン・レクチャーに書かれている話である（電磁気学 14-4 節末尾）．

一様に帯電している無限円筒が，中心軸の周りに一定の角速度 ω で回転しているとする．内部には軸方向の一様な磁場ができる．針金が中心軸から円筒表面に延びており円筒と一緒に回転している．磁気力により針金の両端には電荷がたまり電位差が生じる（起電力がある）．

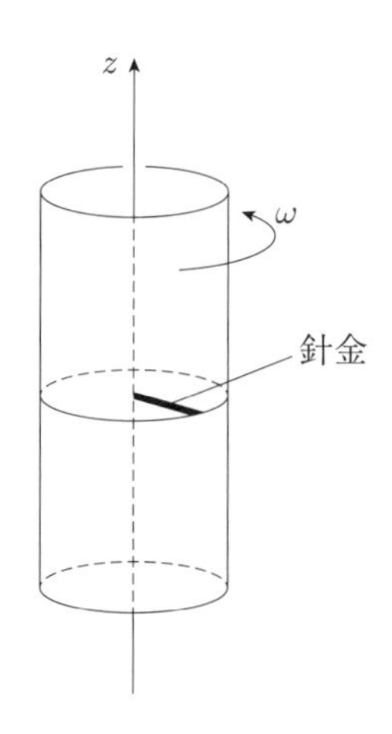

図 7.3　回転する帯電した無限円筒．針金も一緒に回転し起電力が生じる．

このシステムを円筒と一緒に回転する回転系から見る．この基準では針金は静止しているのだから（普通に考えれば）磁気力は働かない．また電荷分布が一様ならば内部には電場がない．しかし見る基準を変えても，両端に電荷が，つまり電位差が生じていることには変わりはないはずである．この電位差は何によって生じているのだろうか．これがファインマンが提示した問題であり，彼の本では，回転系では電磁気の法則が変わることを指摘して話は終わっている．

まず，Σ 系（慣性系）での計算を確認しておこう．回転軸を z 軸とし，円筒の半径を a，回転の角速度を ω，円筒面上の電荷面密度を σ とする．角速度ベクトルは太文字で $\boldsymbol{\omega}$ と記す．電流面密度は $j = a\omega\sigma$ になる．円筒座標 (r, ϕ, z) を使うと，0 ではない電磁場の成分は

$$\text{円筒内部}\ (\boldsymbol{E} = 0) \quad B_z = \mu_0 j = \mu_0 a\omega\sigma, \tag{7.34a}$$

$$\text{円筒外部}\ (\boldsymbol{B} = 0) \quad E_r = \frac{2\pi a\sigma}{2\pi\varepsilon_0 r} = \frac{a\sigma}{\varepsilon_0 r} \tag{7.34b}$$

となる．

この円筒内に図のように，円筒と一緒に回転する針金を置いたとすると，その内部の，中心から r のところに位置する点電荷（電子）q には，半径方向に

$$F(r) = q\omega rB = q\mu_0 a\omega\sigma r \tag{7.35}$$

の磁気力が働く．この力の $0 < r < a$ での積分（を q で割ったもの）が針金に生じる電位差（= 起電力）である．

ここまでは簡単な話だが，暗黙裏に境界条件が設定されていることに注意．マクスウェル方程式の解として考えるならば，上記の解 (7.34) に任意の真空解を加えても構わない．上記の解に限定するには

$$r \to \infty \ \text{で}\ \boldsymbol{E}, \boldsymbol{B} \to 0 \tag{7.36}$$

という条件を課しておく必要がある．

次にこの問題を，この円筒の回転と同じ角速度で回転する回転系 Σ' で調べる．この基準では円筒は回転していないので $j' = 0$ である．式 (7.34) は忘れ，回転系のマクスウェル方程式を使って問題を解き直す．話を簡単にするために，以下，この系でも電場は r 方向，磁場は z 方向であるとの前提で話を進める．

変換則 II から始めよう．電場は，発散の式も回転の式も Σ 系と同じなのだから

$$\begin{aligned} &\boldsymbol{E}^*(\text{内部}) = 0, \\ &\boldsymbol{E}^*(\text{外部}) = a\sigma/\varepsilon_0 r \end{aligned} \tag{7.37}$$

である．また $\nabla\cdot(\boldsymbol{\omega}\times\boldsymbol{E}) = 0$ なので（$\boldsymbol{\omega}$ は z 方向，$\boldsymbol{E}$ は放射方向なのだから $\boldsymbol{\omega}\times\boldsymbol{E}$ は ϕ 方向となり，その発散は対称性から 0 である），$\nabla\cdot\boldsymbol{B}^*$ の式も変わらない．$\boldsymbol{j}' = 0$ より磁場は発散も回転も 0 になるので

$$\boldsymbol{B}^* = \text{定ベクトル} \tag{7.38}$$

でなければならない．ただし境界条件 (7.36) を考えると，この定ベクトルは 0 ではない．回転系では無限遠は無限の速度で動いていることに注意．この基準では磁場に発生源はないが，全空間に一様な場が存在する．Σ' 系での境界条件は

$$\begin{aligned} &\boldsymbol{B}^* = \boldsymbol{B} - \boldsymbol{v}_0/c^2\times\boldsymbol{E}^* \\ &\to -1/c^2(\boldsymbol{\omega}\times\boldsymbol{r})\times(a\sigma/\varepsilon_0 r)\boldsymbol{e}_r = \mu_0\omega a\sigma\boldsymbol{e}_z \end{aligned}$$

となり，式 (7.38) の定ベクトルが決まる．磁場は円筒内部でも外部でもこの値である．

起電力については式 (7.19) を使う．針金は Σ' 系で静止しているが，変換則 II では静止していても磁気力 $q\boldsymbol{v}_0\times\boldsymbol{B}^*$ が働くので，式 (7.35) と同じ結果になる．

以上の計算の確認として Σ 系での磁場を

$$\boldsymbol{B} = \boldsymbol{B}^* + \boldsymbol{v}_0/c^2\times\boldsymbol{E}^*$$

で求めれば，円筒内外で式 (7.34) に一致する．

Σ 系での磁場は円筒に電荷が分布しているかは無関係なので，以上は単に，ソレノイドの磁場を求める計算でもある．そしてそれが，ガウスの法則によって得られる円筒電荷による電場式 (7.37) から得られたという点がこの計算のポイントである．

変換則 I での計算もしておこう．Σ 系での電磁場の形は知らないとして，Σ' 系での電磁場を Σ' 系でのマクスウェル方程式から求めるという問題である．

7.5 節ではガリレイ変換での問題をマクスウェル方程式の積分形で計算したが，ここでは微分形のまま計算を進める．円筒座標系で考え，$\boldsymbol{E} \parallel \boldsymbol{e}_r$，$\boldsymbol{B} \parallel \boldsymbol{e}_z$ を前提にし，$\boldsymbol{v}_0 = \omega r \boldsymbol{e}_\phi$ を使う．

電場の発散は，円筒座標系での公式より

$$\frac{1}{r}\partial_r(rE) = \frac{\sigma}{\varepsilon_0}\delta(r-a) + \frac{1}{r}\partial_r(\omega r^2 B) \tag{7.39}$$

となる（太字ではない E と B はそれぞれ r 成分と z 成分）．また $\nabla \cdot \boldsymbol{B} = 0$，$\nabla \times \boldsymbol{E} = 0$ である．磁場の回転は式 (7.32)，すなわち式 (7.9), (7.10) だが，$\boldsymbol{j} = 0$ であり

$$\boldsymbol{j}_s/\varepsilon_0 = \nabla \times (-\omega r E + (\omega r)^2 B)\boldsymbol{e}_z$$

なので，$\nabla \times \boldsymbol{B}$ の式の ϕ 成分を具体的に書くと

$$-\partial_r B = \omega/c^2 \partial_r(rE - \omega r^2 B)$$

となる．これは式 (7.39) を使うと，次のような簡単な形になる．

$$-\partial_r B = \frac{\omega}{c^2}\frac{a\sigma}{\varepsilon_0}\delta(r-a).$$

右辺の $\delta(r-a)$ の係数は，Σ 系での電流 j（$= \omega a\sigma$）を使うと $\mu_0 j$ に他ならない．つまり上式右辺（Σ' 系での仮想電流）は Σ 系の真電流と同じである．結局，Σ' 系での磁場の計算は Σ 系での磁場の計算と数学的にはまったく同じであり，変換則 $\boldsymbol{B}' = \boldsymbol{B}$ を回り回って確認したことになる．

磁場がわかったので，それを代入して電場を求めよう．まず $r < a$ での磁場を B_0（$= \mu_0 \omega a \sigma$：定数）と書けば，式 (7.39) は

$$r < a \quad \to \quad \partial_r(rE) = 2\omega B_0 r$$

となる．磁場による仮想電荷（右辺）によって電場が発生している．$r = 0$ で正則な解は

$$E(r < a) = \omega B_0 r \tag{7.40}$$

である．

また $r > a$ では $B = 0$ なのだから，式 (7.39) より

$$r > a \quad \to \quad \partial_r(rE) = 0 \quad \to \quad E = C/r$$

となる．C は積分定数だが，その値は式 (7.39) 右辺の δ 項によって決まる．$\boldsymbol{E} - \boldsymbol{v}_0 \times \boldsymbol{B}$ の $r = a$ で不連続性がこの δ 項に一致するという条件から（$r < a$ では 0，$r > a$ では E），$C = a\sigma/\varepsilon_0$ である．

確かに答は得られたが，Σ 系での計算よりも簡単だったとは言いがたい．ガリレイ変換の場合（7.5 節）と同様である．磁場の計算自体は数学的には Σ 系とまったく同じであり，その後の電場の計算も，やり方によってはまったく同じである．

最後に，変換則 III は 2 種類の電磁場を導入するので実用的なものではない

という事情も，ガリレイ変換の場合と同じである．

注：磁場の回転の式が（真電流か仮想電流かの違いを除き）まったく同じになったのは，一般的な式変形からもわかる．電磁場が静的であるとすると仮想電流は

$$\begin{aligned}\boldsymbol{j}_s/\varepsilon_0 &= \nabla \times (\boldsymbol{v}_0 \times (\boldsymbol{E}' - \boldsymbol{v}_0 \times \boldsymbol{B}')) \\ &= \boldsymbol{v}_0(\nabla \cdot (\boldsymbol{E}' - \boldsymbol{v}_0 \times \boldsymbol{B}')) - (\boldsymbol{v}_0 \cdot \nabla)(\boldsymbol{E}' - \boldsymbol{v}_0 \times \boldsymbol{B}').\end{aligned}$$

ここでの円筒の例では $\boldsymbol{v}_0 \cdot \nabla \propto \partial_\phi$ だが，$\boldsymbol{E}'$ も $\boldsymbol{B}'$ も ϕ には依存しないので右辺第 2 項は 0 である．また電場の発散の式 (7.4) は書き換えると

$$\nabla \cdot (\boldsymbol{E}' - \boldsymbol{v}_0 \times \boldsymbol{B}') = \rho/\varepsilon_0$$

なので，結局

$$\boldsymbol{j}_s/\varepsilon_0 = \boldsymbol{v}_0 \rho/\varepsilon_0$$

となる．これは Σ 系での真電流 $\boldsymbol{j}$ に他ならない．つまり Σ' 系では真電流がない代わりに，それに等しい仮想電流が現れる．$\boldsymbol{B} = \boldsymbol{B}'$ なのだから当然，そうなるべきだが，それが確認されたということである．

7.10 回転する帯電球面

次に，一様に帯電した球面が一定の角速度で回転しているというケースを考えよう．電場も磁場も存在する．これを，この球面と一緒に回転する基準で見たら電磁場はどうなるだろうか，という問題である．

球面の半径を a，回転軸は z 軸に一致し，球の中心が慣性系 Σ 系の原点に位置するとする．電荷面密度は σ とする．また，回転の角速度を ω とし，Σ 系に対して角速度 ω で回転する系を Σ' 系とする．球が回転していないように見える系である．

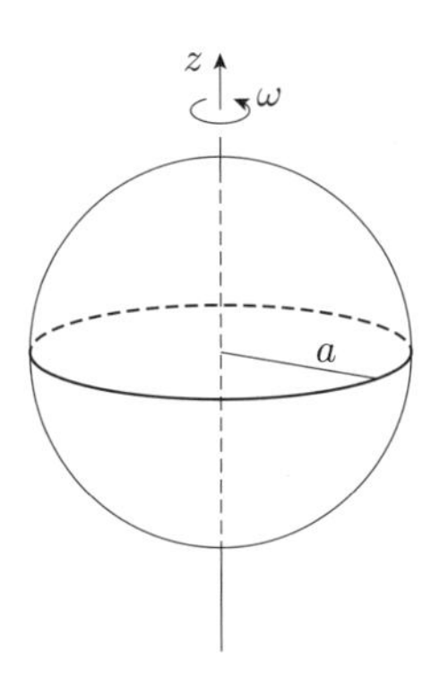

図 7.4　一様に帯電している回転球面.

まず，Σ 系での電磁場を確認しておこう．電場は球外では普通のクーロン場，球内では 0 である．また磁場は球外では双極子場，球内では z 方向を向く

一様な場になる．具体的に書くと（V は球の体積）

$$\text{全電荷 } Q = 4\pi a^2\sigma, \qquad \text{全磁気モーメント } m = jV = \omega a\sigma V$$

として

$$\begin{aligned} &\boldsymbol{E}_{\text{内}} = 0, \qquad \boldsymbol{E}_{\text{外}} = \frac{Q}{4\pi\varepsilon_0}\frac{\boldsymbol{r}}{r^3}, \\ &\boldsymbol{B}_{\text{内}} = \frac{\mu_0}{4\pi}\frac{2m}{a^3}\boldsymbol{e}_z, \qquad \boldsymbol{B}_{\text{外}} = \frac{\mu_0}{4\pi}\frac{m}{r^3}\left(\frac{3z\boldsymbol{r}}{r^2} - \boldsymbol{e}_z\right) \end{aligned} \tag{7.41}$$

となる．電場のほうは自明だろう．磁場は，たとえば [加藤] の p.54 では電気双極子とのアナロジーで求められている．

ここでは Σ' 系でのマクスウェル方程式を使って Σ' 系の電磁場を求め，それから変換則を使って上式を得よう．Σ' 系では電流がないことが計算にどのように影響するのかを見たい．以下ではまず，変換則 II を使う．これまでの例からわかるように，変換則 II のほうが明らかに便利である．

Σ' 系でのマクスウェル方程式は式 (7.33) である．電場については Σ 系と変わりはないので式 (7.41) の電場と同じ形になる．変換則 II では $\boldsymbol{E} = \boldsymbol{E}^*$ なので当然ではある．

磁場は $\boldsymbol{j}' = 0$ なので $\nabla' \times \boldsymbol{B}^* = 0$ だが，$\nabla' \cdot \boldsymbol{B}^*$ はこの例では 0 にはならない．実際

$$\boldsymbol{v}_0 \times \boldsymbol{r} = \omega z\boldsymbol{r} - r^2\omega\boldsymbol{e}_z \tag{7.42}$$

なので，球外では

$$\begin{aligned} \nabla' \cdot \boldsymbol{B}^* &= -\nabla \cdot (\boldsymbol{v}_0/c^2 \times \boldsymbol{E}) = -\frac{\mu_0 Q\omega}{4\pi}\nabla \cdot \frac{z\boldsymbol{r} - r^2\boldsymbol{e}_z}{r^3} \\ &= -\frac{\mu_0 Q\omega}{2\pi}\frac{z}{r^3} \end{aligned}$$

となる（球内では 0）．つまり磁場は，Σ 系では電流を軸として渦巻くが，Σ' 系では球外全体に存在するこの「仮想磁荷」から湧き出す．そこで

$$\boldsymbol{B}^* = \nabla\varphi_{\mathrm{B}}$$

となるような「磁気」スカラーポテンシャル φ_{B} を導入すると

$$\Delta\varphi_{\mathrm{B}} = -\frac{Aa\cos\theta}{r^2}\theta(r-a) \quad (\text{ただし } A = 2\mu_0 a\sigma\omega)$$

というポワソン方程式を解く問題になる．

球座標を使って具体的に書くと

$$\begin{aligned} &\frac{1}{r^2}\partial_r(r^2\partial_r\varphi_{\mathrm{B}}) + \frac{1}{r^2\sin\theta}\partial_\theta(\sin\theta\partial_\theta\varphi_{\mathrm{B}}) \\ &= -\frac{Aa\cos\theta}{r^2}\theta(r-a). \end{aligned}$$

R を r の関数として

$$\varphi_{\mathrm{B}} = R(r)\cos\theta$$

という形を代入すれば

$$\partial_r(r^2\partial_r R) - 2R = -Aa\theta(r-a)$$

となり，解は，C と D を何らかの定数として（次元を合わせるために a のべきを掛ける）

$$球外\ (r > a) : \varphi_{\mathrm{B}} = (Aa/2 + Ca^3/r^2)\cos\theta,$$

$$球内\ (r < a) : \varphi_{\mathrm{B}} = Dr\cos\theta = Dz.$$

これを微分すれば磁場が得られるが，内部では一様磁場であり，外部の第 2 項は双極子の場である．そして第 1 項（特解）は，磁場の変換則の $\boldsymbol{v}_0/c^2 \times \boldsymbol{E}$ の項に相当する（式 (7.42) と比較するとわかるだろう）．そして $r = a$ で磁場が連続であるという条件から（z 方向と r 方向それぞれについて）

$$A/2 + C = D,$$

$$A/2 + 3C = 0$$

となり，$C = -A/6$，$D = A/3$ となる．

Σ 系の磁場に逆変換すれば式 (7.41) に一致する．Σ 系での磁場は球面上の電荷の有無には関係しないので，以上の計算は，球面電流による磁場を求める方法とみなせる．球面電流の磁場はいろいろな計算法があるが，これは最もエレガントな方法の一つなのではと思う．

変換則 I での計算もざっと見ておこう．前節の円筒の例と同じように進める．まず，前節最後の注の説明がそのまま通用し，$\nabla \cdot \boldsymbol{E}'$ の式を使うと仮想電流が Σ 系の真電流と同じになる．つまり磁場の式は Σ 系と同じになるので，式 (7.41) の磁場になる．簡単にそう言ったが，この段階で変換則 I は，あまり新味がないことがわかる．

電場についてはその磁場を代入して求めることになるが，内部（$r < a$）については $B' =$ 定数 なので，前節の円筒の場合と同じになる（式 (7.40)）．また外部については解は

$$\boldsymbol{E}' - \boldsymbol{v}_0 \times \boldsymbol{B}' = C\nabla\frac{1}{r}$$

という形に書けることがわかる．定数 C は前節と同様に，$r = a$ でのつながりから決めればよい．

7.11 単極誘導その 2

前章第 4 節の最後で，**単極誘導**の話にはいくつかのバリエーションがあるという話をした．各バリエーションの違いは，装置のどの部分を回転させるのかさせないのか，という問題であり，本章の回転系の話とも関係する．

6.4 節図 6.5 に示したシステムの基本を図 7.5 に再掲する．このシステムに

は 3 つの要素がある．磁場を作る磁石，その上に置かれた導体板，そしてその中心と縁を結ぶ導線である．6.4 節では，磁石は固定，導体板は回転，導線は固定という設定で，電流が流れると説明した．本節では，各部分が異なる動きをしていたらどうなるかという問題を考える．そしてそれを回転系で見たらどう考えられるかという話につなげていく．

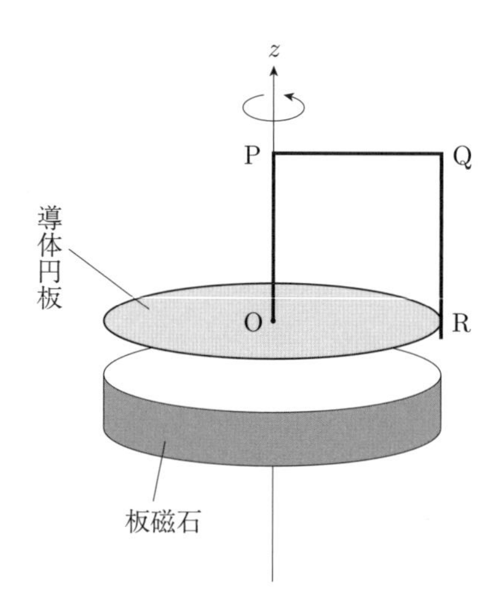

図 7.5　図 6.5 の再掲．

まず，磁石が回転しているか否かは結果（電流が流れるか否か）には影響しない．ただし磁場は回転対称であり，磁石が回転しても周囲の磁場は変化しないことを前提にした話である．磁石と導体板の相対運動が問題なのではなく，導体板が磁場の中で動くことによる起電力が，考えるべき量である．磁力線というものを考えると，磁石の回転とともに磁力線がどのように動くかと悩みたくなるが，現代の電磁気学で登場する量は磁場（空間各点の性質）であり，磁力線というものに物理的な実体はない．

注：誘電体でもある磁性体が回転すると，磁化に垂直な方向に電気分極が生じることが知られている（ウィルソン–ウィルソンの実験 ··· たとえば [McD08b][中山]）．しかし分極電荷による電場は回転のない静電場なので，周囲の回路に電流を引き起こさない．つまり単極誘導で流れる電流を考える際には考える必要のない話である．

というわけで，図 7.5 において，導体板と導線が回転しているか否かによって，以下の 4 つの設定を考える．

設定 1：どちらも静止している．⇒ 電流は流れない．

設定 2：導体板だけが回転している．⇒ 電流は流れる．

設定 3：導線だけが回転している．⇒ 電流は流れる．

設定 4：導体板と導線が一緒に回転している．⇒ 電流は流れない．

説明なしに結果だけを書いたが，設定 1 は明らかである．設定 2 は分析済だが（6.4 節），動く導体板に磁気力による起電力が生じている．その大きさはファラデーの法則を使って磁束の変化率に等しいことも説明した（6.4 節の最後前の段落で言及した，もしかしたら問題になるかもしれない面倒な話はとりあえず考えない）．

設定 3 では，導体板には起電力はない．しかし導線が動いているのでそこに起電力が生じる．そして，設定 2 と同じように考えれば磁束の変化率が同じになるので，回路全体（導線＋導体板）での起電力は設定 2 と同じになる．見落としがちのことだが，このような問題では起電力は常に，（導体板だけではなく）回路全体で考えなければならない．そうでなければファラデーの法則も使えない．

設定 4 で電流が流れないことも，ファラデーの法則で磁束を考えれば当然だが，起電力で考えると，導体板部分の起電力と導線部分の起電力が打ち消し合うからである．

ここまでは基本的に前章関連の話だったが，ここからは本章の，回転系という問題と結び付ける．上記の設定を，回転系で見たらどうなるかという話である．そのときの回転の角速度は，上記の設定で回転しているものと同じとする．つまり回転しているものはすべて静止して見え，逆に静止しているものが逆方向に回転して見える系である．

たとえば設定 2 をそのような回転系で見てみよう．電流が流れるかどうかは，それを見る基準には依存しないから，設定 2 を回転系で見ても電流は流れている．そのとき，導体板は静止し回路は回転しているように見えるので，設定 3 で電流が流れるのと同じ原理だと言っていいだろうか．

そうではないというのが本章の話である．静止系と回転系では電磁気の法則が違うので，見かけは同じ現象でも原理は異なる．

以下では回転系での法則を変換則 I のほうで考えよう（変換則 II の場合はローレンツ力の式が修正されるので起電力の式も変えなければならず話が面倒になる）．仮想電荷（シッフ電荷）による電場が発生するので，それによる起電力も考えなければならない．

回転系で見た設定 2 では，導体板の部分に磁気力による起電力はなくなるが，仮想電荷による電場の起電力が生じる．一方，回路部分には磁気力による起電力が生じるが，仮想電荷による電場の起電力と打ち消す．つまり設定 2 で電流が流れるのは，回転系で見ても，導体板の部分の起電力である．

設定 3 でも同じような話になる．静止系では回路部分に磁気力による起電力がある．一方，回転系では（静止して見える）回路部分に磁気力の起電力はなくなるが，その代わりに電気力の起電力が生じる．また導体板部分では電気力と磁気力による起電力が打ち消し合う．つまりどちらの系で見ても，起電力は回路部分に生じている．

同様のことが設定 1 と設定 4 についても言える．設定 1 を回転系で見るとあたかも設定 4 のように見えるが，静止系での設定 4 とは異なり，起電力は導体板部分でも回路部分でも 0 である．どちらでも磁気力と（仮想電荷による）電気力が打ち消し合っている．

参考文献とコメント

回転系での電磁気の法則は [Sch] が標準的な話になっているようで，[太田] でも説明されているが，本章で言えば変換則 III である．変換則 I で考えたのは [Mod] である．本章では変換則 II も加えた上で，回転系ばかりでなくガリレイ変換の話にも拡張した（[和田 23a]）．有用性の観点から言えば変換則 II が抜群である．

電磁気の意味での非慣性系は教科書ではあまり触れられない話題だが，[ファインマン] の他に [中山] にも少し言及がある．[三門綿引] は本書の話とはあまり関係はないのだが，私がこの問題に関心をもつきっかけになった．本書で扱ったような具体例での計算は見たことはない．光速度不変性との関係の話も独自のものである．変換則 II での MM 実験の分析はしていない．関心のある方はやってみていただきたい．

電磁気の非相対論近似は説明が異なる本もあるかもしれないが，ここで紹介した [LeB] が標準とされているようである．

第 8 章
直流回路と運動量

本章の要点

・回路の導線にどのように電荷が分布すれば導線方向の電場ができるかという問題を考える．二重円筒回路という具体例（ゾンマーフェルト・モデル）での計算を紹介し，また一般の回路での電荷分布の傾向について解説する．

・電源から導線に，電磁場によってエネルギーがどのように伝達されるかについて一般論を復習した上で，上記の二重円筒回路で具体的に計算する．

・次に運動量についての考察をする．回路内でのエネルギー移動と電磁場がもつ運動量がどのようにバランスしているかを説明する．導線が不均質な場合には閉回路であっても伝導電子系も運動量をもつ．ペルチエ係数によって伝導電子系の運動量を表す．

・熱電効果によって電流が流れる場合にも議論を拡張する．

・回路に静的な電場をかけると，電流の流れ方が変わっていなくても伝導電子系の運動量が変化する．隠れた運動量と呼ばれる現象だが，これもペルチエ効果で説明されることを示す．

8.1 同軸回路での表面電荷分布

電磁気の授業では通常，電荷分布から静電場を求めるという問題が解説された後，回路の議論に入る．そして回路に入ると電荷分布は無視され，いきなり電場は導線に沿った方向にできると宣言される．しかしいったいどのような電荷分布だったら導線方向に電場ができるのだろうか．

このギャップを埋めるために，以下の問題を考えてみよう．静電場では無限長の直線電荷や円筒電荷が一つの基本的な問題になるが，ここでは無限長の，断面が円形の導線を，同軸の円筒で囲んだシステムを考える．同軸ケーブル的な形状である．

これはこれまでも議論されてきたモデルであり [Som][McD10]，通常は内部導線を進み外部円筒を戻ってくる電流を考え，電場を求めてから表面電荷を計算するということがなされているが，ここでは趣向を変えて，先に電荷分布を与えてから電場を求めるという，静電場の問題らしい計算をする．内部導線の材質は均質であるとし，内部導線の電荷は表面にのみ分布させる．つまり同軸の二重円筒上に電荷が分布するという状況である．（4.6 節の磁気力のことは考えない．）

問題　z 軸を共通の軸とする，半径 a と半径 b の円筒がある（図 8.1）．円筒上の電荷は軸対称だが z に依存しており，それぞれの単位長さ当り（円筒一周分）の電荷の大きさを，k を正の定数として

$$\text{電荷線密度}\quad\text{内部円筒}\quad \lambda_a(z) = -kz \tag{8.1a}$$

$$\text{外部円筒}\quad \lambda_b(z) = kz \tag{8.1b}$$

とする．そのときの電位と電場を，$\rho < a$（領域 I），$a < \rho < b$（領域 II），$b < \rho$（領域 III）それぞれで求めよ．

注：z 軸からの垂直距離を ρ と記す．これまでは r としてきたが，本章では r は抵抗値を表すのに使う．

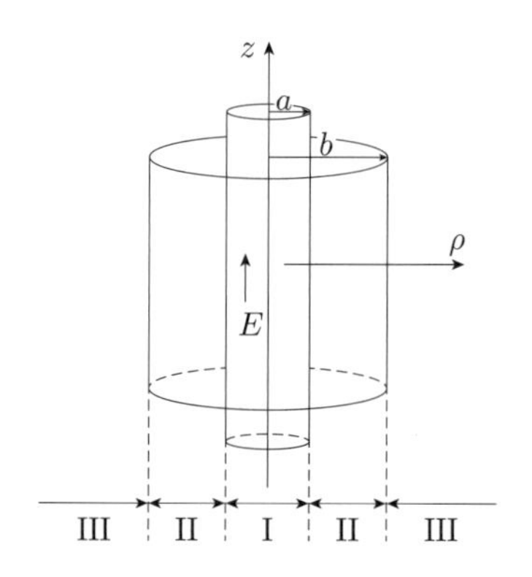

図 8.1　無限長の同軸二重円筒．内側の円筒表面の電荷分布（単位長さ当り）が λa，外側が λb．式 (8.1) の場合，領域 I での電場は z 向きで一様になる．

まず z 軸上（$\rho = 0$）で考える．電場を考えてみよう．内部円筒の電荷を考えれば上向き（$+z$ 方向）の電場ができるはずだが，円筒は無限長なので積分すると発散してしまう．外部円筒上の逆電荷によって発散を打ち消している．また電場の大きさが z の値によらないことは，上の電荷分布を，z_0 を定数として

$$\lambda_a(z) = -k(z - z_0), \qquad \lambda_b(z) = k(z - z_0)$$

としても電場が変わらないことから明らかである（表面に一様な電荷を加えたことになるが，そのような電荷分布は円筒内部に電場を作らない）．つまり z 軸上には上向きの一定の電場ができるはずである．

電位を計算して確かめよう．z 軸上の位置 z での電位はクーロン則より

$$\begin{aligned}\phi(z,\rho=0) &= \frac{1}{4\pi\varepsilon_0}\int dz'\left(\frac{\lambda_a(z')}{((z'-z)^2+a^2)^{1/2}}+\frac{\lambda_b(z')}{((z'-z)^2+b^2)^{1/2}}\right)\\ &= -\frac{kz}{2\pi\varepsilon_0}\log\frac{b}{a}\end{aligned}\tag{8.2}$$

となる．積分領域を $-\Lambda < z' < \Lambda$ として計算し，$\Lambda\to\infty$ の極限を取った．z 軸上の電場は z 方向であり，その大きさは

$$E_z = \frac{k}{2\pi\varepsilon_0}\log\frac{b}{a}\tag{8.3}$$

である．

$\rho\neq 0$ での電位は円筒座標でのラプラス方程式

$$\Delta\phi = \left(\frac{1}{\rho}\partial_\rho\rho\partial_\rho+\partial_z^2\right)\phi = 0\tag{8.4}$$

を解く（ただし $\rho\neq a,b$）．

$\phi(z,\rho)=\phi(z,\rho=0)R(\rho)$ と変数分離型に書けると仮定すると（すべての条件を満たす解が得られることから正当化される），式 (8.2) より

$$\frac{1}{\rho}\partial_\rho(\rho\partial_\rho R) = 0\tag{8.5}$$

である．この式の一般解は

$$R = A\log\rho + B\tag{8.6}$$

である．定数 A と B はそれぞれの領域で異なるので，$R_i = A_i\log\rho + B_i$ と添え字を付けて区別する（$i=\mathrm{I}$〜III）．境界条件および接続条件から各領域での A と B を決めよう．

まず $0\le\rho<a$（領域 I）では，$R_{\mathrm{I}}(\rho=0)=1$ という条件から

$$R_{\mathrm{I}} = 1\tag{8.7}$$

となる．次に $a<\rho<b$（領域 II）では，$\rho=a$ での連続条件

$$R_{\mathrm{II}}(a) = R_{\mathrm{I}}(a) = 1$$

と，内部円筒表面でのガウスの法則

$$E_{\rho_{\mathrm{II}}}(z,\rho=a)2\pi a = \lambda_a(z)/\varepsilon_0$$

より

$$A_{\mathrm{II}} = -\frac{1}{\log(b/a)},\qquad B_{\mathrm{II}} = 1+\frac{\log a}{\log(b/a)}$$

となるので

$$R_{\mathrm{II}} = 1-\frac{\log(\rho/a)}{\log(b/a)} = \frac{\log(b/\rho)}{\log(b/a)}\tag{8.8}$$

となる．$b < \rho$（領域 III）では $R_{\rm III} = 0$ とすれば，$\rho = b$ での連続条件もガウスの法則も満たされていることがわかり，すべての条件を見たす解が得られた．

この結果で重要なのは，領域 I 全体で $E_\rho = 0$，$E_z =$ 式 (8.3) であり，内部円筒内で電場が一様になっていることである．つまり，内部導線内での電場が導線方向かつ一様になるような電荷分布が得られた．

式 (8.1) の k は内部導線の抵抗と流れている電流 I によって決まる．内部導線の単位長さ当りの抵抗を r とすれば

$$E_z = rI$$

なので，式 (8.3) と比較すれば

$$k = 2\pi\varepsilon_0 rI/\log(b/a) \tag{8.9}$$

となり，内部導線内の電位は

$$\phi_{\rm I} = -rIz. \tag{8.10}$$

また外部円筒 $\rho = b$ では $\phi = 0$ になるので $E_z = 0$．したがってもし外部円筒に戻りの電流が流れているとすれば，外部円筒は抵抗が 0 でなければならない．

以上の計算は逆方向に進めることもできる．内部導線に一様な電流が流れているとすれば，そこでの電位は（任意定数を除き）式 (8.10) になる．また外部円筒上では電位は 0 であることは仮定すると，領域 II での電位は，ラプラス方程式と $\rho = a$ と $\rho = b$ での接続条件を使って決まる．すると電場が計算できるので，ガウスの法則を使って $\rho = a$ と b での電荷分布も得られ，式 (8.1) となる．

8.2　一般的なケースでの電荷分布

直流電源（電池）の両極を導線でつなげた回路の場合，導線上の表面電荷は陽極側でプラス，そして次第に減少して陰極ではマイナスになっているというのが基本的傾向である．しかし導線は折れ曲がっていたり交叉していたりするかもしれず電荷分布は非常に複雑であり，単純な形状の場合を除き解析的な計算は不可能である．各部分でフィードバックがきいた結果として，導線内部では電場は導線方向になるように電荷が分布するという結論はわかっているので，具体的な電荷分布が話題になることはまれである．それでもいくつかの議論はあるので，筆者の目に付いたものを紹介しておこう．

表面電荷は全体として，導線内部で導線方向の電場を作るが，導線外部では電場は表面垂直の成分ももつ．実際，表面垂直の成分が回路でのエネルギーの伝達にとって必須なのだが，そのことは次節で解説する．ここでは表面での電場の折れ曲がり（したがって等電位線の折れ曲がり）が表面電荷の分布を知るために有用であるという話をする．次の定理が重要である [Mul].

定理　定常電流が流れているときの導線内部の電場（一定）を E とする．導線表面外側での電場が表面に対してなす角度を α とし，その位置での表面電荷面密度を σ とすると

$$\sigma = \varepsilon_0 E \tan\alpha \tag{8.11}$$

という関係が成り立つ．電場と等電位線は直交関係にあるので，α は，法線に対する等電位線の角度でもある（実際には等電位面だが平面に図示しているので等電位線と書いた）．α は，電流の方向に対して図のようになっている場合をプラスとする．

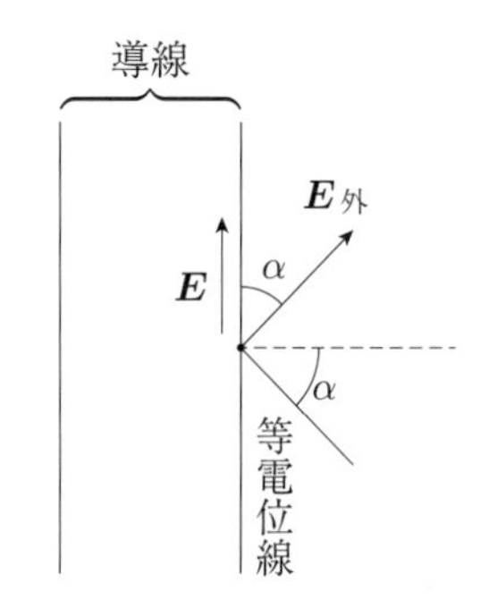

図 8.2　導線の内面と外面での電場の角度 α が表面電荷の大きさを表す．

証明　図 8.2 で，導線表面外部の電場の大きさを $E_{外}$ とすると，ガウスの法則より（導線内部では垂直成分はないので）

$$E_{外} \sin\alpha = \sigma/\varepsilon_0.$$

また，面に平行な成分は連続なので $E_{外}\cos\alpha = E$(内部の電場) である．合わせれば式 (8.11) になる．（証明終り）

たとえば前節のモデルの場合

$$\begin{aligned} E\tan\alpha &= E_\rho(\rho = a+0) \\ &= -\partial_\rho \phi = -\frac{rIz}{a\log(b/a)} \end{aligned}$$

であり，また

$$\sigma = \frac{\lambda_a}{2\pi a} = -\frac{kz}{2\pi a}$$

なので，式 (8.9) を使えば式 (8.11) が満たされていることがわかる．

式 (8.11) は，等電位線がおおざっぱにでも描ければ，表面電荷分布の傾向がわかることを示している．簡単な例で考えてみよう．図 8.3 のように，均質な環状導線の一箇所に電池が付いている．導線に沿って，一定間隔で電位が変

わっていくので，均等に分割し，そこから内側に，電池に向かって延びる等電位線を考えよう．結果は，図の破線のようになるのは，大まかには想像できるだろう．等電位線が直線になるのは [Dav] を見ていただきたい．

導線が均質ならば E は一定なので，σ は $\tan\alpha$ に比例する．

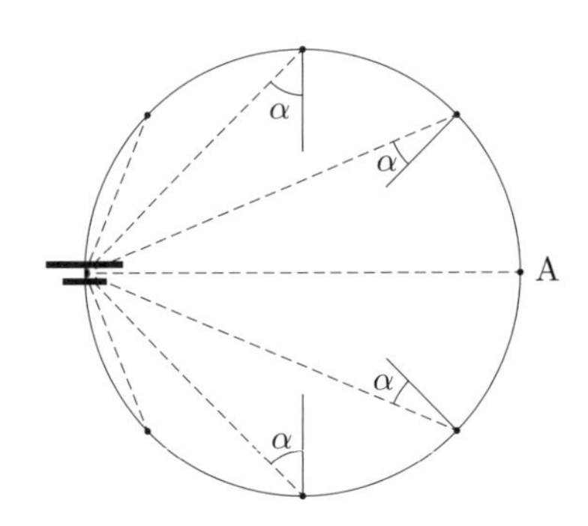

図 8.3　環状電流の等電位線.（下半分では $\alpha < 0.$）

たとえば図の A 点では $\alpha = 0$ だから $\sigma = 0$ である．そしてそこから左回りに見ると，プラスの表面電荷が増え，右回りに見るとマイナスの表面電荷が増える．電場（そして電流）は右回りなのだから，想像通りだろう．

ただしこの図の等電位線から決まるのは環状導線の内側表面の電荷である．一般に等電位線は導線のところで折れ曲がっており，外側表面の電荷は外側の等電位線の傾きで決まる．外側の等電位線の方向は内側よりも導線に垂直に近いと想像され，したがって外側の表面電荷は内側よりも小さい．

導線が均質ではない場合には，内部に生じる電荷も考えなければならない．特に抵抗が異なる導線が接続されている場合で問題になる．話を複雑にしないために，導線の一部（図 8.4 の領域 2）だけが抵抗の大きな物質でできているが，断面積は変わらないとする．定常電流が流れているとすると

$$E = rI$$

なので，r が大きい部分ではそれに比例して電場も大きい．つまり境界で電場が不連続になるのでそこに電荷が存在していなければならない．

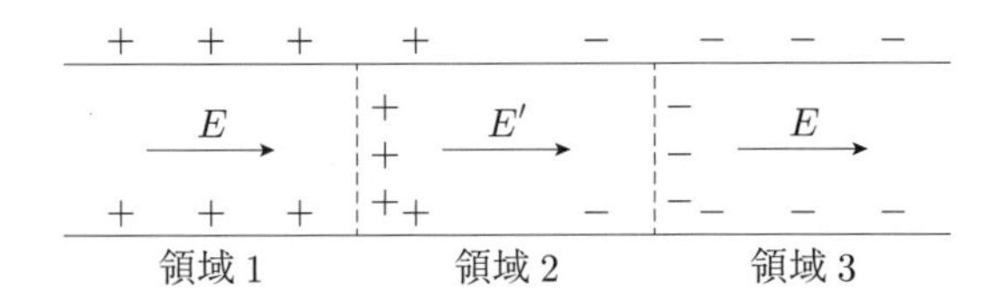

図 8.4　抵抗値が領域ごとに異なると，(表面電荷の他に) 境界にも電荷が現れる．図の表面電荷の符号は一例.

断面積を A とする．また単位長さ当りの抵抗値 r は領域1と領域3で r，領域2で r' であるとする．$r' \gg r$ である．また電場もそれぞれ E，E' とする．電場の不連続を生み出すために必要な境界の電荷 Q は，ガウスの法則より

$$
\begin{aligned}
&(E' - E)A = (r' - r)IA = Q/\varepsilon_0 \\
&\quad \to \quad Q/A = \varepsilon_0(r' - r)I.
\end{aligned}
$$

領域2と領域3の間にも，これと逆符号の電荷 $-Q$ が存在する．そしてこの正負の電荷により，領域2の部分に大きな電場，そして大きな電位差が生じる．

この電荷の領域1と3への影響にも注意する必要がある．たとえば領域1では境界の電荷は左向きの電場を与えるが，ここでは電流が右に流れているのだから電場は右向きでなければならない．つまり領域1の導線の表面電荷が右向きの電場を与え，それは境界の電荷による左向きの電場とほぼ等しく，厳密にはやや大きい．領域1では抵抗は小さいので，右向きの小さな電場があれば充分である．領域3も同様．

この話は，切断している回路をつなげたときに何が起こるかを考えるときも有用である．切断しているとは，その部分の抵抗が無限大になっていると解釈すれば前段までの議論が使えて，切断部分に大きな電荷が発生することがわかる．その電荷による電場と，導線の表面電荷による電場が打ち消し合って導線内の電場は0になり，電流は流れない（切断されているのだから）．

では，切断部分を直接つなげたらどうなるだろうか．切断部分に生じていた正負の電荷は一緒になって消滅し，それらによって作られていた電場も同時に消滅する．すると表面電荷による電場だけが切断されていた部分に残り，電流が流れ出す．それによる表面電荷分布の変化が回路全体に広がると，回路全体で電流が流れ出す．スイッチを入れたとき電流は，スイッチの部分から最初に流れ出し，流れる範囲が広がっていくということである．当たり前の話かもしれないが，なるほどと思ったので紹介した．

8.3 エネルギーとその流れ

ここからは，回路がもつエネルギー，その流れ，そして運動量について考える．まず，基本的な考え方から復習しておこう．

以下では回路というシステムを，電源（電池），電磁場，伝導電子系，格子系（導体の伝導電子以外の部分）というようにサブシステムに分割して分析する．伝導電子系と格子系は合わせて導線系とみなすこともある．伝導電子の扱いは古典電子論的なものである．

一つのサブシステムのエネルギー密度を u，運動量密度を $\boldsymbol{p}$ とする．一般論

から運動量密度はエネルギーの流れ $\boldsymbol{S}$ と

$$\boldsymbol{S} = c^2 \boldsymbol{p} \tag{8.12}$$

という関係にあり（プランクの関係式 $\cdots$ 第 10 章）

$$\partial_t u + c^2 \nabla \cdot \boldsymbol{p} = w \tag{8.13}$$

という連続方程式が成り立つ．ただし w は，他のシステムによってなされる仕事率である．

電磁場の場合に具体的に書くと（電磁場を表す添え字 em を付ける）

$$u_{em} = \frac{\varepsilon_0}{2}\boldsymbol{E}^2 + \frac{1}{2\mu_0}\boldsymbol{B}^2, \tag{8.14a}$$

$$c^2 \boldsymbol{p}_{em} = \boldsymbol{S}(\text{ポインティングベクトル}) = \frac{1}{\mu_0}\boldsymbol{E} \times \boldsymbol{B}, \tag{8.14b}$$

$$w_{em} = -\boldsymbol{j} \cdot \boldsymbol{E} \tag{8.14c}$$

となる（証明は第 10 章で行う）．

w_{em} は，電場が電流に対して行う仕事の反作用としてなされる仕事である．回路の場合，導線の部分と電池の部分で w_{em} の符号が異なることに注意．導線部分では電場の方向と電流の方向は同じなので $w_{em} < 0$ である．電磁場のエネルギーが導線に吸収されジュール熱が発生する状況に対応する．

それに対して，電池内では電場は陽極から陰極に向かっている．陽極側には正電荷が，負極側には負電荷が発生していることからわかるだろう．つまり電場と電流の方向が逆なので $w_{em} > 0$ である．これは電池が電磁場にエネルギーを与えていることを意味する．電池は電子にエネルギーを与えるのではなく，電磁場にエネルギーを与えているのである．ただしエネルギーの表式は変形することもでき（10.4 節参照），電子がエネルギーを得るかのような式を書くこともできるが，ここではエネルギーは局所的に存在し連続方程式を満たす量であるという考え方から自然に出てくる解釈で話を進める．

このことは次のようにも説明できる．伝導電子 1 つだけを考えてみよう．その位置を $\boldsymbol{r}_0(t)$ とすれば

$$\boldsymbol{j}(\boldsymbol{r}) = q\boldsymbol{v}_0 \delta^3(\boldsymbol{r} - \boldsymbol{r}_0)$$

なので，無限遠では電磁場が 0 になるとして式 (8.13) を全空間で積分すれば（$\int dV \nabla \cdot \boldsymbol{p} = 0$ なので），電磁場の全エネルギー U_{em}（u_{em} の積分）は

$$\frac{d}{dt}U_{em} = -q\boldsymbol{v}_0 \cdot \boldsymbol{E}(\boldsymbol{r}_0) \tag{8.15}$$

となる．導体の格子部分は静的であるとして，それによる電磁場への仕事は考えないことにする．

これに対して伝導電子のエネルギーは

$$\frac{d}{dt}\left(\frac{1}{2}mv_0^2\right) = q\boldsymbol{v}_0 \cdot \boldsymbol{E}(\boldsymbol{r}_0) + w_r \tag{8.16}$$

という関係を満たす．ただし w_r（< 0）は伝導電子が導体内で動くときに受ける抵抗による仕事率である．$\boldsymbol{E}$ が静電場ならばスカラーポテンシャル φ によって $\boldsymbol{E} = -\nabla\varphi$ なので，$q\varphi$ を位置エネルギーと考えて

$$\frac{d}{dt}\left(\frac{1}{2}mv_0^2 + q\varphi\left(\boldsymbol{r}_0(t)\right)\right) = w_r$$

とも書けるが，そのときは式 (8.15) の右辺も同様の処理をしなければならず，電磁場のエネルギーの表現を変えることになる．そうしないと

$$\frac{d}{dt}\left(\text{電磁場のエネルギー} + \text{電子のエネルギー}\right) = w_r$$

という式が成り立たなくなる．しかし $q\varphi\left(\boldsymbol{r}_0(t)\right)$ という項は，電磁場と電子の両方の情報を含んでいる項であり，サブシステムに分離してエネルギーのやりとりを考えようというここでの話の流れには合わない．式 (8.15) と式 (8.16) はセットとして考えるべきであり，式 (8.15) を認めるときは，伝導電子系というサブシステムのエネルギーには $q\varphi$ は含まれない．電磁場のハミルトニアンについては第 10 章で解説するが，静電気の問題で，エネルギーとして $\frac{\varepsilon_0}{2}\boldsymbol{E}^2$ と $q\varphi$ の両方を考えるとダブルカウンティングになってしまうのはよく知られた話である．

結局，回路では，陰極から出ていく電子と陽極に入ってくる電子は，その運動エネルギーが変わらない限り，（$q\varphi$ は変わっているが）エネルギーが変わらないとみなすことになる．電磁場自体をエネルギーをもつ力学系とみなしたことの必然的な結果である．ただし，陰極側と陽極側で導線の質や形状が異なる場合には，電子の実効質量が異なることも関係して，電流は同じであってもエネルギーは変化することにもあり，それについては 8.6 節で議論する．

回路の場合，電磁場は電池および導線系と相互作用しており，式 (8.13) を積分したエネルギーの関係式は

$$\frac{d}{dt}U_{em} = \text{電池から受ける仕事率} - \text{導線系に行う仕事率}$$

となる．そして電流が定常である場合には電場も磁場も一定なのだから U_{em} も一定である．したがって右辺の 2 項は打ち消し合わなければならない．つまり回路の周囲に生じている電磁場は，それ自体は変化していないが，電池から導線にエネルギーを伝達していることになる．導線に発生するジュール熱もそれによって説明される．

このエネルギーの流れは式 (8.14b) のポインティングベクトル $\boldsymbol{S}$ によって表される．そのことを納得してもらうために，電流が流れている導線の表面でのエネルギーの出入りについて簡単な計算をしておこう．

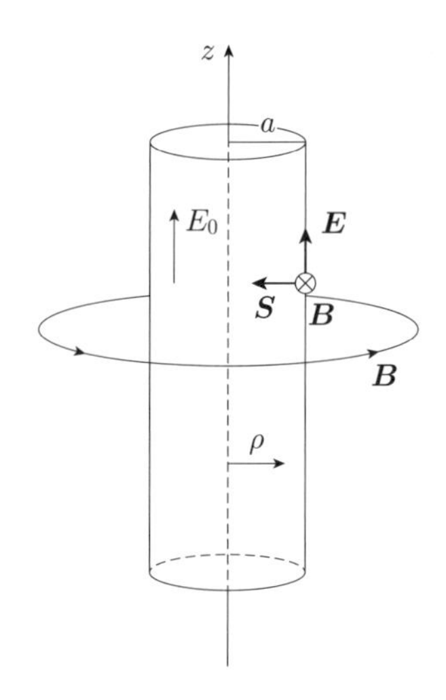

図 8.5　導体表面では電場は z 方向，磁場は回転方向なのでポインティングベクトルは内向きになる．

半径 a の円柱状の導線に電流 I が流れているとする（図 8.5）．また，導線内部の電場は導線方向（z 方向）で一様であるとし，その大きさを E_0 と記す．導線表面では表面方向の電場は連続なので

$$E_z(\text{表面}) = E_0$$

である．また，磁場は回転角（ϕ）方向であり

$$B_\phi(\text{表面}) = \frac{\mu_0}{2\pi}\frac{I}{a}$$

なので，ポインティングベクトルの表面に垂直な方向（ρ 方向）は

$$S_\rho(\text{表面}) = E_0\frac{I}{2\pi a}$$

となる．したがって導線の長さ Δl 部分で吸収されるエネルギーは，表面積 $2\pi a\Delta l$ を掛けて

$$S_\rho \times (\text{表面積}) = E_0 I\Delta l = I\Delta V. \tag{8.17}$$

これはジュール熱に他ならない．

この計算は導線内部でもできる．導線の中心軸からの距離が ρ（$< a$）の円筒上で考えると，磁場も表面積も ρ/a に比例するので，その円筒表面から内部に移動するエネルギーは $(\rho/a)^2$ に比例する．これはその内部の体積に比例するので，正しいジュール熱を与えることになる．

8.4　具体例

前節の話を，8.1 節の例を使って具体的に計算してみよう．8.1 節の無限長のモデルから，有限な長さ L の部分を切り取る．内部の円柱状の導線と外部の円

筒を，左端では電池，右端では抵抗でつないで回路とする．左端での内外の電位差は V，右端での内外の間の抵抗を R_0 とする．また内部導線の抵抗を R とする．単位長さ当りの抵抗が r だったので，$R = rL$ である．外部円筒の抵抗は 0 である．電流は

$$I = V/(R + R_0)$$

となる．長さ L は断面の大きさ a や b よりも充分に大きいので，境界の問題は無視して 8.1 節の結果はそのまま使えると仮定する．（境界の効果も考えた分析は [Jac] でなされている．ベッセル関数を使った無限級数が必要となる．）

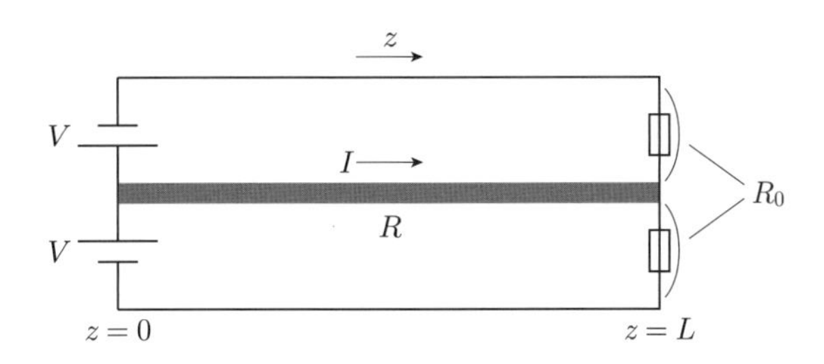

図 8.6　有限長の同軸回路（横向きに描く）．

また，わかりやすくするために z 軸をずらして，電池の位置を $z = 0$，右端を $z = L$ とする．内部導線内の電位は傾き rI で変化するが，ここでは $z = 0$ で $\varphi = V$ なので

$$\varphi(\rho \le a) = V - rIz = V - \frac{RI}{L}z$$

である．$z = 0$ は 8.1 節での $z = -\frac{V}{Ir}$ に対応する．領域 II（$a < \rho < b$）では

$$\varphi(a < \rho < b) = \left(V - \frac{RI}{L}z\right)\frac{\log(b/\rho)}{\log(b/a)},$$

電荷分布は

$$\lambda(z) = \frac{2\pi\varepsilon_0}{\log(b/a)}\left(V - \frac{RI}{L}z\right)$$

となる．

これらを使ってまず，電気エネルギーを計算してみよう．空間各点での電気エネルギー密度は $\frac{\varepsilon_0}{2}\boldsymbol{E}^2$ である．式 (8.2) と (8.8) を使って計算すると，電場（空洞内；$a < \rho < b$）の各成分は

$$E_\rho = -\partial_\rho\varphi = \left(V - \frac{IR}{L}z\right)\frac{1}{\rho}\frac{1}{\log(b/a)},$$

$$E_z = -\partial_z\varphi = \frac{IR}{L}\frac{\log(b/\rho)}{\log(b/a)}$$

となり，E_ρ からくる電気エネルギーは

$$U(E_\rho \text{ の寄与}) = \frac{\varepsilon_0}{2}\int d\rho dz 2\pi\rho E_\rho^2$$

$$
\begin{aligned}
&= \frac{\pi\varepsilon_0}{\log(b/a)} \int dz \left(V - \frac{IR}{L} z \right)^2 \\
&= \frac{L}{3} \frac{\pi\varepsilon_0}{\log(b/a)} (3V^2 - 3IRV + I^2R^2) \qquad (8.18)
\end{aligned}
$$

となる．L が大きいときの寄与はこれだけであり，E_z の寄与は（空洞内でも内部導線内でも）L に反比例する．8.1 節の計算は $L \gg b$ が前提であり，両端の効果などが無視されているので，意味がある結果は上式（L に比例する部分）だけだろう．

静電場の場合には電気エネルギーは導線表面上の電荷分布 λ からも計算でき

$$
U = \frac{1}{2} \int dz \lambda \varphi \qquad (8.19)
$$

を計算すれば式 (8.18) に一致する．

磁気エネルギーも L に比例する寄与をもち，電気エネルギーに対する比率は，おおまかにいって $\frac{\mu_0}{\varepsilon_0} \frac{1}{(R+R_0)^2}$ に比例する．$\sqrt{\mu_0/\varepsilon_0} \fallingdotseq 380\,\Omega$ である（真空の特性インピーダンス）．

次に，電源から導線や抵抗 R_0 へのエネルギーの流れを考えよう．

まず，簡単なケースとして導線に抵抗がない場合を考える．$R = 0$ である．外部円筒にも抵抗はないので同軸ケーブル内ではジュール熱の発生はなく，エネルギーはすべて左端の電池から右端の抵抗に流れる．

電場は上式で $R = 0$ とすればよい．ρ 成分しかない．磁場は

$$
B_\phi = \frac{\mu_0}{2\pi} \frac{I}{r}
$$

なのだから，ポインティングベクトルは z 方向を向き

$$
S_z = \frac{I}{2\pi \log(b/a)} \frac{V}{r^2}.
$$

$z =$ 一定 という面を通過するエネルギーは

$$
\int d\rho 2\pi\rho S_z = IV \qquad (8.20)
$$

となる．予想どおりの結論である．

$R \neq 0$ の場合は

$$
S_z = \frac{I}{2\pi \log(b/a)} \frac{1}{\rho^2} \left(V - \frac{IR}{L} z \right)
$$

となる．$z =$ 一定 という面を通過するエネルギーは

$$
\int d\rho 2\pi\rho S_z = I \left(V - \frac{IR}{L} z \right) \qquad (8.20')
$$

となる．つまり電磁場は，左端の電池で得たエネルギー IV を，間隔 Δz の導線に $I^2R\Delta z/L$ だけのジュール熱を与えながら右側に伝達し，最終的に残ったエネルギー $I(V - IR)$ を右端の抵抗にもたらしていることになる．

エネルギーの流れ，つまりベクトル $\boldsymbol{S}$ で表される流れを図 8.7 に図示する．

$$\frac{S_\rho}{S_z} = -\frac{E_z}{E_\rho} = \frac{\rho\log(\rho/b)}{\frac{LV}{IR} - z} \tag{8.21}$$

であることを考えれば大雑把な振る舞いはわかる．左端から出発した流れのうち，途中で中央の導線に吸収されなかった部分が右端の抵抗 R_0 に到達している．

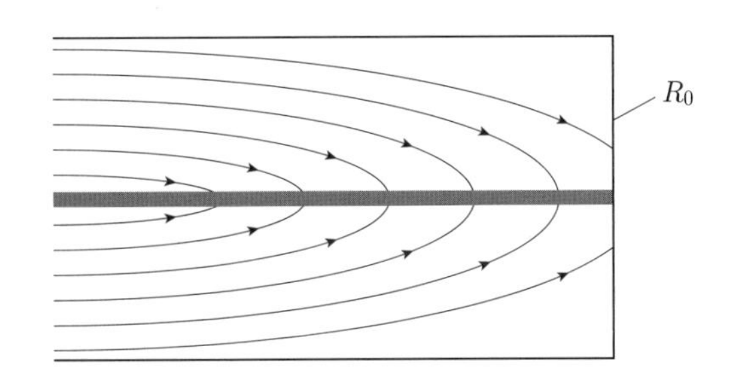

図 8.7　$\boldsymbol{S}$ で表されるエネルギーの流れのスケッチ．数値計算したものではない．

8.5　$E\,d\boldsymbol{X}/dt = c^2\boldsymbol{P}$

エネルギーの次に，運動量について考えよう．エネルギーの流れは運動量密度に比例する（プランクの関係）．前節のモデルでは電磁場にエネルギーの流れがあるので運動量がある．しかし電場も磁場も静的である．回路のほうも一見，動いていないように見えるが，静的なシステムに運動量があっていいのだろうか．

厳密な話は以下でするが，閉じた静的なシステムでは全運動量はゼロであることが証明できる（式 (8.22)）．しかしこの定理をここで適用するには注意が必要である．

ポイント 1：電磁場だけでは閉じた系にはなっていない．つまり回路全体を考えなければならない．

ポイント 2：回路全体を考えると，エネルギーが電池から他の部分に移動している．$E = mc^2$ を考えれば物質が移動しているとも言えるので，これは静的なシステムとは言えない．

ポイント 3：電流が流れているので，伝導電子も運動量をもっている．閉回路なので伝導電子系全体の運動量はゼロになる可能性もあるが，一般にはそうではない．いずれにしろシステム全体の運動量を考えるときには，伝導電子系についても検討する必要がある．

まず，閉じたシステムに成り立つ一般的な関係式を説明しておこう．そのシステムの全エネルギーを E，重心座標を $\boldsymbol{X}$，全運動量を $\boldsymbol{P}$ とする．全運動量は，エネルギー運動量テンソルから定義される運動量密度の積分として定義される．そのとき

$$E\,d\boldsymbol{X}/dt = c^2\boldsymbol{P} \tag{8.22}$$

という関係が成り立つ（すぐ下で証明する）．重心が止まっていれば（$\boldsymbol{X}$ = 一定），全運動量はない（$\boldsymbol{P} = 0$）ことを相対論的に厳密に示す定理として引用されることも多いが，むしろここでは両辺とも 0 ではない．

・電磁場は静的だが運動量がある．

・回路には運動量はないが（エネルギー移動があり重心が動くので）静的ではない．

・したがって式 (8.22) は，電磁場の $\boldsymbol{P}$ と回路の重心の移動 $d\boldsymbol{X}/dt$ がバランスするという式になる．

これを具体的に確かめようというのが本節の話である．上記のポイント 3 については「隠れた運動量」という話題になり，本章最終節で解説する．

式 (8.22) は次のように証明される．閉じたシステムということで，ここでの例としては電源，導線（内部の伝導電子と格子を含む），抵抗，そして電磁場すべてを含む．その全体のエネルギー密度を u，運動量密度を $\boldsymbol{p}$ とすると，エネルギーの連続方程式は

$$\partial_t u + c^2\nabla\cdot\boldsymbol{p} = 0 \tag{8.23}$$

となる（システムが閉じているという条件から右辺が 0 になる）．

まず，全エネルギーは

$$E = \int dV\, u$$

として定義されるが，式 (8.23) より $dE/dt = 0$ である（エネルギー保存則）．ただし $\nabla\cdot\boldsymbol{p}$ の全空間での積分は部分積分によって 0 になるとした．

重心の位置 $\boldsymbol{X}$ は

$$E\boldsymbol{X} = \int dV\, \boldsymbol{x}u$$

で定義される．これより

$$E\,d\boldsymbol{X}/dt = \int dV\, \boldsymbol{x}\partial_t u = -c^2\int dV\, \boldsymbol{x}\nabla\cdot\boldsymbol{p} = c^2\int dV\, \boldsymbol{p} = c^2\boldsymbol{P}$$

となり，式 (8.22) が証明される（ここでも部分積分の表面項は 0 としている）．

注：非相対論的に運動する粒子のみからなる系では，$E = \sum mc^2$（= 一定）となり，式 (8.22) には運動量の定義式以上の意味はない．しかし電磁場は力学的な系としてはニュートン力学の枠組には入らないので，電磁場も含めて考える場合は上式は自明でない関係式になる．上式を

$$\frac{d}{dt}(E\boldsymbol{X} - c^2\boldsymbol{P}t) = 0$$

と書き換えてみると（E と $\boldsymbol{P}$ の保存則を使っている），これは角運動量保存則

$$\frac{d}{dt}\sum(p_i x_j - p_j x_i) = 0$$

の時空的な拡張になっていることがわかるだろう．つまり相対論的要素がある文脈で意味をもつ式だと言える．（このことはジャクソンの教科書の章末問題にもなっている.）

前節の同軸回路でこの式がどのように成立するかという問題が，グリフィスの教科書に例題として扱われている（例題 12.12）．ただし話を簡単にするために $R=0$ とされている．$R\neq 0$ としてもそれほど難しくはならないので，その計算を示しておこう．

まず，全運動量は式 (8.20′) を z で積分すればよく

$$c^2 P_{em,z} = \int drdz\, 2\pi r S_z = \int dz\, I\left(V - \frac{IR}{L}z\right) \tag{8.24}$$

（積分範囲は $0<z<L$）．伝導電子系の運動量は電流の往復を合計して 0 になるとする（そうならない場合を含む厳密な話は次節を参照）．

次に，重心の z 座標 Z の移動だが，内部導線上では単位長さ当り I^2R/L のジュール熱が発生するのだから（ジュール熱 × 移動距離で計算する）

$$E\, dZ/dt = I^2 R_0 L + \int dz\, zI^2R/L$$

となる．そして $IR_0 = V - IR$ であることを使えば，式 (8.22) が成立していることが確認できる．

ところで式 (8.24) では，電磁運動量を定義通り，運動量密度の全空間での積分として求めたが，一定の条件の下では，運動量は電荷 ρ あるいは電流 $\boldsymbol{j}$ が存在している領域のみでの積分として

$$\boldsymbol{P}_{em} = \frac{1}{c^2}\int dV\, \boldsymbol{j}\varphi = \int dV\, \rho\boldsymbol{A} \tag{8.25}$$

という式で計算できることが知られている．面電荷や面電流の場合には面積分になる．$\frac{\varepsilon_0}{2}\boldsymbol{E}^2$ の全空間での積分として計算できる電気エネルギーが，（静電場の場合）電荷が分布している領域のみでの $\rho\varphi$ の積分として計算できるのと同様の話である．

これらの式は第 10 章で詳しく解説するが，次節で使うので（φ による表式），ここでのモデルで実際に成立していることを確かめてみよう．上式を導くときに部分積分の表面項が無視されるので，状況によっては注意して使う必要があるが，ここで扱っているモデルではその問題は生じない．実際，スカラーポテンシャル φ を使う表式では

$$P_{em,z} = \frac{1}{c^2}\int dz\, I\left(V - \frac{IR}{L}z\right)$$

なので式 (8.24) になる．外側の円筒は $\varphi = 0$ なので寄与せず，抵抗の部分は L に比例する項にはならないので無視した．

あるいは式 (8.25) のベクトルポテンシャル $\boldsymbol{A}$ を使う表式では，$a \le r \le b$ では

$$A_z(r) = \frac{\mu_0 I}{2\pi}\log(b/r)$$

なので（外側の円筒上で $A_z = 0$ になるように決めた），内部導線表面での電荷分布 λ_a を使えば

$$P_{em,z} = \varepsilon_0\mu_0 \int dz \frac{I}{2\pi}\log(b/a)\frac{2\pi}{\log(b/a)}\left(V - \frac{IR}{L}z\right)$$

となり，やはり式 (8.24) に一致する．

8.6 一般的な回路

本節では，より一般的な形状の回路で式 (8.22) の問題を考える．ただし電源（電池）が一箇所だけにある，定常的に直流が流れる直列回路に限定する．抵抗器も直列ならばいくら付いていても構わないが，それらは材質の異なる導線として扱う．そのことを含め，回路の抵抗値は一般に位置に依存するとして考える．

注：本節の議論は文献 [中川和田] の環状電流モデルでの計算を，任意の形状の回路に一般化したものである．

対象とするシステムは，電源，導線（抵抗を含む）および電磁場からなる閉じた系である．導線は，伝導電子系とその他（主として格子）に分けることもできるが，たとえばジュール熱を受け取るのがどちらであっても結論は変わらないので，分けた式は書かない．ジュール熱は，まず伝導電子が電磁場からエネルギーを受け取り，それが格子に伝達されて熱になるというのが基本的なプロセスだと思われるが，各時刻で導体の各部分が，電子も格子も含めて熱平衡状態になっているとの前提で議論を進める．

また電源は点状であると近似し，導線も含め静止しているとする．実験室系での議論である．重心系での議論も興味深いが，ここでは扱わない．

まず，電磁場がもつ運動量を考えよう．ポインティングベクトルの積分ではなく，スカラーポテンシャルを使う，式 (8.25) の最初の表式を使う．回路を太さのない線だとすれば

$$c^2\boldsymbol{P}_{em} = \int dl \boldsymbol{J}\varphi = I\int dl\varphi\frac{dx}{dl}. \tag{8.26}$$

$\boldsymbol{J}$ は回路を流れる線電流ベクトルである．電流は一定としているので

$$|\boldsymbol{J}| = I\ (\text{定数})$$

である．l は回路に沿って決められた長さのパラメーターである．回路の各部分は l の値によって指定される．積分は，電源の一端（$l = 0$ とする）から，回路をぐるっと回って電源の他端（$l = L$ とする）までの一周である．電源の電圧が V ならば

$$\varphi(0) - \varphi(L) = V. \tag{8.27}$$

$\boldsymbol{x}$ は回路の各位置の位置ベクトルであり，$|\Delta \boldsymbol{x}| = \Delta l$ なので，$d\boldsymbol{x}/dl$ は導線方向を向く単位ベクトルになる．

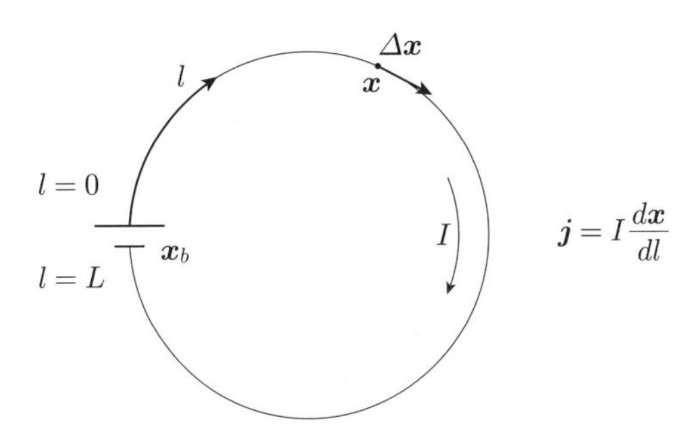

図 8.8 電源が一つ付いた閉回路．円形である必要はない．導線は一般に不均質だとする．

回路は電源の位置で途切れており，その位置を $\boldsymbol{x}_b$ とする．部分積分をすれば

$$
\begin{aligned}
c^2 \boldsymbol{P}_{em} &= \boldsymbol{x}_b \left(\varphi(L) - \varphi(0)\right) I - I \int dl \boldsymbol{x} \frac{d\varphi}{dl} \\
&= -\boldsymbol{x}_b V I - I \int dl \boldsymbol{x} \frac{d\varphi}{dl}
\end{aligned}
$$

となるが，回路の各部分での単位長さ当りの抵抗を r とすると

$$
\frac{d\varphi}{dl} = -rI
$$

なので（一般に r は導線の各位置で変化する）

$$
c^2 \boldsymbol{P}_{em} = -\boldsymbol{x}_b V I + I^2 \int dl r \boldsymbol{x} \tag{8.28}
$$

となる．

次に導線がもつ（つまり電流がもつ）運動量を計算する．運動量はエネルギーの流れでもあり電流に比例するとする．回路の各部分がもつ運動量線密度を $\boldsymbol{p}$ として

$$
c^2 \boldsymbol{p} = \Pi \boldsymbol{J} \tag{8.29}
$$

と書く．Π は**ペルチエ係数**と呼ばれる比例定数だが，その値は導線の各部分の形状や材質に依存する．つまり一般には l の関数である．導線がもつ全運動量は（導線の量には添え字 c を付ける）

$$
c^2 \boldsymbol{P}_c = \int dl \Pi \boldsymbol{J} = I \int dl \Pi \frac{d\boldsymbol{x}}{dl} \tag{8.30}
$$

となる．Π が一定ならば回路一周の積分で 0 になるが（前節ではそれを仮定した），一般にはそうはならない．

次に，システムの各要素の質量の変化を考えよう．質量密度（エネルギー密度）を u と表すと，システムは電磁場，電源 (b) そして導体 (c) から構成され

ているのだから

$$u = u_{em} + u_b + u_c \tag{8.31}$$

と書ける．

まず，電磁場は運動量をもつが場自体は静的なので $\partial_t u_{em} = 0$ である．また，u_b と u_c についてはすでに，電源から電磁場を通してエネルギーが導体（抵抗）に伝わりジュール熱を発生することを説明した．

さらに，本節では一般的なケースとして導体が不均質な場合も考えているので，電流によるエネルギーの再配分についても考えなければならない．電流によるエネルギーの流れは式 (8.29) で表されるが，ペルチエ係数 Π が場所によって変化する場合には流れが変化するので，それに応じて導体内で吸熱あるいは発熱が起こる．いわゆる**ペルチエ効果**である．全エネルギーは変化しないがエネルギーの分布，すなわち質量の分布が変化するので重心が移動する．

たとえば電源の場合には

$$\begin{aligned}\partial_t u_b &= \text{電磁場への流出} + \text{両極でのエネルギーの流れの差}\\ &= -IV + (\Pi(0) - \Pi(L))I \end{aligned}\tag{8.32}$$

となり，これに電源の位置 $\boldsymbol{x}_b$ を掛けたものが，式 (8.22) の左辺への寄与である．

また導線では，各位置での抵抗率 r を使うと

$$\begin{aligned}\partial_t u_c &= \text{ジュール熱} + \text{ペルチエ効果による発熱/吸熱}\\ &= I^2 r - I\frac{d\Pi}{dl}\end{aligned}\tag{8.33}$$

となる．したがって重心の移動に対する寄与は

$$\int \boldsymbol{x}\partial_t u_c dl = I^2 \int \boldsymbol{x} r dl - I \int dl \boldsymbol{x} \frac{d\Pi}{dl}.$$

部分積分を使って変形すれば，式 (8.28) と式 (8.30) の和は式 (8.32)（$\times \boldsymbol{x}_b$）と式 (8.33) の和に一致する．つまり式 (8.22) が成立している．

8.7 ゼーベック効果（熱電効果）

導体内に温度勾配があると電位差が発生する．回路が均質ならば一周すると電位差の合計は 0 になるが，均質ではないと電流が流れる．ゼーベック効果（熱電効果）である．

回路の各微小範囲での熱電能（熱勾配による起電力）を

$$\varDelta\varepsilon = S\varDelta T$$

と書く．$\varDelta T$ はその区間の温度差，S は**ゼーベック係数**と呼ばれる係数である．通常は S の異なる 2 種類の導線をループにした回路（熱電対）で考えるが，こ

こでは S が場所によって変化する一般的なケースで，前節と同様の計算をしてみよう．

S も抵抗 r も場所に依存するという一般的なループに，熱電効果によって電流 I が流れているとする．電源はなく，代わりに熱電能による起電力が回路全体（具体的には温度勾配がある部分）に分布しているというモデルである．以下，前節と同じ記号を使うと，熱電能を含めて

$$\frac{d\varphi}{dl} = -rI - \Delta\varepsilon/\Delta l = -rI + S\frac{dT}{dl}$$

となる．これより

$$c^2\boldsymbol{P}_{em} = I^2\int dl\boldsymbol{x}r - I\int dl\boldsymbol{x}S\frac{dT}{dl}.$$

導線の運動量 $\boldsymbol{P}_c$ は式 (8.30) のままでよい．

また，式 (8.33) は

$$\partial_t u_c = \text{ジュール熱} + \text{ペルチエ効果} - \text{熱電能による出力}\ (I\Delta\varepsilon)$$

となるので

$$\int dl\boldsymbol{x}\partial_t u_c = \text{式 (8.33) 右辺} - I\int dl\boldsymbol{x}S\frac{dT}{dl}$$

となる．これらを組み合わせれば式 (8.22) が満たされていることが示される．

8.8 隠れた運動量とペルチエ係数

回路の運動量の説明にペルチエ係数を持ち出した議論はこれまでなかったかもしれないが，実質的に同じ発想が使われている話があるので紹介する．**隠れた運動量**（hidden momentum）というものに関連してグリフィスの教科書で扱われているモデルである（例題 12.13）．

図 8.9 のように，抵抗のない回路に永久電流 I が流れている．また静的な外

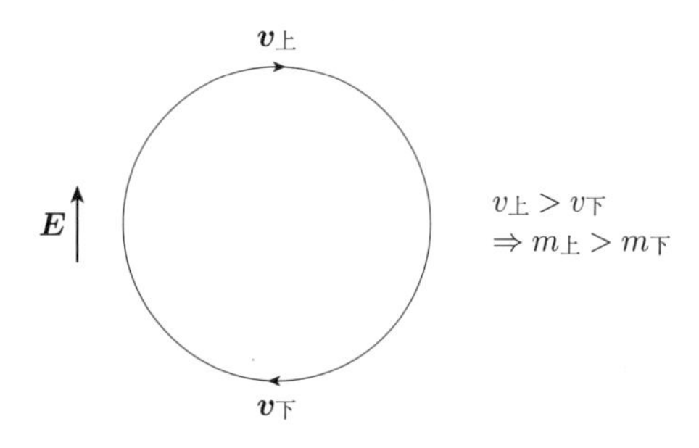

図 8.9　典型的な隠れた運動量のモデル．抵抗がない回路に永久電流が流れている．電場の影響により上部で電子の速度が大きいので実効質量が大きい．つまり導線自体は均質でも，実質的に不均質な回路となる．

部電場 $\boldsymbol{E}$ が掛かっている．電磁運動量が発生しており，式 (8.26) を使えば

$$c^2\boldsymbol{P}_{em} = \int dl \boldsymbol{J}\varphi$$

となる．φ は外場 $\boldsymbol{E}$ を表す電位である．回路全体としては何も変化が起きていないのだから（エネルギーの移動もない），全運動量は 0 でなければならない．したがってこの $\boldsymbol{P}_{em}$ を打ち消す伝導電子系の運動量 $\boldsymbol{P}_c$ がなければならない．定常電流の閉回路という，通常は運動量があるとは思えないところにある運動量なので，「隠れた運動量」と呼ばれる．前節の公式を使えばそれは

$$c^2\boldsymbol{P}_c = \int dl \Pi \boldsymbol{J} \qquad \left(\text{ただし} \int dl \boldsymbol{J} = 0\right)$$

なので，回路に沿って

$$\Pi + \varphi = \text{一定} \quad \rightarrow \quad \nabla\Pi_{\parallel} = E_{\parallel} \tag{8.34}$$

でなければならない．$\parallel$ とは回路の各点での回路方向の成分という意味である．

グリフィスで扱われているモデルはペルチエ係数を持ち出してはいないが，実質的に上式の条件を満たすモデルである．簡単に説明しよう．自由電子ガスを考える．電子の電荷を q (< 0)，単位長さ当りの密度を n（場所に依存する），平均速度を v（これも場所に依存する）とする．すると，回路方向についての関係式として

$$I = qnv$$

である．また，各位置での伝導電子系の運動量線密度は

$$p = nmv$$

である．ただし m は電子の有効質量であり，相対論的効果の γ 因子や，多体効果からくる変化も含む．つまり v の関数である．

有効質量 m の自由電子という仮定では mc^2 が電子の実質的エネルギーを表すので，これを ε と書こう．この場合

$$c^2 p = c^2 nmv = (\varepsilon/q)I$$

となるので，ペルチエ係数は

$$\Pi = \varepsilon/q$$

である．そして，電子が有効質量 m の自由粒子として振る舞っているとすれば，外場によってそのエネルギーが変わるのだから

$$(\nabla\varepsilon)_{\parallel} = qE_{\parallel}.$$

これより式 (8.34) が得られる．グリフィスの説明では m は相対論的補正因子 γ を含んでいるので上式が満たされるとしている．

図 8.9 は隠れた運動量の典型例として有名だが，現実には外場を掛けると電気遮蔽が起こって伝導電子には電気力はきかない可能性がある．そのようなこ

とは起きないとの前提で成立するモデルである．現実の電流ではなく磁化電流のモデル化だと考えればいいかもしれない．いずれにしろ，ペルチエ係数を使って考えると全体像がわかりやすくなる．

この議論は，前節のような，抵抗も電源もある一般的な回路に電場を掛けるという話にも拡張できるが，現実離れした話になってしまいそうなのでこのあたりにしておこう．

参考文献とコメント

8.1 節は，この分野では有名なゾンマーフェルトのモデル [Som] の私なりの翻案である．このモデルについては [McD02] にも簡潔な説明がある．

8.2 節は主として [Mul] を参考にしている．表面電荷については解析的な計算，数値計算などさまざまな文献がある．ここでは深入りはしていないが，関心のある方は [Mul]，[Jac]，[Dav] などをあたっていただきたい．回路での電荷分布について教育的な（初等的な）説明がある教科書としては [Cha] が目に付いた．

8.3 節，8.4 節は，回路ではエネルギーは電磁場を通して伝わることを（特に私が）素直に納得するための諸計算である．うまくできていると感心したが当たり前だと感じた人もいるだろう．基本的にはゾンマーフェルトがすでにした計算である．

8.5 節からの運動量の話は，[Bab] の論文（グリフィスも共著者）で隠れた運動量という話題を知ったのが出発点だったが，ペルチエ係数を使って私なりの独自の構成にした．隠れた運動量にこだわらない話にしてある．出発点は [中川和田] である．それ以前の話としては [McD02] に情報がある．私としては面白い話と思ったが，McDonald によれば「Much Ado about (almost) Nothing」である．反論する気はない．

8.5 節の表題の式は [Col] で学んだが，こんな所に Coleman が登場するとは思わなかった．その論文には思わせぶりの脚注があって最初は意味不明だったが，8.5 節に書いた注釈のことを言いたかったのだろう．

第 9 章

一般の特異項と多重極

本章の要点

・点電荷の電位 $1/r$ の 2 階以上の微分は原点での特異性が無視できなくなり，特異項が必要となる．点電荷を，有限の電荷分布に置き換えた計算を示した後，特異項は単に $\lim_{a\to 0}\theta(r-a)$ という因子を掛けるだけで求められることを示す．

・その手法を高階微分に適用し，$a\to 0$ の極限で発散する項（a の負べきの項）はすべて 0 になることを証明する．したがって，高階微分の特異項（$\delta^3(\boldsymbol{r})$ の微分に比例）の係数はこの極限で有限である．このことを使って，任意の高階微分の特異項を求める．

・それが部分積分による計算結果と一致することを 4 階微分の場合に示す．

・原点の特異性を球対称に扱わない場合の特異項を議論する．特に回転楕円を使った計算をする．特異項には任意性があることがわかるが物理的な量には現れない．特異項以外の部分にも任意性があり，それと打ち消し合う．

・任意の多重極が連続分布している場合の特異項の役割を，電気多重極と磁気多重極の違いに注意しながら議論する．多重極の連続分布から分極電荷を定義するには特異項が必要であること，そして電気多重極と磁気多重極の特異項の違いが磁化密度になることを示す．

9.1 物理的な正則化

原点に点電荷 q が位置している場合のポテンシャル φ を決める式は

$$\Delta\varphi = -q\delta^3(\boldsymbol{r})/\varepsilon_0$$

だが，この式の解は，

$$\Delta\frac{1}{r} = -4\pi\delta^3(\boldsymbol{r}) \tag{9.1}$$

という公式を使って

$$\varphi = \frac{q}{4\pi\varepsilon_0}\frac{1}{r}$$

であるとされる．クーロン則である．

では，式 (9.1) はどのようにして正当化されるだろうか．

$$\partial_i\partial_j\frac{1}{r} = \frac{3x_ix_j - r^2\delta_{ij}}{r^5} \quad \text{ただし} \quad \boldsymbol{r} \neq 0$$

なので，少なくとも $\boldsymbol{r} \neq 0$ ならば $\Delta\frac{1}{r} = 0$ になる．つまり $\Delta\frac{1}{r}$ は 0 ではないとしても $\delta^3(\boldsymbol{r})$ に比例することになるが，その係数はどのように決まるだろうか．

通常はガウスの定理を使う．$r < r_0$（何らかの定数）という領域 V での体積積分をガウスの定理を使って，$r = r_0$ の球面 S 上の表面積分に置き換えられるとすれば

$$\int dV\Delta\frac{1}{r} = \int_{r=r_0} dS\left(\nabla\frac{1}{r}\right)_\perp = -\int dS\frac{1}{r^2} = -4\pi \tag{9.2}$$

となり式 (9.1) になる．また，これが正しいとすれば，球対称性より

$$\partial_i\partial_j\frac{1}{r} = \frac{3x_ix_j - r^2\delta_{ij}}{r^5} - \frac{4\pi\delta_{ij}}{3}\delta^3(\boldsymbol{r}) \tag{9.3}$$

となる．これは**電気双極子**の電場の式（i 方向を向いた双極子場の j 成分）でもあるので，これは双極子場の問題でもある．

しかしポイントは，式 (9.2) でガウスの定理を適用するときに原点をどう扱うかである．この式は原点の特異性は無視してよいという前提で計算しており，自明ではない．

物理的な見方をすれば，原点の処理として一つの自然な方法は，原点の電荷を点電荷ではなく，有限な電荷密度をもつ微小な球状電荷と考えることだろう．球対称な解を求めるという前提で，この電荷分布を球対称と仮定しよう．電荷が分布している微小領域を $a > r$ とし（$r_0 \gg a$），そこでの電荷分布を $\frac{F(\boldsymbol{r})}{4\pi}$ とする．F は有限で滑らかな関数であるとし（ただし $r = a$ では不連続でよい），$\Delta f = -F(\boldsymbol{r})\theta(a - r)$ の解として

$$f = \frac{1}{r}\theta(r - a) + g(r)\theta(a - r) \tag{9.4}$$

という形を考える．g は $r = 0$ を含め有限，そして $r = a$ で $\frac{1}{r}$ と，1 階微分まで連続とする．物理的に考えれば，電荷体積密度が有限ならば電場は連続だということである．θ 関数を明示的に加えているが，微分を計算する際に次の式が重要になる．

$$\frac{d}{dr}\theta(r - a) = -\frac{d}{dr}\theta(a - r) = \delta(r - a).$$

このように考えれば式 (9.2) のガウスの定理が成り立つことを確認しておこう．表面積分は，外側の $r = r_0$ の球面ばかりでなく，内部の $r = a$ の微小球面上の寄与も考えなければならない．しかしそこでは式 (9.4) の φ の第 1 項と第 2 項の寄与が（g の接続条件のために）打ち消し合って，最終的には外側の球面の寄与だけを考えればいいことになり，式 (9.2) が成立する．

そして式 (9.4) より

$$\partial_i f = -\frac{x_i}{r^3}\theta(r-a) - \partial_i g\theta(a-r) \tag{9.5a}$$

$$\partial_i\partial_j f = \frac{3x_i x_j - r^2\delta_{ij}}{r^5}\theta(r-a) + \partial_i\partial_j g\theta(a-r) \tag{9.5b}$$

なので

$$\Delta f = \Delta g\theta(a-r) \quad (= -F\theta(a-r)) \tag{9.6}$$

となる．以上の計算では θ 関数の微分 $\delta(r-a)$ は打ち消し合っていることに注意．つまり式 (9.6) の右辺には g の項しかないからといって，それは f の第 2 項 g のみからきているわけではない（むしろ第 1 項のほうが重要であることを次節で示す）．

g には 3 つの条件を付けたので F は任意ではない．球対称のときは

$$\Delta = \frac{1}{r^2}\frac{d}{dr}r^2\frac{d}{dr}$$

なので，式 (9.6) 右辺の $r < a$ での積分は

$$-\int F\theta(a-r)dV = 4\pi\int\frac{d}{dr}r^2\frac{dg}{dr}\theta(a-r)dr = 4\pi a^2\frac{dg(a)}{dr} = -4\pi$$

となる．$r = a$ での接続条件から，内部での全電荷が決まっていることになる．そして $a \to 0$ の極限では，$F\theta(a-r)$ は $r = 0$ でしか値をもたないので

$$\Delta f = -F(r)\theta(a-r) \quad \to \quad -4\pi\delta^3(\boldsymbol{r}) \tag{9.7}$$

となる．式 (9.1) が得られた．

具体例として，$F =$ 定数 とした場合を書いておこう．一様球電荷の電位の計算になり

$$f = \frac{1}{r}\theta(r-a) + \frac{1}{2a}\left(3 - \frac{r^2}{a^2}\right)\theta(a-r) \tag{9.8}$$

である．これを使えば

$$\partial_i f = -\frac{x_i}{r^3}\theta(r-a) - \frac{x_i}{a^3}\theta(a-r) \tag{9.9}$$

$$\partial_i\partial_j f = \frac{3x_i x_j - r^2\delta_{ij}}{r^5}\theta(r-a) - \frac{\delta_{ij}}{a^3}\theta(a-r) \tag{9.10a}$$

$$\to \quad \frac{3x_i x_j - r^2\delta_{ij}}{r^5}\theta(r-a) - \frac{4\pi\delta_{ij}}{3}\delta^3(\boldsymbol{r}). \tag{9.10b}$$

最後は，$\theta(a-r)$ の積分が $4\pi a^3/3$ になることを使っている．結局，式 (9.3) が得られ，その結果として式 (9.1) も得られる．

この計算は F の一例に過ぎないが，特異項（原点の δ 関数）の出現について重要なヒントが得られる．まず，2 階微分 (9.10a) では第 2 項の（$a < r$ での）積分が $a \to 0$ の極限でも有限なので無視できない．一方，式 (9.8) の f では第 2 項の積分は a^2 に比例し，$a \to 0$ の極限では 0 になる．式 (9.9) は微妙だが，x の奇関数なのでそのまま積分すると自動的にゼロになり，x を掛けてから積分するとやはり a^2 に比例するので，$a \to 0$ の極限で 0 になる．特異項は，$1/r$

の 2 階微分（およびそれより高階の微分）で生じることがわかる．

また，以上は球対称な電荷分布の電位の計算だったが，電気双極子的な解釈もできる．f は一様に帯電した球による電位（に比例したもの）なので，$\partial_i f$ は，その球と，電荷の符号を逆転させた球を微小にずらして重ねて置いた場合の電位と解釈できる．それは電荷分布が $\cos\theta$ に比例した球面電荷による電位であり，球外部では電気双極子の電位に等しい．

その解釈では $\partial_i\partial_j f$ は，この球面電荷による電場である．外部は電気双極子だが，球内部では電場は一様になることが知られている．式 (9.10a) の第 2 項の係数はその一様電場の大きさを反映したものである．それらの理由で，原点の δ 関数を含めた式 (9.10b) が電気双極子の電場の厳密な形ということになる．

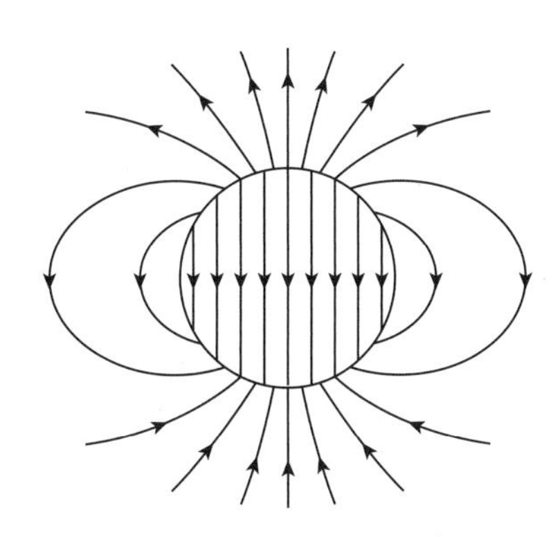

図 9.1　$\cos\theta$ に比例する球面電荷による内外の電場（面密度は球面積に反比例）．球内の電場の積分は球の大きさに依存せず，特異項の大きさに対応する．

9.2　簡易な正則化

前節の話は，原点の電荷分布を正則化するという，物理的なイメージに基づくものだった．しかし数学的な観点から言えば，必要なことは，ガウスの定理式 (9.2) で，原点付近の寄与が無視できるような手法を考えることであった．その目的のためにはもっと簡単な方法がある．式 (9.4) の g を無視して

$$f = \frac{1}{r}\theta(r-a) \tag{9.11}$$

とすればよい．

このことを納得するためのヒントとして，式 (9.5) の $\partial_i f$ から $\partial_i\partial_j f$ の導出を考える．式 (9.6) のすぐ下にも書いたが，計算の中間段階を詳しく示すと

$$\begin{aligned}\partial_i\partial_j f = &\frac{3x_i x_j - r^2\delta_{ij}}{r^5}\theta(r-a) - \frac{xi}{r^3}\frac{x_j}{r}\delta(r-a)\\ &-\partial_i g\frac{x_j}{r}\delta(r-a) + \partial_i\partial_j g\theta(a-r)\end{aligned}$$

であり，式 (9.5b) では右辺第 2 項と第 3 項を打ち消し合わせて第 4 項を残した．しかし実は，第 3 項と第 4 項は $a \to 0$ の極限で打ち消し合う．どちらも $\delta^3(\boldsymbol{r})$ の項に置き換えてみればよい（あるいは，$\partial_i f$ の段階で，g を含む第 2 項は $a \to 0$ の極限で 0 になることを確認してもよい）．そして第 2 項を残してこれを $\delta^3(\boldsymbol{r})$ に置き換えれば式 (9.10) が得られる．さらに言えば，出発点の f の段階から g の項を無視して計算を進めても，結局は式 (9.10) になる．式 (9.10) の特異項は g からきているのではなく，むしろ式 (9.4) の $\theta(r-a)$ の微分から出てくるとみなせる．

式 (9.11) のように考えるとガウスの定理が（原点の寄与なしで）成立する理由を説明しよう．$\Delta 1/r$ という関数を $r_0 > r > a$ の球殻で積分すると考えてガウスの定理を適用すると，内側の $r = a$ の球面の寄与も考えなければならなくなるが，$\nabla\theta(r-a) \propto \delta(r-a)$ に比例する部分から，それを打ち消す項が出てきて，結局，$r = a$ の球面の寄与はなくなる．つまり式 (9.2) が成立する．

$\theta(r-a)$ という因子の重要性を知るために，3 階微分の特異項の計算をしてみよう．まず，2 階微分を，$a \to 0$ の極限で成立する関係式として

$$\partial_j\partial_i\left(\frac{1}{r}\theta(r-a)\right) = \left(\partial_j\partial_i\frac{1}{r}\right)\theta(r-a) - \frac{4\pi\delta_{ij}}{3}\delta^3(\boldsymbol{r}) \tag{9.12}$$

と書く．すると 3 階微分は

$$\begin{aligned}\partial_k\partial_j\partial_i\left(\frac{1}{r}\theta(r-a)\right) &= \left(\partial_k\partial_j\partial_i\frac{1}{r}\right)\theta(r-a)\\ &+ \left(\partial_j\partial_i\frac{1}{r}\right)\frac{x_k}{r}\delta(r-a) - \frac{4\pi\delta_{ij}}{3}\partial_k\delta^3(\boldsymbol{r})\end{aligned} \tag{9.13}$$

となる．右辺第 3 項は 2 階微分の特異項が起源だが，第 2 項は式 (9.12) の通常項から出てきた新たな特異項である．これも $\delta^3(\boldsymbol{r})$ の形に書き換えなければならない．計算練習のために少し細かく書こう．第 2 項は x の奇関数なので，$r = a$ 上で積分すると 0 になる．そこでもう一つ x を掛けて $r = a$ 上で積分する．

$$\int dSx_l\left(\partial_j\partial_i\frac{1}{r}\right)\frac{x_k}{r} = \frac{1}{a^6}\int dSx_l(3x_ix_j - a^2\delta_{ij})x_k.$$

ここで，次の積分公式

$$\begin{aligned}&\int x_{i_1}\cdots x_{i_{2N}}\delta(r-a)dV = a^{2N+2}A_N\delta_{i_1\cdots i_{2N}},\\ &A_N = 4\pi N!\,2^N/(2N+1)!,\\ &\delta_{i_1\cdots i_{2N}} = \delta_{i_1i_2}\delta_{i_3i_4}\cdots + \text{perm.}\end{aligned} \tag{9.14}$$

を使う．すると

$$\text{上式} = \frac{4\pi}{5}(\delta_{ij}\delta_{kl} + \delta_{ik}\delta_{jl} + \delta_{il}\delta j_k) - \frac{4\pi}{3}\delta_{ij}\delta_{kl}$$

となる．x_l を掛けて積分したとき同じ結果を与えるのは

$$-\frac{4\pi}{5}(\delta_{ij}\partial_k + \delta_{jk}\partial_i + \delta_{ki}\partial_j)\delta^3(\boldsymbol{r}) + \frac{4\pi\delta_{ij}}{3}\partial_k\delta^3(\boldsymbol{r})$$

である．「x_l を掛けた積分が $a \to 0$ で有限」ということから，$\delta^3(\boldsymbol{r})$ の 1 次微分となる．これを式 (9.13) の第 3 項と合わせれば結局

$$\partial_k\partial_j\partial_i\left(\frac{1}{r}\theta(r-a)\right) = \left(\partial_k\partial_j\partial_i\frac{1}{r}\right)\theta(r-a) - \frac{4\pi}{5}(\delta_{ij}\partial_k + \delta_{jk}\partial_i + \delta_{ki}\partial_j)\delta^3(\boldsymbol{r}) \tag{9.15}$$

という既知の結果が得られる．右辺第 2 項が 3 階微分の特異項である [小玉].

3 階微分は双極子電場の発散 $\nabla\cdot\boldsymbol{E}$ にも関係する．通常の見方では，まず $\partial_i(1/r)$ が双極子の電位になり，その ∂_j 微分がその電場になり，さらにその微分 ∂_k を計算し $j=k$ として和を取れば双極子電場の発散になる．その結果は式 (9.1) から考えれば

$$\Delta\partial_i\frac{1}{r} = -4\pi\partial_i\delta^3(\boldsymbol{r}) \tag{9.16}$$

という形になるはずだが，厳密化した式 (9.13) から出発しよう．式 (9.13) では第 3 項の係数が $4\pi/3$ なので上式と矛盾するようだが，第 2 項が存在し式 (9.15) になるので，正しい結果が得られる．

さらに考えると，そもそも式 (9.15) は完全対称なので $j=k$ とせずに $i=j$ として和を取っても正しい答えが得られるはずである．そして，$i=j$ のとき式 (9.15) の第 2 項は $\Delta(1/r)$ に比例し $r\neq 0$ ならば自動的に 0 になり，第 3 項は $\sum\delta_{ii}=3$ なので，第 3 項だけで正しい係数 4π を与える．

9.3 一般の多重極での計算法

以上の手続を続ければ任意階数の微分の特異項が得られる．式 (9.11) から出発すると 2^n 重極の電位は

$$\begin{aligned}\partial_{i_n}\cdots\partial_{i_1}\left\{\frac{1}{r}\theta(r-a)\right\} &= \left(\partial_{i_n}\cdots\partial_{i_1}\frac{1}{r}\right)\theta(r-a) \\ &\quad + \left(\partial_{i_{n-1}}\cdots\partial_{i_1}\frac{1}{r}\right)\frac{x_{i_n}}{r}\delta(r-a) \\ &\quad + \partial_{i_n}\left\{\left(\partial_{i_{n-2}}\cdots\partial_{i_1}\frac{1}{r}\right)\frac{x_{i_{n-1}}}{r}\delta(r-a)\right\} + \cdots \\ &\quad + \partial_{i_n}\cdots\partial_{i_3}\left\{\left(\partial_{i_1}\frac{1}{r}\right)\frac{x_{i_2}}{r}\delta(r-a)\right\}.\end{aligned} \tag{9.17}$$

第 2 項以降が特異項である．最後の項は 2 階微分で生じた特異項をさらに何回か微分したもの，その前の項は 3 階微分で生じた特異項をさらに微分したもの，というように並んでいる．

上式は式 (9.13) の一般化だが，さらに式 (9.15) のように，特異項すべてを $\delta^3(\boldsymbol{r})$ およびその微分で表したい．$1/r$ の微分（$(\cdots)$ の中）を計算し

$(x_i\cdots)\delta(r-a)\times a$ の負べき

という形にし，任意関数 $f(\boldsymbol{r})$ を掛けての積分が $a\to 0$ の極限で一致するとい

う条件で，$\delta^3(\boldsymbol{r})$ に比例する項に置き換える．

ただ，次節で高階微分の特異項の一般形を論じるときには，この面倒な計算はしない．うまいトリックを使って求める．しかしそのとき，特異項は有限であることを前提とする．上記のようにまともに計算すると，途中で a の負べきが出てくるので $a \to 0$ の極限で発散する心配がある．本節では，その心配は無用であることを示す．つまり負べきの項は積分で 0 になることを示そう．球面関数の性質を使う．

式 (9.17) の各特異項に，任意の滑らかな関数 f_0 を掛けて積分するのだが（前節の f とは無関係），f_0 のほうも

$$f_0(\boldsymbol{r}) = f_0(0) + \sum x_i \partial_i f_0(0) + \frac{1}{2} \sum x_i x_j \partial_i \partial_j f_0(0) + \cdots \tag{9.18}$$

というように展開する（展開可能な関数のみを考える）．$\delta(r-a)$ という因子により積分は微小球面 $r = a$ 上で行うことになり，公式 (9.14) を使って計算すれば

$$\int dV f_0(\boldsymbol{r}) \cdot (\text{特異項}) = \sum c_k \partial_1 \cdots \partial_k f_0(0) \tag{9.19}$$

という形になる．したがって特異項は

$$\text{特異項} = \sum c'_k \partial_1 \cdots \partial_k \delta^3(\boldsymbol{r})$$

という形になる（c'_k は c_k から決まる）．

式 (9.19) の展開に対応して無限級数になるが，$a \to 0$ の極限ではほとんどの c_k が 0 になる．実際，特異項の（長さの）次元数は $-n-1$，$\partial_1 \cdots \partial_k f(0) \partial$ の次元数は $-k$ なのだから，c_k の次元数は $-n+2+k$ であり，a^{-n+2+k} に比例する．つまり $n-2 \geq k$ の c_k のみが $a \to 0$ の極限で生き残る．また，$n+k$ が偶数でなければ積分は 0 になる．したがって，たとえば 2 階微分（$n=2$）では $k=0$ と決まり特異項は $\delta^3(\boldsymbol{r})$ の項のみとなり，3 階微分（$n=3$）では $k=1$ と決まり特異項は $\partial \delta^3(\boldsymbol{r})$ のみであった．

いずれの場合も $-n+2+k=0$ なので，特異項（の係数）が $a \to 0$ で有限であることが保証されているが，n がさらに増えると a の負べき，つまり $a \to 0$ の極限で発散する特異項が現れそうである．しかし実はそうではない．

式 (9.17) の第 2 項を考えてみよう．n 回目の微分で特異項になった項である．$\partial_{i_{n-1}} \cdots \partial_{i_1} \frac{1}{r}$ の分子は x_i についての完全対称な $n-1$ 次の多項式だが，任意の 2 つの添え字についてのトレースが 0 である（$r \neq 0$ では $\Delta \frac{1}{r} = 0$ なので）．しかし完全対称でトレースレスの $n-1$ 階テンソルの独立の成分数は $2n-1$ なので，これは角運動量の $L = n-1$ の固有関数である．それに x_n/r を掛けているのだから $L \geq n-2$ であり，式 (9.19) の球面上の積分が 0 にならないためには，式 (9.18) の展開で $k = n-2$ 次以上の項でなければならない．つまり式 (9.19) の展開では a のべきは最小で $-n+2+(n-2)=0$ となり，$a \to 0$ で有限である（発散は起きない）．それは $\delta^3(\boldsymbol{r})$ の $n-2$ 階微分の特異項になる．

あとは帰納法で進めばよい．より階数の低い微分の特異項は有限であることが証明されているとすれば，式 (9.7) の第 3 項以下では $\{\cdots\}$ の部分が有限なので，それを微分したものも有限である．結局，式 (9.17) 全体が $a \to 0$ の極限で有限であることがわかる．

9.4 特異項の一般形

特異項の具体的な形（つまり式 (9.17) の第 2 項以下を δ およびその微分で書き換えた式）を求めよう．実は式 (9.19) の具体的な計算をする必要はない．特異項のもつ性質をフルに利用すればその形を決めることができる．

まず，式 (9.17) の任意の 2 つの添え字についてのトレースを考えてみよう．$n=3$ の場合に 9.2 節最後で説明したように，特異項全体がわからなくてもよい．特異項の完全対称性より，トレースを取るときにはどの添え字を選んでもよい．そして i_1 と i_2 を選んだとすれば，最後の項以外はすべて $\Delta(1/r)$ に比例することになるので 0 である．そして最後の項だけを取り出せば

$$\begin{aligned}
&\lim_{a\to 0}\sum_{i_1 i_2}\delta_{i_1 i_2}\partial_{i_n}\cdots\partial_{i_1}\left(\frac{1}{r}\theta(r-a)\right)\\
&=\lim_{a\to 0}\sum_{i_1 i_2}\delta_{i_1 i_2}\partial_{i_n}\cdots\partial_{i_3}\left(\left(\partial_{i_1}\frac{1}{r}\right)\frac{x_{i_2}}{r}\delta(r-a)\right)\\
&\quad\to\quad -4\pi\partial_{i_n}\cdots\partial_{i_3}\delta^3(\boldsymbol{r}). \qquad (9.20)
\end{aligned}$$

トレースを取る前の式 (9.17) 自体の特異項の形は，完全対称かつ有限であり，$\delta^3(\boldsymbol{r})$ の $n-2$ 階の微分であり，任意のトレースは上式 (9.20) を満たすという 4 つの条件から決まる．具体的には

$$\partial_{i_n}\cdots\partial_{i_1}\left(\frac{1}{r}\theta(r-a)\right) \text{の特異項} = -\frac{4\pi}{2n-1}\sum_{ij}\delta_{ij}\partial\cdots\partial\delta^3(\boldsymbol{r})+(\cdots). \qquad (9.21)$$

右辺の i と j は i_1 から i_n までの任意の 2 つであり，$\partial\cdots\partial$ はそれを除く $n-2$ 階の微分である．

また $(\cdots)$ の部分は，第 1 項のトレースをとったときに生じる Δ の項を打ち消すためのものである．$n=2$ と 3 の場合は必要なく，$n=4$ の場合は

$$(\cdots)=\frac{1}{5}\frac{4\pi}{7}\delta_{i_1\cdots i_4}\Delta\delta^3(\boldsymbol{r}) \qquad (9.22)$$

である．n がさらに大きくなれば Δ の 2 乗といった項も必要になるが，以下の注で示すように，一般に n 階微分の特異項の m 番目の項の係数は，その前の項の係数に $-1/(2n-2m+1)$ を掛ければよい（上記の場合は $n=4, m=2$ で $-1/5$）．

注：n 階微分の特異項は

$$\sum_{m=1}^{[n/2]} c_{n,m}\left(\partial_{i_1}\cdots\partial_{i_{n-2m}}\Delta^{m-1}\delta^m+(\text{perm.})\right)$$

という形である．クロネッカーデルタ δ の添え字は省略した．これに $\delta_{i_1 i_2}$ を掛けて和を取ったときに，Δ を含む項はすべて打ち消すという条件から係数 $c_{n,m}$ の漸化式が得られる．初項は式 (9.20) より $c_{n,1}=-4\pi/(2n-1)$ である．

9.5 部分積分による計算（4 階微分）

本章の冒頭で，2 階微分の特異項はガウスの定理（部分積分）から求めるのが普通だという話をした．式 (9.2) である．しかし原点の扱い方が厳密に定義されていないという問題があり，その問題を回避するために工夫をしたというのがこれまでの話だった．そしてそれに基づき，任意の階数の特異項を導くことができた．

話は完結したのだが，これまで得た結果が正しいことを確認するために，再度，ガウスの定理（部分積分）を使った計算をして，前節の結果が再現されることを示そう．原点での具体的な正則化を考えるのではなく，原点の問題は無視して部分積分ができる（ガウスの定理が使える）という前提のもとに計算したらどうなるかという話である．3 階微分については [小玉] でなされているので，ここでは 4 階微分を扱う．式 (9.22) を確かめる意味でも参考になるのではと思う．ただし次節以降の話には関係しない．

使うのは，$1/r$ の 4 階微分に任意関数 $f_0(r)$ を掛けた積分の，部分積分による変形の公式である．領域表面での法線ベクトルを $\boldsymbol{n}$ とする．

$$\begin{aligned}\int dV f_0\partial_1\partial_2\partial_3\partial_4\frac{1}{r} &= \int dSn_1 f_0\partial_2\partial_3\partial_4\frac{1}{r}\\ &-\int dSn_2(\partial_1 f_0)\partial_3\partial_4\frac{1}{r}+\int dSn_3(\partial_1\partial_2 f_0)\partial_4\frac{1}{r}\\ &-\int dSn_4(\partial_1\partial_2\partial_3 f_0)\frac{1}{r}+\int dV(\partial_1\partial_2\partial_3\partial_4 f_0)\frac{1}{r}.\end{aligned}\tag{9.23}$$

特異項を取り出すために，積分領域を $a>r$ の微小球とし，$a\to 0$ の極限を取る．式 (9.2) とは違って $1/r$ の単なる微分は $r\neq 0$ でも一般には 0 にはならないので，この操作が必要である．式 (9.2) での微小球とは意味が違う．

$f(r)$ は式 (9.18) の展開をしておき，有限な値を与える項だけを計算する（a^0 に比例する項だけを取り出す）．また，最終結果は添え字について完全対称になるはずだが，右辺の各項についてはそうはならない．それを個別にフォローするのは面倒なので，各項について計算の途中で完全対称化する．

まず右辺第 1 項から始めよう．有限な結果を与えるのは f_0 の展開の第 2 項のみである．第 1 項は a の負べきになるが積分すると 0 になる．第 3 節の角運動量による議論を参照．また

$$\partial_2\partial_3\partial_4\frac{1}{r}=\frac{3}{r^5}(\delta_{23}x_4+\delta_{42}x_3+\delta_{34}x_2)-\frac{15}{r^7}x_2x_3x_4\tag{9.24}$$

である．まず，この式の右辺第 1 項だけを考えると

$$\text{式 (9.23) 右辺第 1 項中の式 (9.24) 右辺第 1 項}\\ = \frac{3}{a^6}\int dSx_1\left(\sum\frac{1}{2}\partial_i\partial_j f_0(0)x_ix_j\right)(\delta_{23}x_4+\delta_{42}x_3+\delta_{34}x_2). \tag{9.25}$$

積分は式 (9.14) を使う．$A_2=4\pi/15$ なので

$$\text{上式} = \frac{4\pi}{10}\Delta f_0(\delta_{12}\delta_{34}+\delta_{13}\delta_{24}+\delta_{14}\delta_{23})\\ +\frac{4\pi}{5}\left((\partial_1\partial_2 f_0)\delta_{34}+(\partial_1\partial_3 f_0)\delta_{24}+(\partial_1\partial_4 f_0)\delta_{23}\right). \tag{9.26}$$

f_0 を掛けてこうなるように特異項を決めると（前に述べた添え字についての完全対称化を行う）

$$\text{式 (9.26) に対応する特異項} = \frac{4\pi}{10}\Sigma_1\Delta\delta^3(\boldsymbol{r})+\frac{4\pi}{10}\Sigma_2\delta^3(\boldsymbol{r}), \tag{9.27}$$

ただし

$$\Sigma_1 = \delta_{12}\delta_{34}+\delta_{13}\delta_{24}+\delta_{14}\delta_{23},$$
$$\Sigma_2 = \delta_{12}\partial_3\partial_4+\delta_{34}\partial_1\partial_2+(\text{他 4 項}).$$

同様に

$$\text{式 (9.23) 右辺第 1 項中の式 (9.24) 右辺第 2 項に対応する特異項}\\ = -\frac{4\pi}{14}\Sigma_1\Delta\delta^3(\boldsymbol{r})-\frac{4\pi}{7}\Sigma_2\delta^3(\boldsymbol{r}) \tag{9.28}$$

となる．

次に，式 (9.23) 右辺第 2 項を考えよう．$a\to 0$ の極限で有限の寄与を与えるのは f の 1 階微分の項であり

$$\partial_1 f_0(r)\to(\partial_1\partial_a f_0(0))x_a$$

と置き換えて計算する．上と同様の計算の結果

$$\text{式 (9.23) 右辺第 2 項に対応する特異項} = -\frac{8\pi}{45}\Sigma_2\delta^3(\boldsymbol{r}). \tag{9.29}$$

式 (9.23) 右辺第 3 項では $f_0(\boldsymbol{r})$ は 0 階微分の項 $f_0(0)$ がきき，計算結果は

$$\text{式 (9.23) 右辺第 3 項に対応する特異項} = -\frac{4\pi}{18}\Sigma_2\delta^3(\boldsymbol{r}). \tag{9.30}$$

式 (9.23) 右辺の第 4 項と第 5 項は $a\to 0$ で 0 となる．結局，最終結果は，式 (9.27)，式 (9.28)，式 (9.29) および式 (9.30) を加えて

$$-\frac{4\pi}{7}\Sigma_2\delta^3(\boldsymbol{r})+\frac{4\pi}{35}\Sigma_1\Delta\delta^3(\boldsymbol{r})$$

となる．前節の結果に一致した．

9.6 非等方的な正則化

ここまでは原点を中心とする微小球を特別扱いにして，つまり球対称な計算

をして特異項を計算してきた．そうすれば計算は簡単になるが，そうしなければならないという理由はない．別の形状を使うこともでき，回転楕円体や円筒形での計算がなされている [北野 09][Hin06]．形状を変えると特異項の大きさも変わるが，それを使って物理的な量を計算すると結果は変わらないということも，本節末尾で強調する．通常項の積分範囲が変わることも考慮しなければならないからである．したがって球対称な計算で問題はないのだが，たとえば回転楕円体で考えると話がわかりやすくなる例もあり，第 11 章で紹介する．

以下，本節では特異項の計算に回転楕円体を使ったらどうなるか，簡単に紹介する．ただし話を 2 階微分（双極子の電場に相当）に限定する．原点を中心として z 軸を対称軸とすれば，回転楕円体の式は

$$\frac{R^2}{a^2}+\frac{z^2}{c^2}=1, \tag{9.31}$$

$$\text{ただし}\quad R^2=x^2+y^2.$$

扁平率を

$$\kappa=a/c$$

とする．R は z 軸からの距離だが，原点から楕円面までの距離は

$$r^2=R^2+z^2=a^2+(1-\kappa^2)z^2$$

である．各 z での断面は円になるが，その半径，つまり z 軸から楕円面までの距離は，$R_0(z)$ と書くと

$$R_0^2(z)=a^2-\kappa^2z^2$$

である．

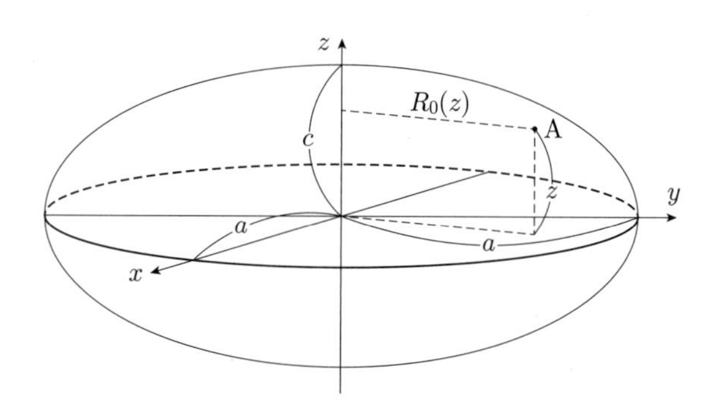

図 9.2　回転楕円体（扁平な例：$\kappa>1$）．A は表面上の点．

これまでは $\theta(r-a)$ という関数を掛けて半径 a の微小球を取り除いてきたが（式 (9.11)），本節では $\theta(R-R_0(z))$ という関数を掛けて，上記の回転楕円体を取り除くことにする．最終的には κ を一定として $a\to0$ の極限を考える．

式 (9.11) に代わって

$$f(r) = \frac{1}{r}\theta(R - R_0(z)) \tag{9.32}$$

から出発する．2 階微分は

$$\partial_i \partial_j f = \frac{3x_i x_j - r^2 \delta_{ij}}{r^5}\theta\left(R - R_0(z)\right) - \frac{x_i}{r^3}\partial_j \theta\left(R - R_0(z)\right) \tag{9.33}$$

であり，第 2 項が特異項である．1 階微分での $\partial_i \theta$ 項は無視した計算をしているので（p.157 参照）i と j について非対称に見えるが，$a \to 0$ の極限では対称になる．

上式第 2 項を等価な $\delta^3(\boldsymbol{r})$ 項に置き換えることが問題である．

$$\frac{x_i}{r^3}\partial_j \theta\left(R - R_0(z)\right) \;\;\to\;\; 4\pi K_{ij}(\kappa)\delta^3(\boldsymbol{r}) \tag{9.34}$$

と書こう．z 軸（第 3 軸）の回りの回転対称性，そして $a \to 0$ とすることを前提に i と j に関する対称性を仮定すれば

$$K_{ij}(\kappa) = \frac{1}{2}g(\delta_{i1}\delta_{j1} + \delta_{i2}\delta_{j2}) - h\delta_{i3}\delta_{j3} \tag{9.35}$$

という形になる．ただし g と h は κ に依存する定数である．これを計算しよう．

式 (9.34) は，$i = j = 1$ の場合と $i = j = 3$ の場合，それぞれ

$$4\pi K_{11}\delta^3(\boldsymbol{r}) = \frac{x^2}{R_0 r^3}R\delta(R - R_0), \tag{9.36}$$

$$4\pi K_{33}\delta^3(\boldsymbol{r}) = -\kappa^2 \frac{z^2}{R_0 r^3}\delta(R - R_0) \tag{9.37}$$

となる（$a \to 0$ での等号関係として書いた）．式 (9.36) の左辺に式 (9.35) を使い，両辺を積分すると

$$2\pi g = \int dV \frac{x^2}{Rr^3}R\delta(R - R_0) = \pi\kappa^2 \int dz \frac{c^2 - z^2}{(a^2 + (1 - \kappa^2)z^2)^{3/2}}.$$

$dV = 2\pi R\, dRdz$ とした．また積分範囲は $-c < z < c$ である．同様に式 (9.37) からは

$$4\pi h = -2\pi\kappa^2 \int dz \frac{z^2}{(a^2 + (1 - \kappa^2)z^2)^{3/2}}$$

となる．以上の結果は手法は違うが [北野 09] に一致する．

g と h の積分は簡単な形には書けないが，以下のいくつかの重要な性質はすぐに確認できる．

性質 1：積分範囲を考えれば，どちらも a と c に対する依存性は，その比 κ のみで表されることがわかる．

性質 2：$\kappa = 1$ つまり球面のときは $g = 2/3,\ h = -1/3$，となり

$$4\pi K_{ij} = \frac{4\pi}{3}\delta_{ij}$$

である．式 (9.12) に一致する．

性質 3：K_{ij} のトレースは $\sum_i K_{ii} = g - h = 1$ である．κ に依存しない．実際，

積分公式を使うと

$$g-h=\frac{a^2}{2}\int dz\frac{1}{(a^2+(1-\kappa^2)z^2)^{3/2}}=1. \tag{9.38}$$

つまり任意の κ で式 (9.1) が成り立つ．一般化して言えば，式 (9.1) の特異項は，原点周囲の取り除く部分の形状に依存しないということである．通常項と特異項の形状依存性が打ち消し合うというのが，本節でのこれからの議論だが，式 (9.1) には通常項がないのだから，特異項に形状依存性があっては困る．

性質 4：g と h の κ 依存性は，おおざっぱに言うと
g：$\kappa=0$（細長）で 1 になり $\kappa=\infty$（円盤）で 0 になる．
h：$\kappa=0$（細長）で 0 になり $\kappa=\infty$（円盤）で -1 になる．

このように特異項は一般には定義によって変わるのだが，物理的な量に対してはこの依存性は通常項の κ 依存性と打ち消し合う．通常項にも $\theta(R-R_0)$ という因子がかかっているので，何かを計算すればそこからも κ 依存性が現れ，それと打ち消し合うのである．

証明は簡単で，以下の通り．まず，式 (9.33) の 2 階微分を

$$\partial_i\partial_j f=\left(\partial_i\partial_j\frac{1}{r}\right)\theta(R-R_0)-\left(\partial_i\frac{1}{r}\right)\partial_j\theta(R-R_0) \tag{9.39}$$

という形に書いておく．第 3 節でやったように，これに何らかの滑らかな関数 $f_0(r)$ を掛けて積分することを考えるのだが（式 (9.32) が前提なので積分領域は $\infty>R>R_0$），第 1 項（通常項）は部分積分すると

$$\int dV f_0(r)\left(\partial_i\partial_j\frac{1}{r}\right)=\int dSn_if_0(r)\partial_j\frac{1}{r}-\int dV\partial_if_0\partial_j\frac{1}{r} \tag{9.40}$$

となる．ただし右辺第 1 項は $R=R_0$ という楕円体面上での面積分であり，n_i は面に垂直で外向き（つまり中心方向）の単位ベクトルである．また第 2 項の積分領域は $R>R_0$ だが，$\partial_j\frac{1}{r}$ の特異性が弱いので，$R_0\to 0$ の極限では原点を含む積分として問題はない．つまり第 2 項には κ 依存性はない．

一方，式 (9.39) の右辺第 2 項（特異項）については

$$\partial_j\theta(R-R_0)=n_i\delta(R-R_0)$$

となり，f_0 を掛けて積分をすれば式 (9.40) 右辺第 1 項と打ち消し合う．

結局，式 (9.40) の右辺第 2 項だけが残り，特異項の定義依存性はないことになる．この証明は式 (9.39)，そして結局は式 (9.32) の形が本質的であり，このようにすれば回転楕円体ばかりでなく任意の形状による特異項の定義にも通用する．

9.7 連続体

分子は通常は全体としては電気的に中性だが，周囲に電場がないわけではな

い．電荷が完全に球対称に分布していない限り，一般に周囲に双極子場，四重極場，八重極場 $\cdots$ というように展開できる複雑な電場を作る．それらを全体的にならして考えて，双極子，四重極，八重極等々が連続的に分布していると近似するとどのような電場ができるか，という問題を考えよう．特に，特異項がどのような働きをするかがポイントである．結論を言っておけば，特異項があるおかげで，多重極の存在位置における電場の特異性の影響を回避できる．また，マクスウェル方程式には電荷密度という量はあるが，たとえば双極子密度といった量は登場しない．双極子の場合には分極電荷というもので記述できることが知られているが，それを一般の多重極に拡張することも説明する．話が不必要に複雑にならないように，特異項は球対称な扱いで進める．

まず，ここでの立場をはっきりさせるために，点電荷の連続分布から考えよう．まず，$\boldsymbol{r}'$ に位置する点電荷の，位置 $\boldsymbol{r}$ での電位 φ を，式 (9.11) にしたがって

$$\varphi(\boldsymbol{r},\boldsymbol{r}') \propto \lim_{a\to 0} \frac{1}{|\boldsymbol{r}-\boldsymbol{r}'|}\theta(\Delta r - a) \tag{9.41}$$

とする ($\Delta r = |\boldsymbol{r}-\boldsymbol{r}'|$)．このような点電荷の分布密度を ρ とすれば，位置 $\boldsymbol{r}$ での電位は

$$\varphi(\boldsymbol{r}) \propto \lim_{a\to 0} \int dV' \rho(\boldsymbol{r}') \frac{1}{|\boldsymbol{r}-\boldsymbol{r}'|}\theta(\Delta r - a)$$

となる．しかし ρ が滑らかな関数であれば，$\boldsymbol{r}=\boldsymbol{r}'$ での特異性は弱いので，最初から $a=0$ として構わない．

同じことを連続分布する双極子で考える．i 方向に分極している点状の双極子による電位 φ_i は，式 (9.41) から

$$\varphi_i(\boldsymbol{r},\boldsymbol{r}') \propto \lim_{a\to 0} \partial_i \left(\frac{1}{|\boldsymbol{r}-\boldsymbol{r}'|}\theta(\Delta r - a) \right) \tag{9.42}$$

である．このような双極子が連続分布しており，その密度を P_i とすると，それによる電位 φ は

$$\begin{aligned}\varphi(\boldsymbol{r}) &\propto \lim_{a\to 0} \int dV' P_i(\boldsymbol{r}') \partial_i \left(\frac{1}{|\boldsymbol{r}-\boldsymbol{r}'|}\theta(\Delta r - a) \right) \\ &= \lim_{a\to 0} \int dV' \left(-\partial_i P_i(\boldsymbol{r}')\right) \left(\frac{1}{|\boldsymbol{r}-\boldsymbol{r}'|}\theta(\Delta r - a) \right) + (\text{物体表面の項})\end{aligned}$$

となるが，ここでも $\boldsymbol{r}=\boldsymbol{r}'$ での特異性は弱いので，どちらの式でも最初から $a=0$ として構わない．また 2 行目の式は，全電位は**分極電荷** $-\nabla\cdot\boldsymbol{P}$ によるクーロン電位になるという，よく知られた結果である．表面項は物体の表面に現れる分極面電荷の効果と解釈されるが，積分領域は無限に広がっており，無限遠での分極は 0 とすれば，表面項は書かなくてもよい．その場合は物体表面の効果は δ 関数タイプの分極電荷で現される．

さらに高階の多重極を考えよう．ここでは直線直交座標による多重極表示を考えているので，2^n 重極は $(i_1,\cdots i_n)$ という数列で表される．それ一つによる

電位は，式 (9.43) を拡張して

$$\varphi_{i_1\cdots i_n}(\boldsymbol{r},\boldsymbol{r}') \propto \lim_{a\to 0} \partial_{i_n}\cdots\partial_{i_1}\left(\frac{1}{|\boldsymbol{r}-\boldsymbol{r}'|}\theta(\Delta r - a)\right) \tag{9.43}$$

となる．このタイプの多重極の分布密度を $P_{i_1\cdots i_n}$ と書くと，それによる全電位は

$$\begin{aligned}\varphi(\boldsymbol{r}) &\propto \lim_{a\to 0}\int dV' P_{i_1\cdots i_n}(\boldsymbol{r}')\partial_{i_n}\cdots\partial_{i_1}\left(\frac{1}{|\boldsymbol{r}-\boldsymbol{r}'|}\theta(\Delta r - a)\right)\\ &= \lim_{a\to 0}(-1)^n\int dV'\left(\partial_{i_n}\cdots\partial_{i_1}P_i(\boldsymbol{r}')\right)\left(\frac{1}{|\boldsymbol{r}-\boldsymbol{r}'|}\theta(\Delta r - a)\right)\\ &\quad + (\text{物体表面の項}).\end{aligned} \tag{9.44}$$

この式の場合 $n \geq 2$ だと微分の特異性が強いので，1 行目の式では $a = 0$ とはできない．しかし 2 行目の式ではその問題は解消しており，分極電荷（$\propto \partial_{i_n}\cdots\partial_{i_1}P_i$）によるクーロン場と解釈できる．双極子の場合の自然な拡張である．

自然な結果だが，特異項の効果はどうなっているのか，あるいは部分積分したときに $|\boldsymbol{r}-\boldsymbol{r}'| = a$ の球面での表面項は考えなくていいのか，という疑問が生じる．そこで，特異項を使った厳密な話をしてみよう．$1/r$ の n 階微分の通常項と特異項は，式 (9.17) で定義される．右辺第 2 項以下が特異項である．式 (9.43) の場合は

$$\varphi_{i_1\cdots i_n}(\boldsymbol{r},\boldsymbol{r}') \propto \lim_{a\to 0}\partial_{i_n}\cdots\partial_{i_1}\left(\frac{1}{|\boldsymbol{r}-\boldsymbol{r}'|}\right)\theta(\Delta r - a) + \text{特異項}$$

となる（微分がかかる範囲に注意）．

ここで，上式第 1 項だけを式 (9.44) に使ったらどうなるかを考えてみよう．θ 関数が被積分関数に（微分なしで）かかっているので，積分範囲 $|\boldsymbol{r}-\boldsymbol{r}'| > a$ での積分とみなせる．それを考えて部分積分を 1 回だけすると

$$\begin{aligned}\varphi(\text{第 1 項}) &\propto \int dV' P_{i_1\cdots i_n}\partial_{i_n}\cdots\partial_{i_1}\frac{1}{|\boldsymbol{r}-\boldsymbol{r}'|}\\ &= -\int dV'(\partial_{i_n}P_{i_1\cdots i_n})\partial_{i_{n-1}}\cdots\partial_{i_1}\frac{1}{|\boldsymbol{r}-\boldsymbol{r}'|}\\ &\quad + \int dS P_{i_1\cdots i_n}\partial_{i_{n-1}}\cdots\partial_{i_1}\frac{1}{|\boldsymbol{r}-\boldsymbol{r}'|}n_{i_n}.\end{aligned}$$

物体表面の効果は無視して書く．2 行目第 2 項は物体表面ではなく，半径 a の微小球面での表面積分であり，n_{i_n} は面 dS と i_n 方向の余弦，これまで x_{i_n}/r と書いてきたものである．そしてこの球面での表面積分は，式 (9.17) の 1 番目の特異項（第 2 項）と打ち消し合う．

この手順を n 回行えば，すべての微分を $P_{i_1\cdots i_n}$ のほうに移すことができ

$$\varphi(\text{全体}) \propto (-1)^n\int dV'(\partial_{i_n}\cdots\partial_{i_1}P_{i_1\cdots i_n})\frac{1}{|\boldsymbol{r}-\boldsymbol{r}'|}$$

となる．部分積分から出る表面項とすべての特異項が打ち消し合い，最終的には被積分関数は $1/|\boldsymbol{r}-\boldsymbol{r}'|$ に比例する項だけになる．そしてここまでくれば

特異性は十分に弱いので，積分範囲に半径 a の球が含まれているか否かは関係ない．全空間での積分と考えてよく，多重極分布 P による電位は，分極電荷 $(-1)^n\partial\cdots P$ によるクーロン電位によって与えられるという結論が正当化される．

以上は電位の話だが，電場はこれを一回微分するだけなので，話はほとんど同じである．たとえば電気双極子の電場には特異項があるが，それが連続分布しており分極電荷によるクーロン電場とみなそうという場合には，一回，部分積分をしなければならない．そのときに生じる微小球面での表面項を打ち消すために特異項が必要となる．この 2 つは互いに打ち消し合うので，結果として特異項の効果は何もないかのように見える．

マクスウェル方程式に登場する電荷密度 ρ は，これらの分極電荷と，それに含まれていない単独で存在する電荷（ρ_0 と書く）を加えたものであり

$$\rho = \rho_0 + \sum (-1)^n \partial_{i_n} \cdots \partial_{i_1} P_{i_1 \cdots i_n} \tag{9.45}$$

となる．また，分極密度という量 $\boldsymbol{P}$ を定義して

$$\rho = \rho_0 - \nabla \cdot \boldsymbol{P} \tag{9.46}$$

と書くこともよくあるが，その場合は

$$P_i = -\sum (-1)^n \partial_i \partial_{i_n} \cdots \partial_{i_1} P_{i i_1 \cdots i_n}$$

となり，すべての多重極の効果を加えることになる．ただし，単独の電荷と多重極との区別は必ずしも一意的ではなく，式 (9.46) のような分割に意味があるかどうかは，場合によるだろう．

9.8 磁気多重極

ここまでは電気多重極に相当する話だった．本章最後に**磁気多重極**の話をしよう．原点に置かれた磁気モーメント $\boldsymbol{m}$ の磁気双極子のベクトルポテンシャルは

$$\boldsymbol{A} = -\frac{\mu_0}{4\pi} \boldsymbol{m} \times \nabla \frac{1}{r}$$

であり，磁場は

$$\begin{aligned} \boldsymbol{B} = \nabla \times \boldsymbol{A} &= \frac{\mu_0}{4\pi} \left((\boldsymbol{m} \cdot \nabla) \nabla \frac{1}{r} - \left(\Delta \frac{1}{r} \right) \boldsymbol{m} \right) \\ &= \frac{\mu_0}{4\pi} \left((\boldsymbol{m} \cdot \nabla) \nabla \frac{1}{r} + 4\pi \boldsymbol{m} \delta^3(\boldsymbol{r}) \right). \end{aligned} \tag{9.47}$$

係数を別にすれば第 2 項が電気双極子との違いである．多重極の場合も，この項の微分を常に引きずることになる．これによりすべての階数で $\nabla \cdot \boldsymbol{B} = 0$ となる．これまでと同様に簡易正則化をすれば，$(i_1, \cdots, i_n)$ で表される 2^n 重極の磁場の j 成分 B_j は

$$B_j \propto \partial_j \partial_{i_n} \cdots \partial_{i_1} \left(\frac{1}{r} \theta(r-a) \right) + \frac{4\pi}{n} \sum_k \delta_{j i_k} \partial_{i_n} \cdots \partial_{i_1} \delta^3(\boldsymbol{r}). \tag{9.48}$$

第 2 項の ∂ の列に ∂_{i_k} は含まれない．

これに磁気多重極の密度分布 $M_{i_1 \cdots i_n}$ を掛けて積分したものが連続体による磁場である．この磁場は，等価磁荷を考えるか，磁化電流を考えるかによって 2 通りの解釈が可能である．まず，電気多重極との関係がわかりやすい，等価磁荷のほうから説明しよう．

まず，式 (9.48) の第 1 項は電場の場合と変わらないので，分極電荷を考えたのと同様に，仮想の磁荷によるクーロン磁場の積分に置き換えることができる．この仮想の磁荷を**等価磁荷**と呼ぶことにすると，前節からの類推で

$$\text{等価磁荷密度} = (-1)^n \partial_{i_n} \cdots \partial_{i_1} M_{i_1 \cdots i_n} \tag{9.49}$$

である．これによる磁場を $\boldsymbol{H}$ と書こう．電場と同じ構造をもっているのだから

$$\nabla \cdot \boldsymbol{H} \propto \text{等価磁荷密度}, \qquad \nabla \times \boldsymbol{H} = 0$$

という式を満たす．真電流 $\boldsymbol{j}_0$ もあれば $\nabla \times \boldsymbol{H} = \boldsymbol{j}_0$ である．

一方，式 (9.48) の第 2 項による連続体での磁場は

$$\begin{aligned} B_j(\boldsymbol{r})(\text{第 2 項}) &\propto \int M_{i_1 \cdots i_n} \frac{4\pi}{n} \sum_k \delta_{j i_k} \partial_{i_n} \cdots \partial_{i_1} \delta^3(\boldsymbol{r} - \boldsymbol{r}') dV' \\ &= (-1)^n 4\pi \partial_{i_{n-1}} \cdots \partial_{i_1} M_{j i_1 \cdots i_{n-1}}(\boldsymbol{r}) \end{aligned}$$

となる．M は n 個の添え字について完全対称であることを使った．これは

$$M_i = \partial_{i_{n-1}} \cdots \partial_{i_1} M_{i i_1 \cdots i_{n-1}} \tag{9.50}$$

を 2^n 重極による等価磁化とみなしたときの磁化密度 $\boldsymbol{M}$ に他ならない．これをもう一度微分すれば等価磁荷になるのだから，分極密度の発散 = −分極電荷（$\nabla \cdot \boldsymbol{P} = -\rho_P$）に対応する関係も満たされている．結局，任意の 2^n 重極分布による磁場全体は，係数については通常の定義を使うとすれば

$$\boldsymbol{B} = \mu_0 \boldsymbol{H} + \mu_0 \boldsymbol{M} \tag{9.51}$$

と表される．$\boldsymbol{M}$ は $\nabla \cdot \boldsymbol{H}$ を打ち消すように入っている．

以上の見方は電気多重極との違いを見るにはいいが，磁荷という概念を導入しているので，通常のマクスウェル方程式との相性はよくない．マクスウェル方程式では磁場は電流によって生成されることになっているので，マクスウェル方程式と対応付けるには $\boldsymbol{M}$ を仮想の電流と関係づけることをしなければならない．**磁化電流**という考え方である．

まず，双極子の場合の磁化電流を復習しよう．前節で電気双極子を考えたときと同じ意味で，i 方向を向いた磁気双極子の分布密度を M_i とし，それのベクトル表記を $\boldsymbol{M}$ とすれば，ベクトルポテンシャルは

$$\boldsymbol{A} = -\frac{\mu_0}{4\pi}\int dV'\boldsymbol{M}\times\nabla\frac{1}{|\boldsymbol{r}-\boldsymbol{r}'|} = \frac{\mu_0}{4\pi}\int dV'\frac{\nabla'\times\boldsymbol{M}}{|\boldsymbol{r}-\boldsymbol{r}'|} \tag{9.52}$$

となる．これを，一般の電流 $\boldsymbol{j}$ があるときのベクトルポテンシャル

$$\boldsymbol{A} = \frac{\mu_0}{4\pi}\int dV'\frac{\boldsymbol{j}}{|\boldsymbol{r}-\boldsymbol{r}'|}$$

と比較すれば，磁化電流 $\boldsymbol{j}_M$ に対する，よく知られた式

$$\boldsymbol{j}_M = \nabla\times\boldsymbol{M} \tag{9.53}$$

が得られる．この $\boldsymbol{j}_M$ を BS 則に代入すれば

$$\begin{aligned}\boldsymbol{B} &= \frac{\mu_0}{4\pi}\int dV'\boldsymbol{j}_M\times\nabla\frac{1}{|\boldsymbol{r}-\boldsymbol{r}'|}\\ &= \frac{\mu_0}{4\pi}\int dV'\left((\boldsymbol{M}\cdot\nabla)\nabla\frac{1}{|\boldsymbol{r}-\boldsymbol{r}'|} - \boldsymbol{M}\Delta\frac{1}{|\boldsymbol{r}-\boldsymbol{r}'|}\right)\end{aligned}$$

となって，式 (9.47) の連続体版になる．

以上の話を 2^n 重極に拡張しよう．その分布密度を $M_{i_1\cdots i_n}$ とすれば，そのベクトルポテンシャルの i 成分は式 (9.52) より

$$\begin{aligned}A_i(2^n\ \text{重極}) &\propto \int dV'\varepsilon_{ijk}M_{ji_2\cdots i_n}\partial_{i_n}\cdots\partial_{i_2}\partial_k\left(\frac{1}{|\boldsymbol{r}-\boldsymbol{r}'|}\theta(\Delta r-a)\right)\\ &= \int dV'\varepsilon_{ijk}(\partial_{i_n}\cdots\partial_{i_2}\partial_k M_{ji_2\cdots i_n})\frac{1}{|\boldsymbol{r}-\boldsymbol{r}'|}\theta(\Delta r-a)\end{aligned}$$

となる（M は完全対称なので式自体の形を対称化する必要はない）．特異項のことを正しく考えれば上式のように部分積分が可能になるのは前節の議論と同じである．最後の式では $a=0$ としてよい．

そして式 (9.53) と同じ考え方で，2^n 重極の磁化電流は

$$j_{M_i}(n) = \varepsilon_{ijk}(\partial_{i_n}\cdots\partial_{i_2}\partial_k M_{ji_2\cdots i_n}) \tag{9.54}$$

と定義される．

真電流密度を $\boldsymbol{j}_0$ とすれば，全電流密度は

$$\boldsymbol{j} = \boldsymbol{j}_0 + \sum\boldsymbol{j}_M(n) = \boldsymbol{j}_0 + \boldsymbol{j}_M$$

となり，これがマクスウェル方程式（$\nabla\times\boldsymbol{B} = \mu_0\boldsymbol{j}$）の電流になるべきものとなる．

式 (9.49) では磁化密度 (式 (9.50)) が等価磁荷に結び付いたが，式 (9.54) を考えれば磁化電流のほうに結び付く．つまり

$$j_{M_i} = \varepsilon_{ijk}\partial_k M_j$$

となるので

$$\nabla\times\boldsymbol{B} = \mu_0(\boldsymbol{j}_0 + \nabla\times\boldsymbol{M})$$

となり，式 (9.51) で定義される $\boldsymbol{H}$ で書けば

$$\nabla\times\boldsymbol{H} = \nabla\times(\boldsymbol{B}/\mu_0 - \boldsymbol{M}) = \mu_0\boldsymbol{j}_0$$

という，よく知られた式になる．

以上はあくまでも静的なケースであり，変位電流は登場していない．動的な場合も含む一般的な議論をするには，以上の議論に加えて分極電流を導入しなければばならない．式 (9.46) のように一般化された分極密度の時間的な変化率が，アンペール–マクスウェルの式に分極電流として加わることを示さなければならない．通常はミクロなマクスウェル方程式からマクロなマクスウェル方程式を導くという議論でそれに相当する計算がなされるが，多重極展開という視点からの議論は見たことはない．難しい話ではないだろうが．

参考文献とコメント

電気双極子と磁気双極子の特異項については [加藤] にかなり詳しく議論されているので以前から関心をもっていたが，[小玉] で 3 階微分の特異項を知ったのが，今回の私の諸計算のきっかけであった．階段関数を使って式が表されること，そして $a \to 0$ の極限で結果が有限になることなどが，これまであまり知られていなかったことだと思う．角運動量を考えれば特異項の有限性が示されるのではという示唆は小玉氏からいただき，共著論文 [和田小玉] となっているが，本書の説明法は私独自のものである．小玉氏も別の証明をしているようで，それは [小玉菅野] を参照していただきたい．

特異項の通常の扱いには球対称という前提があることはジャクソンにも指摘されている．非球対称な扱いは私は [北野 09] で知ったが，[Hin06] という論文も後で知った．物理量には違いはきかないということは第 11 章の計算をしているときに気付いたので，私なりの説明を紹介する．当然と言えば当然である．[Hin06] にも，違いは有用性の問題であると指摘されている．

最後の連続体の話は [加藤] での議論（双極子）を厳密化し一般の多重極に拡張したもので，[和田小玉] にも一部は書いたが，それよりも少し深めてある．類似の議論はたとえば [太田] にもなされていることに後で気付いた（5.5 節，18.2 節など）が，焦点が違うのでこちらも参考になるのではと思う．

第 10 章
電磁場のエネルギーと運動量

本章の要点
・マクスウェル方程式とローレンツ力の式を組み合わせることにより，電磁場のエネルギーと運動量を与える式を導出する．それらの流れを表す量としてポインティングベクトルとマクスウェルの応力テンソルも登場する．
・解析力学的に導出されるエネルギーと運動量を紹介し，それらと上記の違いを確認する．荷電物質と電磁場両方のエネルギー/運動量を合わせることによってのみ，上記の量との整合性が理解できることを説明する．
・エネルギーや運動量を具体的に計算するとき便利な諸公式を紹介し，それぞれを使うときの補足条件を確認する．
・一様磁場内の点電荷が生み出す電磁運動量を 3 通りの方法で計算する．
・点電荷と磁気双極子というシステムの電磁運動量を計算する．磁気双極子が環状電流である場合，磁極対である場合，そして点電荷により環状電流に分極が生じて電場が遮蔽される場合の 3 通りを扱う．

10.1 電磁場のエネルギーと運動量

電磁場のエネルギーや運動量についてはすでに，第 8 章で回路に関係した話をした．そこでは天下り的に公式を持ち出して議論を進めた．ここで改めてそれらについて簡単なまとめをしておく．

まず，エネルギーに関する公式を発見法的な手法で導出する．電磁場が荷電物質に対してする仕事率は，磁場はきかず，$\boldsymbol{j}\cdot\boldsymbol{E}$ のみである．アンペール–マクスウェルの式を使えば

$$\boldsymbol{j}\cdot\boldsymbol{E}=\left(\frac{1}{\mu_0}\nabla\times\boldsymbol{B}-\varepsilon_0\partial_t\boldsymbol{E}\right)\cdot\boldsymbol{E}.$$

これを変形していこう．

$$\nabla\cdot(\boldsymbol{E}\times\boldsymbol{B})=-(\nabla\times\boldsymbol{B})\cdot\boldsymbol{E}+(\nabla\times\boldsymbol{E})\cdot\boldsymbol{B}=-(\nabla\times\boldsymbol{B})\cdot\boldsymbol{E}-\frac{1}{2}\partial_t\boldsymbol{B}^2$$

を使えば

$$\boldsymbol{j}\cdot\boldsymbol{E} = -\frac{1}{\mu_0}\nabla\cdot(\boldsymbol{E}\times\boldsymbol{B}) - \partial_t\left(\frac{\varepsilon_0}{2}\boldsymbol{E}^2 + \frac{1}{2\mu_0}\boldsymbol{B}^2\right)$$

となる．

ここで以下の量を定義する．

電磁場のエネルギー密度：$u = \dfrac{\varepsilon_0}{2}\boldsymbol{E}^2 + \dfrac{1}{2\mu_0}\boldsymbol{B}^2$ (10.1)

電磁場のエネルギーの流れ：$\boldsymbol{S}$(ポインティングベクトル) $= \dfrac{1}{\mu_0}\boldsymbol{E}\times\boldsymbol{B}.$ (10.2)

このようにすれば上式は

$$\partial_t u + \nabla\cdot\boldsymbol{S} = -\boldsymbol{j}\cdot\boldsymbol{E} \tag{10.3}$$

となり，エネルギーの連続方程式と解釈される．$\boldsymbol{j}\cdot\boldsymbol{E}$ とは電磁場が荷電物質に対して行う仕事率なので，$-\boldsymbol{j}\cdot\boldsymbol{E}$ はその反作用として電磁場がなされる仕事率と解釈できる．

次に運動量を考えよう．運動量の変化率は力なので，連続体に対するローレンツ力 f の式から出発すると

$$\boldsymbol{f} = \rho\boldsymbol{E} + \boldsymbol{j}\times\boldsymbol{B} = \varepsilon_0(\nabla\cdot\boldsymbol{E})\boldsymbol{E} + \left(\frac{1}{\mu_0}\nabla\times\boldsymbol{B} - \varepsilon_0\partial_t\boldsymbol{E}\right)\times\boldsymbol{B}.$$

ここで

$$\partial_t\boldsymbol{E}\times\boldsymbol{B} = \partial_t(\boldsymbol{E}\times\boldsymbol{B}) + \boldsymbol{E}\times(\nabla\times\boldsymbol{E})$$

であることを使えば

$$\boldsymbol{f} + \varepsilon_0\partial_t(\boldsymbol{E}\times\boldsymbol{B}) = \varepsilon_0(\nabla\cdot\boldsymbol{E})\boldsymbol{E} - \varepsilon_0\boldsymbol{E}\times(\nabla\times\boldsymbol{E}) + \frac{1}{\mu_0}(\nabla\times\boldsymbol{B})\times\boldsymbol{B} \tag{10.4}$$

となる．成分で考えると，右辺の前半（第 1 項＋第 2 項）は

$$\begin{aligned}(\nabla\cdot\boldsymbol{E})E_i - (\boldsymbol{E}\times(\nabla\times\boldsymbol{E}))_i &= (\partial_j E_j)E_i + E_j(\partial_j E_i) - (\partial_i E_j)E_j \\ &= \partial_j\left(E_iE_j - \frac{1}{2}\delta_{ij}\boldsymbol{E}^2\right).\end{aligned}$$

右辺第 3 項も

$$((\nabla\times\boldsymbol{B})\times\boldsymbol{B})_i = (B_j\partial_j)B_i - (\partial_i B_j)B_j.$$

$\nabla\cdot\boldsymbol{B} = 0$ より $(\partial_j B_j)B_i$ という項も加えていいことを考えれば，これも電場部分と同じ形にまとまることがわかる．

ここで以下の量を定義する．

電磁場の運動量密度：$\boldsymbol{g}(=\boldsymbol{p}_{em}) = \varepsilon_0\boldsymbol{E}\times\boldsymbol{B}.$ (10.5)

電磁場の応力テンソル：

$$T_{ij} = \varepsilon_0 \left(E_i E_j - \frac{1}{2}\delta_{ij}\boldsymbol{E}^2 \right) + \frac{1}{\mu_0}\left(B_i B_j - \frac{1}{2}\delta_{ij}\boldsymbol{B}^2 \right) \tag{10.6}$$

これらを使えば式 (10.4) は

$$\partial_t g_i - \partial_j T_{ji} = -f_i \tag{10.7}$$

となる．$-f_i$ は荷電媒体が電磁場に及ぼす力（ローレンツ力の反作用）であることを考えれば，この式は運動量に対する連続方程式とみなすことができる．その場合，T_{ij} は連続媒体における応力テンソルに対応する量であり，マクスウェルの応力テンソルと呼ばれる．

応力の意味は次の式からわかる．式 (10.7) をベクトル的に書き，何らかの有限領域 V で積分し，応力の項は部分積分をすれば，その領域の表面を S として（$\boldsymbol{n}$ は面 S 上の，外向きの単位法線ベクトル）

$$\int dV \partial_t \boldsymbol{g} = -\int dV(\rho\boldsymbol{E} + \boldsymbol{j}\times\boldsymbol{B}) + \int dS\boldsymbol{n}\mathsf{T}$$

となる（T は 2 階のテンソルで $\boldsymbol{n}\mathsf{T}$ がベクトル）．右辺第 1 項は電磁場が電荷・電流から受ける反作用であり，第 2 項は境界で周囲の電磁場から受ける力である．

運動量密度 $\boldsymbol{g}$ はエネルギーの流れ $\boldsymbol{S}$ と

$$\boldsymbol{S} = c^2\boldsymbol{g}$$

という関係にあり，これは電磁場の場合に限らない，連続媒体の場合に成り立つプランクの関係式と呼ばれる式である．

電磁場のエネルギーと運動量の表式が得られたが，相対論ではそれらは四元運動量としてまとまる．したがって式 (10.3) と式 (10.7) も一つの式にまとまるはずである．実際，第 4 章で説明した四元電磁場 $F^{\mu\nu}$ を使うと（式 (4.27)），

エネルギー運動量テンソル：$$T^{\mu\nu} = \frac{1}{\mu_0}(F^{\mu\kappa}F^{\nu}{}_{\kappa} - \frac{1}{4}\eta^{\mu\nu}F^{\lambda\kappa}F_{\lambda\kappa}) \tag{10.8}$$

とすると，式 (10.3) と式 (10.7) は

$$\partial_\mu T^{\mu\nu} = -f^\nu \tag{10.9}$$

と表せる．ただし f^μ は 4 次元化したローレンツ力であり（f^0 は仕事率）

$$\begin{aligned} &T^{00} = u, \\ &T^{0i} = T^{i0} = g_i c = S_i/c, \\ &T^{ij} = -T(\text{応力テンソル})_{ij} \end{aligned} \tag{10.10}$$

である．

10.2 正準形式でのエネルギー

前節ではマクスウェル方程式から出発して電磁場のエネルギー密度や運動量

密度を考えた．発見的方法であり，エネルギーや運動量の本来の定義に基づく議論ではない．説得力は感じられる議論だったが不思議な点もある．

疑問 1：スカラーポテンシャル φ があるとき，点電荷 q は位置エネルギー $q\varphi$ をもつ．前節の議論ではなぜそれが登場しなかったのか．
疑問 2：ベクトルポテンシャル $\boldsymbol{A}$ があるとき，点電荷の運動量（正準運動量）は $m\boldsymbol{v}$ ではなく $m\boldsymbol{v}+q\boldsymbol{A}$ である（式 (10.13)）．この $q\boldsymbol{A}$ と，前節の電磁場の運動量との関係は何か．両方を考えるとダブルカウンティングになるのかならないのか．
疑問 3：エネルギーや運動量については解析力学に基づく一般的な定義の方法がある．それと前節の結論とはどのような関係にあるのか．

本節ではまず 3 番目の疑問に着目し，力学的な議論をする．それによって他の疑問に対する答も得ることができる．

計算の詳細は諸教科書を見ていただくこととして，話の筋道だけをまとめておこう．まずラグランジアン密度から出発する．電磁場の場合，相対論的表示をすれば

$$
\begin{aligned}
L_{em} &= -\frac{1}{4\mu_0}F^{\lambda\kappa}F_{\lambda\kappa} + j_\mu A^\mu \\
&= \frac{\varepsilon_0}{2}\boldsymbol{E}^2 - \frac{1}{2\mu_0}\boldsymbol{B}^2 - \rho\varphi + \boldsymbol{j}\cdot\boldsymbol{A}
\end{aligned}
\tag{10.11}
$$

となる．これは，ローレンツ変換に対して不変であることと，オイラー–ラグランジュ方程式によってマクスウェル方程式が導かれるという条件から決まっている．

次に，これから φ（$=cA_0$）と $\boldsymbol{A}$ に対する正準運動量を定義する（一般に自由度 q に対する正準運動量 p は $p=\partial L/\partial(\partial_t q)$）．それぞれ Π_φ，$\boldsymbol{\Pi}_{\boldsymbol{A}}$ と書けば

$$
\Pi_\varphi = 0, \qquad \boldsymbol{\Pi}_{\boldsymbol{A}} = -\varepsilon_0\boldsymbol{E}
$$

となる．これを使ってハミルトニアン密度を

$$
H_{em} = \Pi_\varphi\partial_t\varphi + \boldsymbol{\Pi}_{\boldsymbol{A}}\cdot\partial_t\boldsymbol{A} - L_{em}
$$

と定義する. 具体的に書けば

電磁場のハミルトニアン密度：

$$
H_{em} = \frac{\varepsilon_0}{2}\boldsymbol{E}^2 + \frac{1}{2\mu_0}\boldsymbol{B}^2 - \boldsymbol{j}\cdot\boldsymbol{A} - (\varepsilon_0\nabla\cdot\boldsymbol{E}-\rho)\varphi + \varepsilon_0\nabla\cdot(\varphi\boldsymbol{E})
\tag{10.12}
$$

である．第 4 項はガウスの法則を使えば 0 になり，第 5 項は全空間で積分すれば 0 になるので（ただし場は無限遠では無視できるとする），ハミルトニアン（積分量）には寄与しない．しかしそれでも，第 3 項 $\boldsymbol{j}\cdot\boldsymbol{A}$ の分だけは式 (10.1) の u とは異なっている．電磁場と電荷の相互作用を取り入れたからだとは言え

るが，$\rho\varphi$ という項はいらないのだろうか．

電磁場の影響下にある点電荷 q を考えよう．非相対論的に書くと，そのラグランジアン L_q は

$$L_q = \frac{1}{2}m\boldsymbol{v}^2 - q\varphi + q\boldsymbol{v}\cdot\boldsymbol{A}$$

である．これも，正しい運動方程式を与えるということから決まる．これから，正準運動量 $\boldsymbol{p}$ は

$$\boldsymbol{p} = \partial L_q/\partial\boldsymbol{v} = m\boldsymbol{v} + q\boldsymbol{A} \tag{10.13}$$

になるので，ハミルトニアンは

点電荷のハミルトニアン：

$$H_q = \boldsymbol{p}\cdot\boldsymbol{v} - L_q = \frac{1}{2}m\boldsymbol{v}^2 + q\varphi \tag{10.14}$$

となる．$q\boldsymbol{v}\cdot\boldsymbol{A}$ という項はなくなっているが，$q\varphi$ という項は残っている（本節冒頭の疑問 1）．

しかし 電磁場＋点電荷 という全システムを考えると，そのハミルトニアンは，H_{em}（式 (10.12)）を空間積分したものに H_q を加え，それに相互作用 $j_\mu A^\mu$（$= -\rho\varphi + \boldsymbol{j}\cdot\boldsymbol{A}$）を足さなければならない．$L_{em}$ と L_q の両方に $j_\mu A^\mu$ を入れたので，ダブルカウンティングを避けるためである．すると式 (10.12) の $\boldsymbol{j}\cdot\boldsymbol{A}$ と式 (10.14) の $q\varphi$ が消えて，密度として書けば

全ハミルトニアン密度：

$$\begin{aligned} H_{em+q} = {} & \frac{1}{2}m\boldsymbol{v}^2\delta^3\left(\boldsymbol{r} - \boldsymbol{r}_q(t)\right) + \frac{\varepsilon_0}{2}\boldsymbol{E}^2 + \frac{1}{2\mu_0}\boldsymbol{B}^2 \\ & + (\varepsilon_0\nabla\cdot\boldsymbol{E} - \rho)\varphi + \varepsilon_0\nabla\cdot(\varphi\boldsymbol{E}) \end{aligned} \tag{10.15}$$

となる（$\boldsymbol{r}_q(t)$ は点電荷の軌道）．結局，（0 になる項を除けば）前節の電磁場のエネルギー u（式 (10.1)）に点電荷の運動エネルギーを足しただけのものになる．

疑問 1 との関係で言えば，$\rho\varphi$ という項はあるのだが，$\varepsilon_0\nabla\cdot\boldsymbol{E}$ の項とガウスの法則を通じて打ち消し合っており，電気エネルギーとしては $\frac{\varepsilon_0}{2}\boldsymbol{E}^2$ の項が残る．通常の静電気の問題で $\rho\varphi$ を $\frac{\varepsilon_0}{2}\boldsymbol{E}^2$ に等値する話と整合する．

また H_{em} と H_q は個別にはゲージに依存しているが（つまり独自の物理的意味をもたない），式 (10.15) の最初の 3 項は個々にゲージ不変であることも指摘しておく．

10.3 解析力学でのエネルギー運動量テンソル

前節ではハミルトニアンを求めた．その電磁場部分は 10.1 節のエネルギー u（$= T^{00}$）とは $\boldsymbol{j}\cdot\boldsymbol{A}$ の項だけずれており，点電荷のハミルトニアンを加える

とそれは解消されるが，体積積分をすれば消える項だけの違いがあった．本節では同様の考察を運動量について行う．解析力学的に見た運動量と，10.1 節の運動量 p_i（$= T^{0i}/c$）との関係が焦点であり，前節冒頭の疑問 2 にも答える．

まず，前節のハミルトニアン密度（式 (10.12)）が 00 成分になるような，新たな四元（電磁）エネルギー運動量テンソル $T'^{\mu\nu}$ を定義し（「$'$」を付けたことに注意），これを正準エネルギー運動量テンソルと呼ぶ．これは時空座標の無限小変換に対する不変性から，ネーターの定理によって導かれるものであり，詳細はここでは省略するが，電磁場 A^μ 部分については

$$T'^{\mu\nu}(\text{電磁場}) = Lg^{\mu\nu} - \frac{\partial L}{\partial(\partial_\mu A_\lambda)}\partial^\nu A_\lambda \tag{10.16}$$

と書ける．T'^{00} は式 (10.12) に一致する．

これから導かれる運動量密度 p' は（正準電磁運動量密度と呼ぶ）

$$p'_i = T'^0{}_i = -\Pi_{A_j}\partial_i A_j = \varepsilon_0 E_j(\partial_i A_j).$$

これと，10.1 節の電磁運動量密度 $\boldsymbol{g}$ との関係は次のようにするとわかる．まず

$$\boldsymbol{E}\times\boldsymbol{B} = \boldsymbol{E}\times(\nabla\times\boldsymbol{A}) = E_j(\nabla A_j) - (E_j\partial_j)\boldsymbol{A}$$

なので

$$\begin{aligned} p'_i/\varepsilon_0 &= E_j(\partial_i A_j) = (\boldsymbol{E}\times\boldsymbol{B})_i + (E_j\partial_j)A_i \\ &= (\boldsymbol{E}\times\boldsymbol{B})_i + \partial_j(E_jA_i) - (\nabla\cdot\boldsymbol{E})A_i. \end{aligned}$$

すなわち

$$\textbf{正準電磁運動量密度}:\boldsymbol{p}' = \varepsilon_0\boldsymbol{E}\times\boldsymbol{B} + \varepsilon_0\partial_j(E_j\boldsymbol{A}) - \rho\boldsymbol{A} \tag{10.17}$$

となる．

前節の式 (10.12) と同様に，全空間で積分すると 0 になる項の他に，$\rho\boldsymbol{A}$ という余分な項が付いている．しかし，やはり前節のエネルギーの場合と同様に，この項も点電荷のほうを考えると消える．実際，点電荷の正準運動量は式 (10.13) だが，点電荷の位置を $\boldsymbol{r}_q$ として密度として考えれば

$$\boldsymbol{p}_q = \partial L_q/\partial\boldsymbol{v}\,\delta^3(\boldsymbol{r}-\boldsymbol{r}_q) = (m\boldsymbol{v}+q\boldsymbol{A})\,\delta^3(\boldsymbol{r}-\boldsymbol{r}_q).$$

$q\boldsymbol{A}$ という項が出てくるが，式 (10.17) の $\rho\boldsymbol{A}$ は点電荷の場合は $q\boldsymbol{A}\delta^3(\boldsymbol{r}-\boldsymbol{r}_q)$ なので打ち消し合って，結局，密度として書けば

$$\textbf{全正準運動量密度}:\boldsymbol{p}' = m\boldsymbol{v}\delta^3(\boldsymbol{r}-\boldsymbol{r}_q) + \varepsilon_0\boldsymbol{E}\times\boldsymbol{B} + \varepsilon_0\partial_j(E_j\boldsymbol{A}) \tag{10.18}$$

となる．

つまり点電荷の運動量を $m\boldsymbol{v}$ としておけば，10.1 節の電磁場の運動量の式がそのまま使えることがわかった．エネルギーの場合と同様に，電荷と場の相互作用の項なしで表される．打ち消し合った部分はゲージ不変ではないことも考

えれば，物理的意味で電磁場の運動量は $\boldsymbol{E} \times \boldsymbol{B}$，点電荷の運動量は $m\boldsymbol{v}$ と考えればよさそうである．点電荷の運動量に $q\boldsymbol{A}$ を加えるならば，電磁場の運動量から $\rho\boldsymbol{A}$ を引いておかなければならない（10.2 節冒頭の疑問 2）．といっても，状況によっては，電磁場の運動量で $\varepsilon_0\boldsymbol{E} \times \boldsymbol{B}$ の代わりに $\rho\boldsymbol{A}$ という表式を使っていいケースがあり（「$\varepsilon_0\boldsymbol{E} \times \boldsymbol{B}$ に加えて」ではない），混乱しがちである．それについては次節のテーマとする．

10.4 エネルギー/運動量を与える諸公式

10.2 節では，電場のエネルギーを $\frac{\varepsilon_0}{2}\boldsymbol{E}^2$ とすれば，エネルギーの式に相互作用項 $\rho\varphi$（あるいは $q\varphi$）は必要ないことを説明した．しかしガウスの法則によって両者は関係するので，後者を使ってエネルギーの計算が可能になることが多い．そうすれば電荷が存在する位置だけで積分すればすむので，計算は容易になる．運動量についても同様の状況がある．どのような場合にそれでいいのか，調べておこう．

点電荷 q（その電場を $\boldsymbol{E}_q$ とする）と，外場としての電場（こちらを単に $\boldsymbol{E}$ と書く）があるとする．$\boldsymbol{E}_q$ と $\boldsymbol{E}$ の交差項によるエネルギーを調べる．

$$\boldsymbol{E} = -\nabla\varphi - \partial_t\boldsymbol{A}$$

と書けることを使えば（密度 u の積分を U とする）

$$\begin{aligned}\frac{U}{\varepsilon_0} &= \frac{1}{\varepsilon_0}\int dVu = \int dV\boldsymbol{E}_q \cdot \boldsymbol{E} = -\int dV\boldsymbol{E}_q \cdot (\nabla\varphi + \partial_t\boldsymbol{A}) \\ &= \int dV(\nabla \cdot \boldsymbol{E}_q)\varphi - \int dV\nabla \cdot (\varphi\boldsymbol{E}_q) - \int dV\boldsymbol{E}_q \cdot \partial_t\boldsymbol{A} \\ &= \frac{q\varphi(\boldsymbol{r}_q)}{\varepsilon_0} - \int dS\varphi(\boldsymbol{E}_q \cdot \boldsymbol{n}) - \int dV\boldsymbol{E}_q \cdot \partial_t\boldsymbol{A}. \end{aligned} \tag{10.19}$$

ただし $\boldsymbol{r}_q$ は点電荷の位置であり，$\varepsilon_0\nabla \cdot \boldsymbol{E}_q = q\delta^3(\boldsymbol{r} - \boldsymbol{r}_q)$ を使った．あとは部分積分（ガウスの定理）による変形である．$\int dS$ は積分領域表面での面積分であり，$\boldsymbol{n}$ は面の各点での単位法線ベクトル（外向き）である．

この式からわかるように，$U = q\varphi$（あるいは $\propto \rho\varphi$）であるためには，$\partial_t\boldsymbol{A} = 0$ であり，積分の表面項がきかないということ（φ がそうなるようなゲージを使うこと）が条件である．ゲージ変換

$$\varphi \to \varphi + \partial_t\Lambda, \qquad \boldsymbol{A} \to \boldsymbol{A} + \nabla\Lambda$$

に対する不変性を示すには式 (10.19) 全体が必要である．

同様の式変形を運動量についてしてみよう．外場としての磁場 $\boldsymbol{B}$ があるとし，点電荷による電場 $\boldsymbol{E}_q$ とが生み出す電磁運動量密度 $\boldsymbol{g}$ を考える．

$$\boldsymbol{g}/\varepsilon_0 = \boldsymbol{E}_q \times \boldsymbol{B} = \boldsymbol{E}_q \times (\nabla \times \boldsymbol{A}) \tag{10.20}$$

と書き，$\boldsymbol{g}$ を体積積分をしたものを $\boldsymbol{P}$ とする．上と同様に計算を進めるが，被

積分関数がベクトルなので複雑になる．ガウスの定理を使った部分積分の拡張として，任意の関数 f と g（スカラーかベクトルかを問わない）に対して

$$
\begin{aligned}
\int dV f(\nabla g) &= \int dV \nabla(fg) - \int dV (\nabla f) g \\
&= \int dS \boldsymbol{n} fg - \int dV (\nabla f) g
\end{aligned}
$$

である．式 (10.20) の二重外積を展開した上で上式を使うと

$$
\begin{aligned}
\boldsymbol{P}/\varepsilon_0 &= \int dV \boldsymbol{g}/\varepsilon_0 = \int dV \boldsymbol{E}_q \times (\nabla \times \boldsymbol{A}) \\
&= \int dV \left(-(\boldsymbol{E}_q \cdot \nabla)\boldsymbol{A} + [\nabla(\boldsymbol{A}] \cdot \boldsymbol{E}_q)\right) \\
&= \int dV (\nabla \cdot \boldsymbol{E}_q)\boldsymbol{A} - \int dV [\nabla(\boldsymbol{E}_q] \cdot \boldsymbol{A}) \\
&\quad - \int dS (\boldsymbol{E}_q \cdot \boldsymbol{n})\boldsymbol{A} + \int dS \boldsymbol{n}(\boldsymbol{A} \cdot \boldsymbol{E}_q).
\end{aligned}
\tag{10.21}
$$

$[\cdots]$ と $(\cdots)$ が入れ子になっているが，[ ] は微分がその中でのみ行われることを意味し，( ) は内積がその中で行われることを意味する．

上式最右辺でもし第 1 項だけになれば

$$
\boldsymbol{P} = \int dV \rho \boldsymbol{A}
\tag{10.22}
$$

となり，式 (8.24) に他ならない．点電荷ならば $\rho = q\delta^3(\boldsymbol{r} - \boldsymbol{r}_q)$ だが，連続分布の場合を含めた式を書いた．静電エネルギーが $\rho\varphi$ の積分で表せるという話に対応する結果である．電荷が存在する位置だけの積分になり，特に点電荷だったら積分の必要もないので非常に有用な式である（具体例はあとで示す）．

ただ，$\rho\varphi$ という公式が静電場という条件が必要だったように，どのような状況で式 (10.21) 最右辺の第 2 項以下が無視できるのかを調べておかなければならない．そこで

$$
\begin{aligned}
\int dV \boldsymbol{A} \times (\nabla \times \boldsymbol{E}_q) &= \int dV [\nabla(\boldsymbol{E}_q]) \cdot \boldsymbol{A}) \\
&\quad + \int dV (\nabla \cdot \boldsymbol{A})\boldsymbol{E}_q - \int dS \boldsymbol{E}_q (\boldsymbol{A} \cdot \boldsymbol{n})
\end{aligned}
$$

（二重外積の展開式の片方だけを部分積分する）を使って第 2 項を消去すると

$$
\begin{aligned}
\frac{\boldsymbol{P}}{\varepsilon_0} &= \frac{1}{\varepsilon_0}\int dV \rho \boldsymbol{A} - \int dV \boldsymbol{A} \times (\nabla \times \boldsymbol{E}_q) + \int dV (\nabla \cdot \boldsymbol{A})\boldsymbol{E}_q \\
&\quad - \int dS (\boldsymbol{E}_q \cdot \boldsymbol{n})\boldsymbol{A} + \int dS \boldsymbol{n}(\boldsymbol{A} \cdot \boldsymbol{E}_q) - \int dS \boldsymbol{E}_q (\boldsymbol{A} \cdot \boldsymbol{n}).
\end{aligned}
\tag{10.23}
$$

つまり式 (10.22) が成立するには，最後の 3 つの表面項が無視できることの他に，$\nabla \times \boldsymbol{E}_q = 0$（静磁場ということ），および $\nabla \cdot \boldsymbol{A} = 0$（クーロンゲージ），ということが（十分）条件になることがわかる．

以上の計算では電磁運動量の磁場のほうをポテンシャル $\boldsymbol{A}$ で置き換えたが，電場を φ で置き換える変形も有用である．第 8 章で議論したような，定常電流 $\boldsymbol{j}$ と静電場 $\boldsymbol{E}$ からなるシステムを考えてみよう．磁場は

$$\nabla \times \boldsymbol{B} = \mu_0 \boldsymbol{j}$$

という関係を満たし，

$$\boldsymbol{E} = -\nabla\varphi$$

であるとする．すると電磁運動量は

$$\begin{aligned}
\frac{\boldsymbol{P}}{\varepsilon_0} &= -\int dV(\nabla\varphi) \times \boldsymbol{B} \\
&= \int dV \varphi(\nabla \times \boldsymbol{B}) - \int dV(\nabla \times \varphi\boldsymbol{B}) \\
&= \int dV\ \varphi(\nabla \times \boldsymbol{B}) - \int dS(\boldsymbol{n} \times \varphi\boldsymbol{B}) \\
&= \mu_0 \int dV \varphi\boldsymbol{j} - \int dS(\boldsymbol{n} \times \varphi\boldsymbol{B})
\end{aligned} \tag{10.24}$$

となる．最右辺で第 2 項（表面積分）が無視できれば，第 8 章で使った

$$\frac{\boldsymbol{P}}{\varepsilon_0} = \frac{1}{c^2}\int dV \varphi\boldsymbol{j} \tag{10.25}$$

になる（式 (8.24)）．有用な式だが，電流は定常，電場は静的，そして表面積分の項がきかないことを確認する必要がある．

10.5 一様磁場内の点電荷

ここからは具体例に入る．最初の例として，一様磁場 $\boldsymbol{B} = (B, 0, 0)$ 内に点電荷 q があるシステムを考える．全空間での電磁運動量は無限大なので，半径 a の球内での積分を計算しよう．点電荷は，球の中心から z 軸方向に d だけずれた位置にあるとする（$d < a$）．$d = 0$ のときは $\boldsymbol{P} = 0$ である．（結果は次章で使う．）

最初は，電磁運動量密度 (10.5) を直接，積分する．

$$\boldsymbol{E}_q = -\frac{q}{4\pi\varepsilon_0}\nabla\frac{1}{R}, \qquad R^2 = x^2 + y^2 + (z-d)^2$$

なので，運動量の y 成分は

$$\begin{aligned}
P_y(d) &= -\frac{q}{4\pi}\int dV \left(\nabla\frac{1}{R} \times \boldsymbol{B}\right)_y \\
&= -\frac{qB}{4\pi}\int dV \partial_z \frac{1}{R}
\end{aligned}$$

となる．

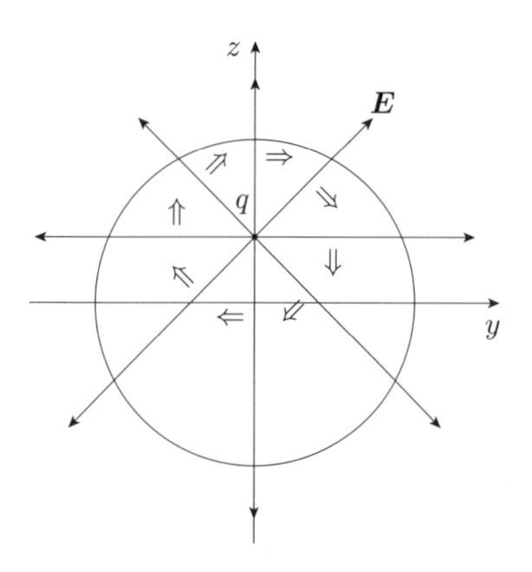

図 10.1　中心からずれた点電荷 q による球内の電磁運動量．$\to$ は電場．磁場は x 方向（紙面手前向き）．$x=0$ 平面上の各点での電磁運動量を $\Rightarrow$ で表す．球全体では y 成分が残る．

$$\partial_z \frac{1}{R} = -\frac{1}{R^3}(z-d)$$

を代入し円筒座標で積分をする．動径と角度方向の積分を先にすると，次のような結果が得られる．

$$P_y(d) = \frac{qB}{2}\int dz\left(\frac{z-d}{|z-d|} - \frac{z-d}{(a^2-z^2+(z-d)^2)^{1/2}}\right) = -\frac{qBd}{3}. \tag{10.26}$$

結果は d に比例しており，球の大きさ a には依存しない．電磁運動量密度がどのように分布していればそうなるのか，次章でさらに議論する．

次に，電位を使った式 (10.24) で運動量を計算してみよう．電位といっても式 (10.25) にはならず，$B=$ 一様 なので式 (10.24) の第 2 項のみが残り

$$P_y(d) = -\frac{qB}{4\pi}\int dS \frac{1}{R} n_z$$

となる（球面上の積分）．$n_z = \cos\theta$ を使い部分積分などの多少の計算をすれば，式 (10.26) と同じ結果が得られる．

最後は，ベクトルポテンシャルを使った式 (10.23) で計算してみよう．$\boldsymbol{A}$ にはゲージの自由度があるが，ここではクーロン条件 $\nabla\cdot\boldsymbol{A}=0$ を満たし，また点電荷の位置では $\boldsymbol{A}=0$ となるようにする．そのときは式 (10.23) で表面項しか残らない．つまり球内の電磁運動量は式 (10.22) ではなく，球面上の表面積分で得られることになる．

表面項は 3 項あるが，$\boldsymbol{A}=(0,0,By)$ とするとさらに式が簡単になり

$$P_y(d) = -\frac{qdB}{4\pi}\int dS \frac{y^2}{aR^3}$$

となる．そして結局は式 (10.26) が得られるが，計算は面倒だった．少なくと

もこの例では，式 (10.23) は有用ではない．ただし結果が d に比例することを使っていいとすれば（つまり上式の積分が d には依存しないので $d=0$ としていいとすれば），$R=a$ なので答はすぐに得られる．

10.6 磁気双極子と点電荷

今度は**磁気双極子**と点電荷というシステムを取り上げる．この問題は作用反作用の法則の破れに関連して [今井] で議論されており，以下の話も多くはそこでの結果の再現なのだが，本章的な見方で統一的な説明をしておく．

システム全体としては，座標の原点に z 方向を向く磁気双極子が存在し，点電荷 q が $(-d,0,0)$ にあるとする．以下の 3 つのタイプの双極子を考える．（3 タイプとも磁気モーメントは $\boldsymbol{m}$ とする．）

タイプ I：環状電流（輪電流でも球面電流でもよい）の大きさを無限小にした極限．

タイプ II：仮想上の磁極 N と S の，間隔が無限小の対．正負の電荷対から構成される電気双極子の電場と同じ形の磁場が生じると考える．

タイプ III：タイプ I のモデルだが，そばに電荷があるときは，その影響で分極電荷が発生することを考える．計算を簡単にするため球面電流であるとし，球面に発生する分極は球内部で電場がなくなるという条件から決める．

タイプ I の場合，双極子によるベクトルポテンシャルは

$$\boldsymbol{A}=\frac{\mu_0}{4\pi}\boldsymbol{m}\times\boldsymbol{r}/r^3=\frac{\mu_0}{4\pi}m/r^3(-y,x,0) \tag{10.27}$$

と書ける．$\nabla\cdot\boldsymbol{A}=0$ である．また空間全体での電磁運動量（有限である）を考えれば式 (10.23) の表面項は無視できるので，点電荷の位置での $\boldsymbol{A}$ を使って

$$\text{タイプ I}: P_y=qA_y=-\frac{\mu_0}{4\pi}qm/d^2 \tag{10.28}$$

である（y 方向であることは図も参照）．

ここで特異項について注意しておこう．双極子の磁場は原点付近で $1/r^3$ のように振る舞うので，10.3 節の変形については注意が必要である．タイプ I の双極子については，磁場は式 (10.27) のベクトルポテンシャルから導かれる形と定義することで，原点付近での振る舞いが指定される（式 (9.47)）．それが通常の，磁気双極子の特異項である．磁場がその形であるとすれば，$\boldsymbol{A}$ を使った部分積分の操作，そして式 (10.23) が正当化される．特異項とはそもそも，そのような操作が可能であるように定義されていると考えてもよい．式 (10.28) はそれを前提とした結論である．

このことを前提にタイプ II について考えよう．このモデルでは磁場は磁極によるものなので，ベクトルポテンシャルでは書けない．つまり式 (10.23) は使えない．しかし磁場は，磁気モーメント $\boldsymbol{m}$ が同じならば，タイプ I の場合

とは，原点での特異項しか異ならない．タイプ II の磁場の特異項は電気双極子と同じであり（そう定義した）

$$\text{磁場（タイプ II）} - \text{磁場（タイプ I）} = \mu_0 \boldsymbol{m} \delta^3(\boldsymbol{r})$$

である．したがって，

$$P_y \text{の差} = \mu_0 \boldsymbol{m} \cdot (\text{原点での } \varepsilon_0 \boldsymbol{E}_q \text{ の } x \text{ 成分}) = \frac{\mu_0}{4\pi} qm/d^2. \tag{10.29}$$

これと式 (10.28) を合わせれば

$$\text{タイプ II} : P_y = 0 \tag{10.30}$$

となる．

注：[今井] では，点電荷と（1 つの）点磁荷からなるシステムでは $\boldsymbol{P} = 0$ であり（式の形から g の全空間での積分が 0 になることはすぐにわかる），タイプ II は 2 つの点磁荷を組み合わせたものだから，$P_y = 0$ であると結論付ける．

タイプ III もよく議論されるシステムである．分極によって環状電流の内部ではスカラーポテンシャルが一定であるということから，電磁運動量は 0 になるという一般論がなされている（式 (10.25) より）．ここでは球面電流という具体的に計算できる例を使って，点電荷の電場による電磁運動量と，誘導電荷の電場による電磁運動量が打ち消し合うことを示そう．

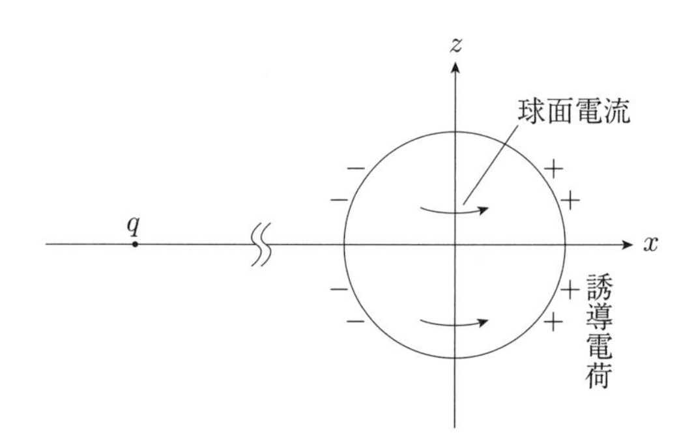

図 10.2　球面電流と誘導電荷．球面上の分極により球面内部の電場は 0 になる．点電荷は左遠方にあり，それによる電場は球内で一様と近似できるとする．

原点に中心をもつ半径 a の球面上に，z 軸に垂直な面内に円電流が流れているとする．電流密度を $J(\theta) = J_0 \sin\theta$ とすると，球外部では磁気モーメント $m = VJ_0$ の磁気双極子場ができる．それと外部の（$x = -d$ の）点電荷による電磁運動量は式 (10.28) で表される．

次に，$x = -d$ に位置する点電荷の電場の影響によりこの球面に分極が生じ，球内部の全電場が 0 になるとする．

$$\text{分極による内部電場 } E_0 = -(\text{点電荷による原点での電場}). \tag{10.31}$$

内部に一様電場 E_0（x 方向）を作るときの表面電荷密度は（θ' は x 軸からの

角度）

$$\sigma(\theta') = \sigma_0 \cos\theta', \qquad E_0 = \frac{\sigma_0}{3\varepsilon_0}$$

なので，式 (10.31) より

$$\sigma_0 = \frac{3}{4\pi}\frac{q}{d^2}.$$

それによる電磁運動量は，式 (10.22) より

$$P_y = \int \sigma_0 \cos\theta' A_y dS = \frac{\mu_0}{4\pi}\frac{qm}{d^2}.$$

となる（A_y は式 (10.27) の球表面での値）．これは式 (10.28) の逆符号だから全電磁運動量は 0 となる．

注：少し面倒だが上式は $\boldsymbol{E} \times \boldsymbol{B}$ を体積積分して計算することもできる．球の内部が 2/3，外部が 1/3 の寄与をする．

参考文献とコメント

電気エネルギーの式に $q\varphi$ を入れるべきなのかそうでないのか，あるいは電磁運動量の式に $q\boldsymbol{A}$ を入れるべきなのかそうでないのか，特に運動量についてはきちんとした説明を見たことがなかったので，私なりに整理してみた．電磁運動量の計算に $q\boldsymbol{A}$ という式が使えるという話（式 (10.22)）と，正準運動量に $q\boldsymbol{A}$ という項が登場するという話の間には，直接的な関係は見えなかった．10.5 節の例は，$q\boldsymbol{A}$ という式では運動量が計算できない例になっている．ただ，運動量と $\boldsymbol{A}$ との間には幾つか興味深い関係式があり，それについては [Ser] がしばしば引用されている．

本章で登場した 2 種類のエネルギー運動量テンソルは場の理論の教科書にはよく出てくる話で，電磁気の教科書では [太田] や [ジャクソン] に詳しい．ネーターの定理から導出されるものと，重力場源としてのエネルギー運動量テンソルとの違いでもあり，後者は対称なので**プランクの関係式**が成り立つ．

10.4 節のベクトルポテンシャルを使った式の導出は [McD06] を参考にした．

10.6 節の磁気双極子による電磁運動量は [今井] の 14 章で議論されているが，計算練習の意味も込めて，本章の公式を使ったらどうなるかを試してみた．この話は次章 11.4 節に続く．

本書では紹介しなかったが，単なる興味本位で，「点電荷と直線電流（有限領域）」あるいは「無限ソレノイドと外部の点電荷」といったシステムで電磁運動量の計算をやってみた．前者で $\boldsymbol{A}$ を使うと，式 (10.23) の（$\nabla \cdot \boldsymbol{A}$ 以外の）すべての項が関係する．直線電流によるベクトルポテンシャル特有の任意性が，体積項と表面項で打ち消し合うという点が興味深い．また後者では，ソレノイド外部では磁場がないのにもかかわらず，外部での $\boldsymbol{A}$ によって電磁運動量が計算できるという点が面白かった．

第 11 章

作用反作用のずれ：マクスウェルの応力

本章の要点

・電磁気力を電荷/電流間の力とみなしたときは，作用反作用の法則は成り立たないことがある．ずれは電磁運動量の変化として現れる．2 点電荷の場合と，点電荷 + 面電流という場合に，ずれが生じる場合を指摘し，電磁運動量の変化率とバランスしていることを確かめる．

・2 点電荷の場合に，クーロンゲージのポテンシャルを使った手法を紹介し，一般化する．

・磁場内を動く点電荷の場合，電磁運動量の変化率には特異項が生じることを指摘し，それを使った計算を示す．

・空間を幾つかに分割した場合の力のバランスの問題を，マクスウェルの応力を使って分析する．この場合にも特異項が現れる．応力とローレンツ力がバランスしない場合にも電磁運動量が関係するが，無限小の領域を考えても電磁運動量の効果が残ることがある．特異項を使ってその事情を説明する．

・特異項には定義依存性があるが，それが力のバランスの問題とどのような関係をもつかを説明する．

11.1 作用反作用の法則の破れ

動く荷電物体のあいだに働く電磁気力では，作用反作用の法則が一般に成り立たない．たとえば，2 つの点電荷がそれぞれ $\boldsymbol{v}_a$，$\boldsymbol{v}_b$ という速度で動いており，相対的位置ベクトルが $\boldsymbol{r}$ であるとする．このとき，まず互いに働く磁気力を考えると，$\boldsymbol{F}_{ab}$（b が a から受ける磁気力）と $\boldsymbol{F}_{ba}$ の方向は

$$\boldsymbol{F}_{ab} \sim \boldsymbol{v}_b \times (\boldsymbol{v}_a \times \boldsymbol{r}) = -(\boldsymbol{v}_a \cdot \boldsymbol{v}_b)\boldsymbol{r} + (\boldsymbol{r} \cdot \boldsymbol{v}_b)\boldsymbol{v}_a,$$

$$\boldsymbol{F}_{ba} \sim \boldsymbol{v}_a \times (\boldsymbol{v}_b \times -\boldsymbol{r}) = (\boldsymbol{v}_a \cdot \boldsymbol{v}_b)\boldsymbol{r} - (\boldsymbol{r} \cdot \boldsymbol{v}_a)\boldsymbol{v}_b$$

と書ける．第 2 項は一般に，力の方向さえ異なる．$\boldsymbol{v}_a \parallel \boldsymbol{v}_b$ ならば $\boldsymbol{F}_{ab} = -\boldsymbol{F}_{ba}$

だが，一般にはそうはならない．たとえば図 11.1 のように $\boldsymbol{v}_a \parallel \boldsymbol{r}$ で $\boldsymbol{v}_a \perp \boldsymbol{v}_b$ ならば $\boldsymbol{F}_{ab} = 0$ だが $\boldsymbol{F}_{ba} \neq 0$ である（ファインマンのパラドックスと呼ばれる）．

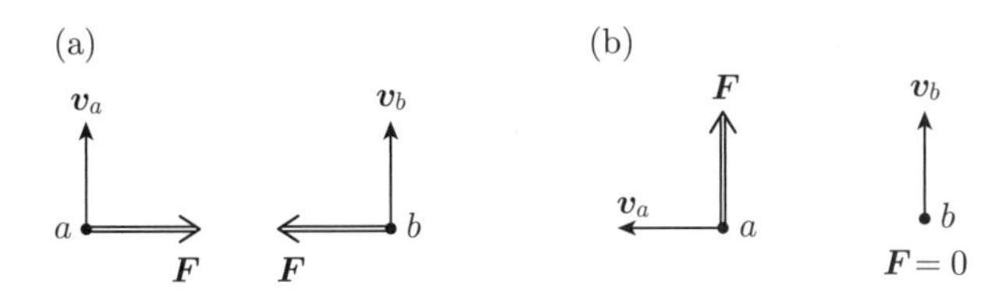

図 11.1 (a) $\boldsymbol{v}_a \parallel \boldsymbol{v}_b$ のとき $\boldsymbol{F}_{ab} = -\boldsymbol{F}_{ba}$, (b) $\boldsymbol{v}_a \parallel \boldsymbol{r}$ で $\boldsymbol{v}_a \perp \boldsymbol{v}_b$ のとき $\boldsymbol{F}_{ab} = 0$.

といっても，磁気力は基準に依存する概念であることは本書でも繰り返して強調してきた．点電荷の間では電気力も働いているので，この問題はローレンツ力全体で考えなければならない．しかし電気力を加えても一般には作用反作用の法則は成り立たない．それは，一方の点電荷が静止している基準で考えればわかる．

そのような基準では，互いの間には電気力しか働かない．そして動いているほうの電荷によるクーロン電場には方向に依存する補正がある（5.1 節）．したがって，静止しているほうの点電荷による電場とは，方向はともかく大きさが一致しない．つまり作用反作用の法則は成り立たない．

注：本章の点電荷の議論で 5.1 節の公式を使う場合，電荷は（質量が大きいなどの理由で）等速直線運動をしているとの近似で考える．

作用反作用の法則が成り立たないということは，2 電荷の全運動量が保存しないということである．しかし電磁場の運動量も変化している場合には，そのことも考慮しなければならない．そして電磁場も含めた全運動量が保存することは一般的な原理として証明される．式で表せば

$$\text{電磁運動量の変化率} = \text{荷電物体間での作用反作用のずれ} \tag{11.1}$$

であり，厳密には式 (10.7) である．この式の右辺の f_i は，各荷電物体が受けるローレンツ力であり，電磁場がその荷電物体から受ける力の逆符号である（f_i を電磁場と荷電物体間の近接相互作用という視点で見れば，作用反作用の法則は成立している）．遠隔作用的な見方では f_i は荷電物体間の力になるが，その作用反作用にずれがあれば f_i の和が 0 にならない．すると式 (10.7) 左辺の $\partial_t g$ の全空間積分が 0 にならず，電磁運動量が変化する．それが上式 (11.1) である．全空間で積分するので，$\partial_j T_{ji}$ の積分は部分積分により 0 になるという前提での話である．

たとえば図 11.1 の設定では一般に，磁気力には積 $|\boldsymbol{v}_a||\boldsymbol{v}_b|$ に比例する作用反作用の破れがある．また 5.1 節の式からわかるように，電気力には $\boldsymbol{v}_a^2$ あるいは $\boldsymbol{v}_b^2$ に比例する破れがある．そしてその破れの合計が，式 (11.1) で表される

ように電磁運動量の変化とつりあう．

一般論としてはそうなのだが，前章でも示したように電磁場の運動量の計算は状況ごとに複雑である．いくつかの具体的な設定で，実際にどのように力と電磁運動量がバランスしているのかを計算してみようというのが本章の趣旨である．

11.2 電荷間の電気力のずれと電磁場の運動量

簡単な設定として，x 軸上に電荷 q_a と電荷 q_b が存在し，q_a は x 方向に速度 v で動いているとする．それぞれの x 座標は，q_a は $x = x_a = vt$，q_b は $x = x_b$(一定) とする．

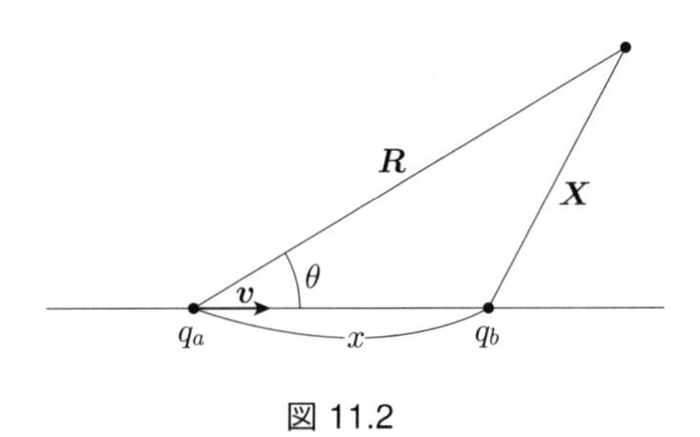

図 11.2

q_a にかかる（q_b による）電気力 F_{ba} と，q_b にかかる（q_a による）電気力 F_{ab} の合計は 0 にはならない．F_{ba} は通常のクーロン力だが，F_{ab}（x 成分）は式 (5.5) より

$$F_{ab} = \frac{q_a q_b}{4\pi\varepsilon_0}\frac{1-\beta^2}{(x_b - x_a)^2}$$

であり，合計は

$$F_{ba} + F_{ab} = \frac{q_a q_b}{4\pi\varepsilon_0}\frac{\beta^2}{(x_b - x_a)^2} = \mu_0\frac{q_a q_b}{4\pi}\frac{v^2}{(x_b - x_a)^2}. \tag{11.2}$$

次に，q_a による磁場と q_b による電場によって生じる電磁場の運動量密度 $\boldsymbol{g}$ を計算しよう．各点での大きさは（$\boldsymbol{X}$, $\boldsymbol{R}$, θ は図を参照）

$$\boldsymbol{g} = \varepsilon_0(\boldsymbol{E}_b \times \boldsymbol{B}_a) = \mu_0\frac{q_a q_b}{(4\pi)^2}\frac{\boldsymbol{s}}{X^3 R^3}f(\theta).$$

ただし，$x = x_b - x_a$ として

$$\boldsymbol{s} = \boldsymbol{X} \times (\boldsymbol{v} \times \boldsymbol{R}),$$

$$X^2 = R^2 + x^2 \ - 2Rx\cos\theta,$$

$$f(\theta) = \frac{1-\beta^2}{(1-\beta^2\sin^2\theta)^{3/2}}.$$

これを全空間で積分して，電磁場の運動量 $\boldsymbol{P}$ を求める．x 成分だけが 0 ではな

く，$s_x = R^2 v \sin^2\theta$ なので R 積分（$\propto \int dRR/X^3$）を積分公式を使って計算すると，残りの角度積分は

$$P_x = \mu_0 \frac{q_a q_b}{(4\pi)^2} \frac{2\pi v}{x} \int d\cos\theta (1+\cos\theta) f(\theta).$$

これも同様の積分公式を使って計算できる．$\cos\theta$ の項はきかない．結果は相対論的補正因子を $f=1$ としたときと同じになり（$\int d\Omega f(\theta) = 1$ なので），最終的には

$$P_x = \mu_0 \frac{q_a q_b}{(4\pi)^2} \frac{4\pi v}{x} = \mu_0 \frac{q_a q_b}{4\pi} \frac{v}{x}. \tag{11.3}$$

そして $dx/dt = -v$ であることを考えれば，式 (11.2) は電磁運動量の変化率 dP_x/dt とバランスしていることがわかる．予想どおりの結果である．

運動量密度 g を定義通りに積分したが，10.4 節で説明した簡易化された公式を使えば，この結果はすぐに得られるように見える．たとえば式 (10.25) に $\boldsymbol{j} = q\boldsymbol{v}\delta^3(\boldsymbol{r} - \boldsymbol{r}_q)$ を代入すれば上式になる．しかし設定は静的ではないので，式 (10.24) の他の項が 0 であることを示す必要があり，証明はできるが自明ではない．

また，式 (5.30b) の，動く点電荷のベクトルポテンシャルを使えば，式 (10.22) からすぐに式 (11.3) が得られるように見える．しかし式 (5.30b) のポテンシャルはローレンスゲージでありクーロンゲージではない．そこで [Jef99] では，ローレンスゲージでも式 (10.23) の余分な項が 0 になることを（図 11.2 の設定のもとで）具体的に示している．また [Lab99] では，クーロンゲージでのベクトルポテンシャルは，x 軸上ではローレンスゲージのものと同じになることを具体的に示している．

いずれにしろ簡易化された公式を使うには，それが使える前提条件を証明する必要があり簡単ではない．そういうこともあって，公式が簡略化されるクーロンゲージを使う方法が議論を一般化するときに有用であり，次節ではそれを解説しよう．点電荷が任意の方向に動いている状況での計算が可能となる．

11.3　2 点電荷の一般的なケース：クーロンゲージ

（本節はかなりテクニカルな計算が絡むが，適当なところで次節にスキップしていただいても問題ない．）前節の議論を一般化し，さまざまな方向に動いている 2 電荷の間の作用反作用の問題を考えよう．電磁運動量の計算は式 (10.22) を使う．そのためにはまず，等速直線運動をする点電荷のベクトルポテンシャルをクーロンゲージで求めなければならない．その導出は [Lab99] で行われており簡単に解説する．出発点は

$$\boldsymbol{E} = -\nabla\varphi - \partial_t \boldsymbol{A} \quad \rightarrow \quad \boldsymbol{A} = -\int dt(\boldsymbol{E} + \nabla\varphi) \tag{11.4}$$

という式である．これは任意のゲージで成り立つ式だが，クーロンゲージでの

スカラーポテンシャル φ_C はわかっているので（式 (2.33) の下），それを代入すればクーロンゲージでのベクトルポテンシャル $\boldsymbol{A}_C$ がわかる．

点電荷は $t=0$ では原点に位置し，等速度 v で x 方向に動いているとしよう．φ_C は瞬間的クーロン場であり

$$\varphi_c = \frac{q}{4\pi\varepsilon_0}\frac{1}{((x-vt)^2+y^2+z^2)^{1/2}} \tag{11.5}$$

である．また電場は式 (5.5) を使うが

$$\boldsymbol{E} = \frac{q}{4\pi\varepsilon_0}\frac{1-\beta^2}{\left((x-vt)^2+(1-\beta^2)r_\perp^2\right)^{3/2}}\boldsymbol{r}$$

$$\text{ただし}\quad \boldsymbol{r}=(x-vt,y,z),\qquad r_\perp^2=y^2+z^2$$

である．これらを式 (11.4) に代入すれば

$$\begin{aligned}A_C &= \frac{\mu_0 q}{4\pi}\frac{v}{\left((x-vt)^2+(1-\beta^2)r_\perp^2\right)^{1/2}}\boldsymbol{e}_x \\ &\quad + \frac{q}{4\pi\varepsilon_0}\frac{1}{v}\left(\frac{1}{\left((x-vt)^2+(1-\beta^2)r_\perp^2\right)^{1/2}} - \frac{1}{\left((x-vt)^2+r_\perp^2\right)^{1/2})}\right) \\ &\quad \times\left(-\boldsymbol{e}_x+\frac{x-vt}{r_\perp}\boldsymbol{e}_\perp\right).\end{aligned} \tag{11.6}$$

$\boldsymbol{e}_\perp$ は $(0,y,z)$ 方向の単位ベクトルである．上式の第 1 項はローレンスゲージでのベクトルポテンシャルに等しい．（この計算は $\boldsymbol{e}_x$ 方向と $\boldsymbol{e}_\perp$ 方向を別個に，ただし式 (11.4) 右辺の 2 項をまとめて積分すると見通しがよい．基本的には右辺第 2 項になるのだが，ずれがあって，それが右辺第 1 項になる．）

これを式 (10.22) に適用して，2 電荷システムの問題を考えてみよう．

例 1：まず 11.2 節の設定（図 11.3(a)）では，電荷 a による $\boldsymbol{A}_C$ を電荷 b の位置で考えればよい．b は a の速度の方向に位置しているので，b の座標を $(x,0,0)$ とすると，$r_\perp^2=0$ なので式 (11.6) では第 2 項はなくなり，

$$A_{Cx} = \frac{\mu_0 q_a}{4\pi}\frac{v}{|x-vt|} \tag{11.7}$$

つまり

$$\frac{dA_{Cx}}{dt}(t=0) = \frac{\mu_0 q_a}{4\pi}\frac{v^2}{x^2} = \frac{q_a}{4\pi\varepsilon_0}\frac{\beta^2}{x^2}$$

となり，前節の結果が再現される．

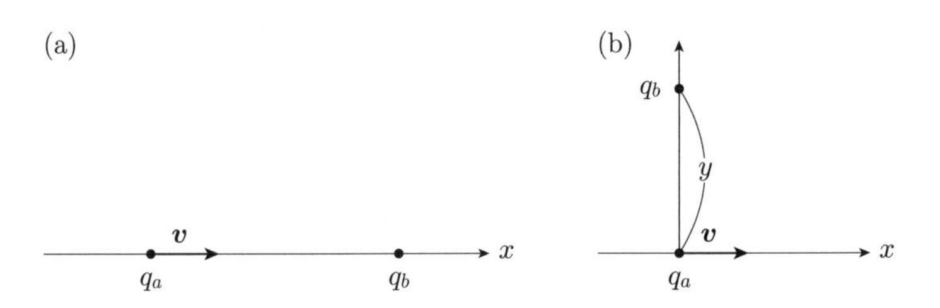

図 11.3　(a) q_b は q_a の動く方向に位置する．(b) q_b は直角方向に位置する．

例 2：次の設定として，図 11.3(b) のように電荷 b が，上部の y 軸上に位置する場合を考えよう [Sca]．やはり a は x 方向に速度 v で動いており，b は静止しているとする．$\theta = \pi/2$ に相当するので，点電荷に働く力（y 成分）の差は

$$F_{ab} + F_{ba} = \frac{q_a q_b}{4\pi\varepsilon_0} \frac{1}{y^2} \left(\frac{1}{(1-\beta^2)^{1/2}} - 1 \right) \tag{11.8}$$

である．

この設定での電磁運動量を考えよう．電荷 b の位置での a によるベクトルポテンシャル $\boldsymbol{A}_C$ は，式 (11.6) で $x = z = 0$ とする．$\boldsymbol{A}_C$ を t で微分して $t = 0$ とすると，0 にならないのは，式 (11.6) 右辺第 2 項の分子 $x - vt$ を微分した項だけである．したがって

$$q \frac{dA_C}{dt}(t = 0) = -\frac{q q_a}{4\pi\varepsilon_0} \frac{1}{y^2} \left(\frac{1}{(1-\beta^2)^{1/2}} - 1 \right)$$

となる．これは式 (11.8) とつりあっている．

例 3：最後に，2 電荷が任意の位置で任意の方向に動くという一般的なケースを考えてみよう．ただしこのままだと式が複雑になるので基準の変換をし，一方の点電荷は静止しているとする．そして図 11.4 のように，動いているほうの電荷 a の位置を $(vt, 0, 0)$，静止している電荷 b の位置を (x, y, z) とする．

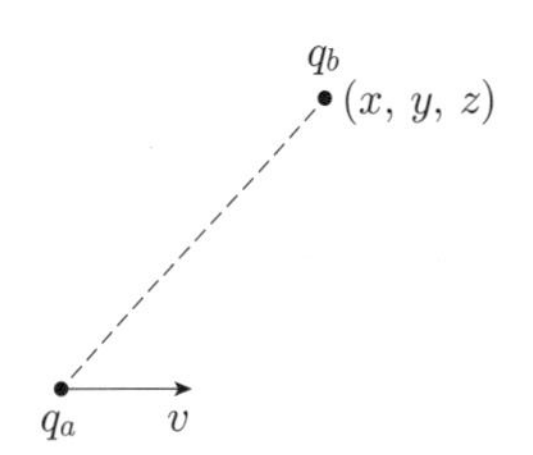

図 11.4　q_b が任意の方向に位置する場合．

まず，電荷間の力を書いておこう．どちらも電気力であり

$$F_{ab} = -\frac{q_a q_b}{4\pi\varepsilon_0} \frac{\boldsymbol{r}}{r^3},$$

$$F_{ba} = \frac{q_a q_b}{4\pi\varepsilon_0} \frac{(1-\beta^2)\boldsymbol{r}}{\left(X^2 + (1-\beta^2) r_\perp^2\right)^{3/2}} \tag{11.9}$$

である $(X = x - vt)$．また a によるベクトルポテンシャルは

$$\boldsymbol{A}_C = \frac{q_a}{4\pi\varepsilon_0 c^2} \frac{v}{\left(X^2 + (1-\beta^2) r_\perp^2\right)^{1/2}} \boldsymbol{e}_x + \frac{q_a}{4\pi\varepsilon_0} \frac{1}{v} \left(\frac{1}{\left(X^2 + (1-\beta^2) r_\perp^2\right)^{1/2}} - \frac{1}{r} \right) \left(-\boldsymbol{e}_x + \frac{X}{r_\perp} \boldsymbol{e}_y \right). \tag{11.10}$$

これに q_b を掛けて t で微分し $t = 0$ とする．$k = q_a q_b / 4\pi\varepsilon_0$ とすれば

$$q_b\partial_t \boldsymbol{A}_C(x\ \text{成分}) = -k\frac{v}{c^2}\frac{-vx}{\left(x^2+(1-\beta^2)r_\perp^2\right)^{3/2}} - \frac{k}{v}\left(\frac{vx}{\left(x^2+(1-\beta^2)r_\perp^2\right)^{3/2}} - \frac{vx}{r^3}\right).$$

これを整理すれば，式 (11.9) の和の x 成分を打ち消すことがわかる．y 成分は

$$q_b\partial_t \boldsymbol{A}_C(y\ \text{成分}) = \frac{k}{v}\frac{-v}{r_\perp}\left(\frac{1}{\left(x^2+(1-\beta^2)r_\perp^2\right)^{1/2}} - \frac{1}{r}\right) - \frac{k}{v}\frac{x}{r_\perp}(-v)\left(\frac{1}{\left(x^2+(1-\beta^2)r_\perp^2\right)^{3/2}} - \frac{1}{r^3}\right).$$

これも整理すれば，式 (11.9) の和の y 成分を打ち消す．結局，一般の 2 つの点電荷と電磁場という系で，全体としての運動量保存則が証明されたことになる．

11.4 点電荷と磁気双極子

次に，10.6 節で触れた，点電荷と磁気双極子という系を考える．10.6 節では，x 軸上に点電荷と z 向きの磁気双極子が並んでいる系の電磁運動量を計算した．3 つのタイプの磁気双極子に対して，答が異なることが興味深かった．

本節では，点電荷が（原点に位置する）磁気双極子に向けて速度 $\boldsymbol{v}$ で動くという状況を考える．点電荷も磁場を発生させるので互いに磁気力が働くが，作用反作用の法則が成り立つのか，成り立たない場合には電磁運動量の変化率とバランスしているかが焦点である．具体的に式を書いておこう．点電荷 q が磁気双極子 m から受ける力を $\boldsymbol{F}_{mq}$，その逆を $\boldsymbol{F}_{qm}$ とする．そして全電磁運動量を $\boldsymbol{P}_{em}$ とすれば

$$\boldsymbol{F}_{mq} + \boldsymbol{F}_{qm} = -\partial_t \boldsymbol{P}_{em}$$

が，確認すべき式である．ただし磁気双極子による磁場は，双極子外部ではどのタイプでも変わらず，点電荷の位置での磁場（z 方向）は

$$B_m(x=-d) = -\frac{\mu_0}{4\pi}\frac{m}{d^3}$$

なので，$\boldsymbol{F}_{mq}$ は 3 タイプとも（y 方向）

$$F_{mq,y} = \frac{\mu_0}{4\pi}\frac{qmv}{d^3}$$

である．つまり $\boldsymbol{F}_{qm}$ と $\boldsymbol{P}_{em}$ の関係の問題になる．

まずタイプ I から考える．式 (10.28) より（$\partial_t d = -v$）

$$\partial_t P_{em,y} = -\frac{\mu_0}{2\pi}\frac{qmv}{d^3}$$

である．次に $\boldsymbol{F}_{qm}$ を計算しよう．タイプ I の磁気双極子として，原点を中心とする $z=0$ 平面内の円電流を考える．その半径を a，電流の大きさを I とすれば磁気モーメントは $m=\pi a^2 I$ である（図 11.5 参照）．

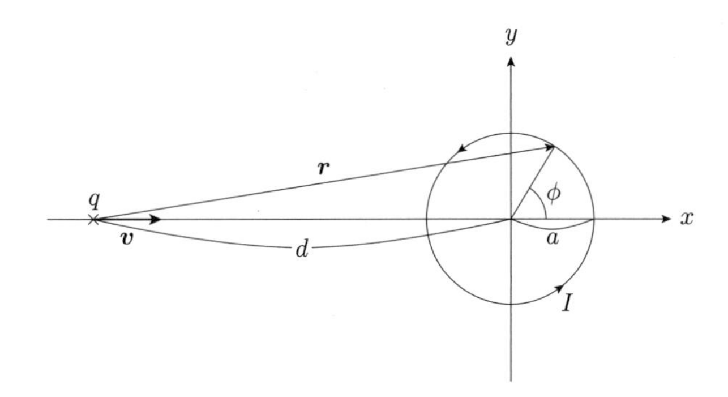

図 11.5　x 方向に動く点電荷 q と半径 a の円電流.

円電流の線密度は

$$\boldsymbol{j}(\phi) = -I\sin\phi\,\boldsymbol{e}_x + I\cos\phi\,\boldsymbol{e}_y$$

であり，これを使うと

$$\boldsymbol{F}_{qm} = \int d\phi\, a(\boldsymbol{j}(\phi)\times\boldsymbol{B}_q)$$

と書ける．ここで $\boldsymbol{B}_q$ は，速度 $\boldsymbol{v}$ で動いている点電荷による円電流上での磁場である

$$\boldsymbol{B}_q \fallingdotseq \frac{\mu_0}{4\pi}\frac{q}{d^3}(\boldsymbol{v}\times\boldsymbol{r})$$

である（$a \ll d$ としている）．$\boldsymbol{v}$ は x 方向なので $\boldsymbol{r}$ は y 成分しかきかず，$r_y = a\sin\phi$ である．したがって $\boldsymbol{F}_{qm}$ の ϕ 積分で残るのは y 成分だけであり

$$F_{qm,y} = \frac{\mu_0}{4\pi}\frac{qmv}{d^3}$$

となる．これは $F_{mq,y}$ と同符号であり作用反作用の法則は成り立っていないが，このケースでは運動量があり，その変化率とつりあっていることがわかる．

次にタイプ II を考えよう．ここでは磁気双極子は，$z = \pm a$ の位置に存在する，大きさが $\pm q_m$ の正負の磁荷対である．大きさは $m = 2aq_m$ で指定される．磁荷の位置での磁場 $\boldsymbol{B}_q$ は，y 成分が

$$(\boldsymbol{v}\times\boldsymbol{r})_y = \mp va(\text{複合同順})$$

なので

$$F_{qm,y} = 2q_m B_q = -\frac{\mu_0}{4\pi}\frac{qmv}{d^3}.$$

これはまさに $F_{mq,y}$ の逆符号であり作用反作用の法則が成り立っている．このケースでは $\boldsymbol{P}_{em} = 0$ なのだから，つじつまが合っている．

タイプ III は，環状電流で表される磁気双極子が分極して双極子内部の電場を遮蔽する場合である．10.6 節では球面電流の場合に電磁運動量を具体的に計算したが，任意の環状電流（たとえば円電流）でも同じになる（$\boldsymbol{P}_{em} = 0$）のは一般論から推定される．では，$\boldsymbol{F}_{qm}$ はタイプ I とどこが違うのだろうか．電

気力のほうは少なくとも v の一次では作用反作用の破れはないので，磁気力のほうで考えなければならない．

タイプ I との違いは，点電荷 q が近づくことによって分極電荷が変化し，それによる電流（分極電流）が生じることである．たとえば 10.6 節の球面電流の場合，θ' 方向に

$$j_{\theta'} = a\partial_t \sigma_0 \sin\theta'$$

という電流が流れる．そしてこの分極電流ともともとの環状電流との間に力が働き合う．もしこの力が作用反作用の法則を満たすのならば打ち消し合うが，平行電流間の磁気力ではないのでずれが生じ，その効果が $\boldsymbol{F}_{qm}$ として現れるはずである．q から直接受ける力ではない．（点電荷 q による磁場 $\boldsymbol{B}_q$ は v の一次では関係しない．）

少なくとも分極電流が受ける力があることは [今井] にも一般論として指摘されているが，具体的な計算はなされていない．本書では具体的なモデルを提示したので計算を試みたかったがまだ手が付いていない．タイプ III では電磁運動量がないのだから $\boldsymbol{F}_{qm} + \boldsymbol{F}_{mq} = 0$ になるという結果はわかっているのだが．

11.5 点電荷と面電流間の磁気力

ここまでは 2 点電荷間の電気力の作用反作用を考えてきた．ここからは，動く点電荷と面電流の間に働く磁気力の作用反作用の問題を議論する．ただし話を簡単にするために，点電荷の位置に生じている磁場が一様になるような設定で考える．

例 1：平面電流

無限に広がる平面電流と点電荷 q（> 0）の系を考える．$z = 0$ という平面上に，$+x$ 方向に面密度 j の一様電流が流れている．$z > 0$ では磁場は $-y$ 方向である．大きさは $B_0 = \mu_0 j/2$.

また点電荷 q がある時刻で z 軸上にあり，速度 $\boldsymbol{v}$ で動いているとする．それによる磁場は

$$\boldsymbol{B}_q = \frac{\mu_0 q}{4\pi} \frac{\boldsymbol{v} \times \boldsymbol{r}}{r^3} \tag{11.11}$$

で表されるとする．相対論的補正は無視しているが，11.1 節の場合と同様に，磁気力の場合はそのレベルで作用反作用の法則の破れが現れる．

点電荷の動く方向を決めて，点電荷と面電流それぞれに働く力を調べてみよう．面電流に働く合力は

$$\boldsymbol{F} = \int dS(\boldsymbol{j} \times \boldsymbol{B}_q) \tag{11.12}$$

を面全体で積分して計算する．

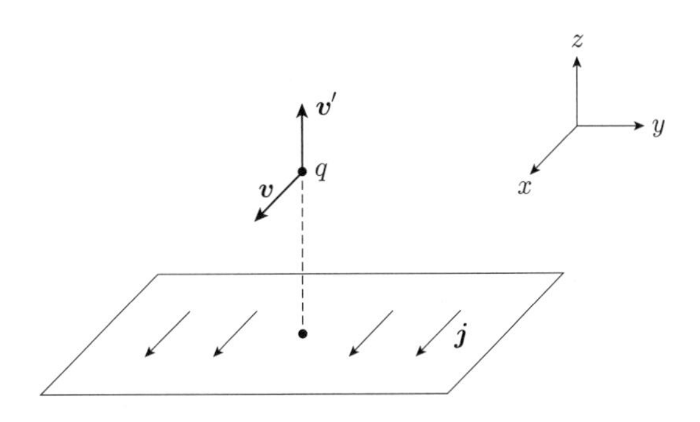

図 11.6　平面電流と点電荷．点電荷の速度が電流方向の場合と垂直方向の場合を考える．

・$\boldsymbol{v} \parallel \boldsymbol{e}_x$ の場合（電流と点電荷の運動は平行）：点電荷に働く磁気力は $-z$ 方向に qvB_0．一方，面電流に働く合力は，$\boldsymbol{v} = (v, 0, 0)$，$\boldsymbol{j} = (j, 0, 0)$ を代入する．z 方向のみが残る．積分は面上に極座標を考えれば容易に計算でき，結果は $\mu_0 qvj/2$（$= qvB_0$）．つまり作用反作用の法則は成り立っている．

・$\boldsymbol{v} \parallel \boldsymbol{e}_z$ の場合（電流と点電荷の運動は垂直）：点電荷に働く磁気力は $+x$ 方向．一方，$\boldsymbol{B}_q$ により面電流に働く磁気力の x 成分は 0 である（電流が x 方向なのだから）．作用反作用の法則は成り立っていない．11.1 節で議論した 2 つの点電荷の場合（平行と垂直）と同じである．

例 2：球面電流と中心の点電荷

中心が原点，半径 a の球面上に，z 方向を軸として面密度 $j(\theta) = j_0 \sin\theta$ の円電流が流れている．内部の磁場は一様で $B_0 = \frac{2}{3}\mu_0 j_0$（$+z$ 方向）．その中心で点電荷が $+y$ 方向に速度 v で動いているとすると，それに働く磁気力（$+x$ 方向）は $F_q = qvB_0$．

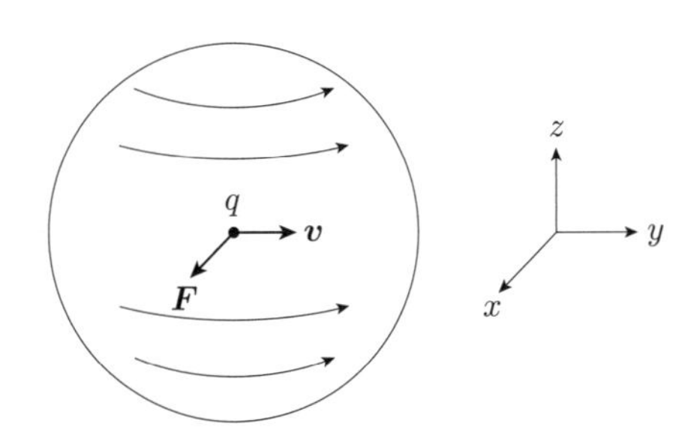

図 11.7　球面電流の中心で点電荷が y 方向に動く．磁気力は x 方向.

次に，点電荷による磁場から球面電流が受ける磁気力（x 方向）を式 (11.11) と (11.12) から計算する．ここでは $\boldsymbol{j} = j_0(-\sin\theta\sin\phi,\ \sin\theta\cos\phi,\ 0)$ であり

$$\boldsymbol{j} \times (\boldsymbol{v} \times \boldsymbol{r}) \text{ の } x \text{ 成分} = -j_0 av \sin^2\theta\cos^2\phi.$$

式 (11.12) の球面全体での積分をすると

$$F_x = -\frac{1}{2}F_q \tag{11.13}$$

となる．つまり作用反作用の法則は成り立っていない．$\frac{1}{2}$ という係数は，電流が点電荷の動きに平行なケースと垂直なケースの平均と考えれば理解できる．

11.6 電磁運動量とのバランス：球面電流の場合

前節の話から続く．作用と反作用に差があるときは，それは電磁運動量 $\boldsymbol{P}$ の変化率とバランスするはずである（式 (11.1)）．前節の例では $\boldsymbol{P}$ は運動量密度 $\boldsymbol{g} = \varepsilon_0 \boldsymbol{E}_q \times \boldsymbol{B}$（$\boldsymbol{E}_q$ は点電荷のクーロン場，$\boldsymbol{B}$ は面電流による磁場）の空間積分である．

ただし前節例 1 の平面電流の場合，$\boldsymbol{g}$ の全空間での積分は発散する．変化率の計算は有限領域で考えなければならないが，その場合は式 (11.1) に，領域表面での応力の寄与が関係する．応力の話は 11.8 節でするが，ここではそのような問題が生じない例 2（球面電流）を取り上げて計算してみよう．

この例では球面の内外に電磁運動量がある．まず球内から考えよう．球内部ではその密度は

$$\boldsymbol{g} = \frac{qB_0}{4\pi}\frac{\boldsymbol{r}\times\boldsymbol{e}_z}{r^3} = \frac{qB_0}{4\pi}\boldsymbol{e}_z \times \nabla\frac{1}{r} \tag{11.14}$$

であった．点電荷は球の原点で $+y$ 方向に動いているという設定で，その瞬間の電磁運動量の変化率を計算しなければならない．それには 2 通りの方法が考えられる．

方法 1：$\partial_t \boldsymbol{g}$ を求めてそれを空間積分する．$\partial_t(1/r) = v\partial_y(1/r)$ なのだから

$$\partial_t \boldsymbol{g} = \frac{qB_0 v}{4\pi}\boldsymbol{e}_z \times \nabla\partial_y\frac{1}{r} \underset{x\text{ 成分}}{\longrightarrow} -\frac{qB_0 v}{4\pi}\partial_y^2\frac{1}{r}. \tag{11.15}$$

しかしこのままでは原点近傍での積分が定義されない．対数発散する積分になり，積分の順番によっては有限にできるが答は一意的にはならない．電磁気の法則とつじつまのあった処理をしなければならず，第 8 章の特異項が必要となる．それは次節で行う．

方法 2：次のようにすれば，特異項を使わなくても原点の問題が回避できる．点電荷が原点にあるときは，$\boldsymbol{g}$ の球内全体での積分は対称性から 0 である．そこで原点から y 方向に微小に d だけ離れた位置に点電荷があるときの電磁運動量を計算する（$P(d)$ とする）．そして $d = vt$ として結果を t で微分すれば，求める量が得られる．

ところで，一様磁場内の点電荷による，球領域での電磁運動量は，すでに前章ですでに計算済みである（式 (10.26)）．そことは磁場や運動の方向が違うが，本章の設定に読み替えれば

$$P_x(d) = -\frac{1}{3}qB_0 d \tag{11.16}$$

となる．結局

$$\partial_t P_x(\text{内部}) = -\frac{1}{3}qvB_0. \tag{11.17}$$

球の半径には依存しない．

球外部では（原点の特異性の問題が生じないので），電場の時間微分を使って $\partial_t \boldsymbol{P}$ を直接，計算できる．電場・磁場はそれぞれ

$$\boldsymbol{B} = \frac{1}{3}\mu_0 j_0 a^3 \frac{3z\boldsymbol{r} - r^2\,\boldsymbol{e}_z}{r^5},$$

$$\varepsilon_0 \partial_t \boldsymbol{E}_q = \frac{qv}{4\pi}\frac{3y\boldsymbol{r} - r^2\,\boldsymbol{e}_y}{r^5}.$$

式は少し複雑になるが厳密に積分でき

$$\partial_t P_x(\text{外部}) = -\frac{1}{9}qv\mu_0 j_0 = -\frac{1}{6}qvB_0$$

となる．したがって

$$\text{内外の } \partial_t P_x \text{ の合計} = -\frac{1}{2}qvB_0 = -\frac{1}{2}F_q. \tag{11.18}$$

期待通り，点電荷と球面電流が受ける力の差式 (11.13) に等しい．内外の比率 $(= 2:1)$ が球の半径に依存しないことにも注意．

11.7 球面内部の $\partial_t P_x$：特異項を使った分析

球面内部での電磁場については方法 2 を使って計算をし，結局，作用反作用のずれが電磁運動量の変化率とバランスしていることを確かめた．本節では，方法 1 を使ったらどうなるかを説明する．単に同じ結果が得られるというだけではなく，たとえばなぜ式 (11.17) が球の半径 a に依存しないのかなど，電磁運動量の分布についても有用な情報が得られる．

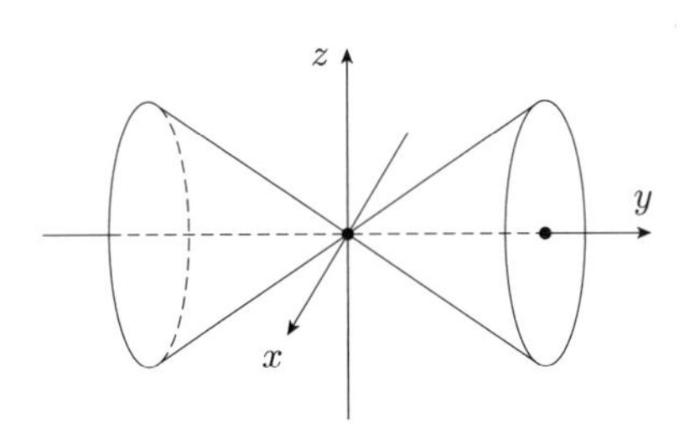

図 11.8　円錐内外で $\partial_t g_x$ の符号が変わる．

式 (11.15) の積分を考えるのだが，この式の符号は一定ではない．正負の領域どちらも全空間に広がっている．実際

$$\partial_t g_x \propto \partial_y^2 \frac{1}{r} \propto 2y^2 - x^2 - z^2 \tag{11.19}$$

なので，y 方向を向いた円錐形の内外で符号が変わっていることがわかる（図 11.8）．さらに，正の項と負の項の係数から，この式を原点を中心とする球対称な領域で積分すると 0 になるように見える．少なくとも原点を含まない球殻で積分すれば 0 である．しかし球内全体での積分は式 (11.17) であり，0 ではない．

$\partial_t g_x$ の積分に対して正しい式を得るには，原点を中心とする半径 ε の微小球内を別扱いにした，特異項付きの 2 階微分の公式

$$\partial_i \partial_j \frac{1}{r} = \left(-\frac{\delta_{ij}}{r^3} + 3\frac{r_i r_j}{r^5} \right) \theta(r-\varepsilon) - \frac{4\pi}{3} \delta_{ij} \delta^3(\boldsymbol{r}) \tag{11.20}$$

を使う必要がある（式 (8.3)$\cdots$ 第 8 章では ε は a としていたが，本章では a は球面電流の半径である）．これを使って $\partial_t \boldsymbol{g}$ を計算し直すと

$$\partial_t g_x = \theta(r-\varepsilon) \text{ の項} - 1/3 qvB_0 \delta^3(\boldsymbol{r}) \tag{11.21}$$

となる．第 1 項は積分すると 0 になるのだから，第 2 項よりすぐに式 (11.17) が得られる．

何も計算せずに特異項だけから結果が得られたように見えるが，だからといって原点だけが寄与しているわけではない．図 11.8 のように正負の領域があり，それを球対称な形で足していくと正負の寄与が打ち消し合って原点だけが残ったという状況である．

このことから，なぜ式 (11.17) が球の半径 a に依存していないのかもわかる．また，第 8 章では特異項は定義に依存するという話をした．上式では通常の，原点近傍を球対称に特別扱いするという手法での特異項を使った．もしそうではない特異項を使うと，特異項自体の大きさが変わるが，第 1 項（通常項）の積分範囲も変わる．そしてそれが球対称でなければ，第 1 項の寄与は 0 ではなくなり，それが特異項の大きさの変化と打ち消し合うというのが 9.6 節の議論だった．

ここでは球面電流を扱ってきたので，特異項は球対称に扱うのが圧倒的に便利である．しかし楕円球面電流でも内部に一様磁場を作ることができる．そのような状況で本節のような議論をするには，特異項の部分もそれと相似な微小楕円球面を使った定義をしなければならない．そしてそうすれば，$\partial_t \boldsymbol{g}$ の積分も，そのような定義での特異項だけで表すことができる．

11.8 有限領域での力と運動量のバランス

ここまでは，物体（点電荷や面電流）と電磁場からなるシステム全体に対して，式 (11.1) が成り立つことを具体的な計算で示してきた．ここからはシステムを分割した各領域について，力と運動量の変化のバランスについて考える．たとえば前節の球面電流 + 点電荷というシステムで言えば，球面内部と球面外部に分けることも考えられる．その場合，球面電流自体はどちらに含めるか

も決めておく必要がある．あるいは，球面電流を含まない球面外部，球面電流を含む，厚さ無限小の球殻，球面電流と中心の点電荷を含まない球面内部，そして中心の点電荷を含む無限小領域というように，細かく 4 分割することも可能である．

このように有限領域を考えたときにバランスの式がどうなるかを確認しておこう．出発点は式 (10.7) であり，再掲すると

$$\partial_t \boldsymbol{g} = -\boldsymbol{f} + \nabla \mathsf{T}. \tag{11.22}$$

成分表示すれば

$$\partial_t g_i = -f_i + \partial_j T_{ji}. \tag{11.22$'$}$$

右辺第 1 項は電磁場が電荷・電流から受ける反作用（ローレンツ力の逆符号）であり，第 2 項は周囲の電磁場から受ける力である．その合力によってその地点での電磁運動量密度が変化する．この式を何らかの有限領域 V で積分すると，その領域の表面を S とすれば（$\boldsymbol{n}$ は面 S の，外向きの単位法線ベクトル）

$$\int dV \partial_t \boldsymbol{g} = -\int dV \boldsymbol{f} + \int dS \boldsymbol{n} \mathsf{T}. \tag{11.23}$$

積分を全領域とすれば，左辺は（全空間に対する）$\partial_t \boldsymbol{P}$ になる．また右辺第 1 項は電荷/電流に働く力の合計であり，電荷/電流間での作用反作用のアンバランス分を示す．積分領域を無限にして右辺第 2 項が無視できる場合が式 (11.1) だった．

式 (11.23) にはいくつかの使い方/見方がありうる．3 項を別個に計算して等式が成り立っていることを確かめることもできるし，あるいは電磁場の項（左辺および右辺第 2 項）を計算して，物体に働く電磁気力 $\boldsymbol{f}$ を求める式だとみることもできる．本節ではいくつかの典型的な設定で，上式を具体的に計算し，何がわかるかを考えてみよう．

設定 1（面電荷と電場）：電荷面密度 σ をもつ面の表裏の電場を $\boldsymbol{E}_1$，$\boldsymbol{E}_2$ とする．この面電荷の微小部分を囲む，厚さ無限小の筒を考えて式 (11.23) を考察せよ．

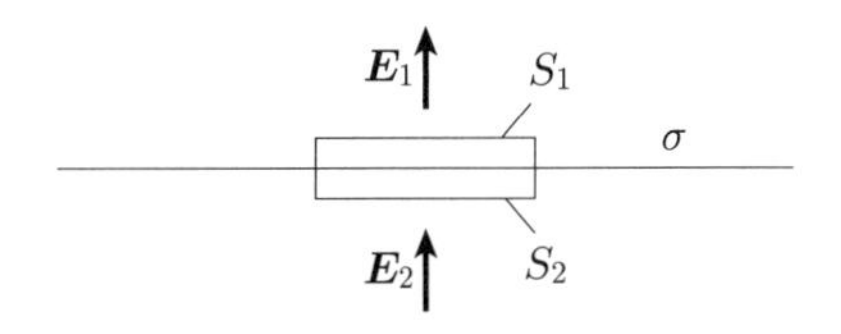

図 11.9　面電荷の微小部分を囲む無限小領域．

微小部分なので σ も電場も一様であるとする．またこの部分については平面と近似し，位置は $z=0$ する．最初は表裏の電場は z 方向であるとしよう（図

11.9)．この面電荷の上側の面を S_1 とする．S_1 上の応力テンソルは，

$$T_{1,zz}=\frac{\varepsilon_0}{2}E_1^2$$

である．下側の面 S_2 も同様．したがってS_1 と S_2 にはさまれる無限小領域が上下から受ける，単位面積当たりの力（z 方向）は，それぞれの法線ベクトル $\boldsymbol{n}_{1(2)}=(0,0,\pm1)$ を使うと

$$\text{単位面積当たりの}\ (\boldsymbol{n}\mathsf{T})=\frac{\varepsilon_0}{2}E_1^2-\frac{\varepsilon_0}{2}E_2^2=\sigma(E_1+E_2)/2$$

となる．$E_1-E_2=\sigma/\varepsilon_0$ を使った．$T_{xz}=T_{yz}=0$ なので力の他の成分は 0 である．

またこの領域では $\partial_t\boldsymbol{g}$ は 0 だから，上式は f，すなわち面電荷 σ が受ける力を表す．つまり電荷は上下平均の電場による電気力を受けるという当然の結果が得られた．

x 方向の電場（$E'\cdots$ 上下連続）もあると

$$T_{1(2),xz}=\varepsilon_0E'E_{1(2)}$$

なので

$$\text{単位面積当たりの}\ (\boldsymbol{n}\mathsf{T})=\varepsilon_0E'E_1-\varepsilon_0E'E_2=\sigma E'.$$

これも面電荷に働く x 方向の力として当然である．

設定 2（面電流と磁場）：電流面密度 j をもつ平面の表裏の磁場を $\boldsymbol{B}_1$，$\boldsymbol{B}_2$ とする．この面電流の微小部分を囲む，厚さ無限小の筒を考えて式 (11.23) を考察せよ．

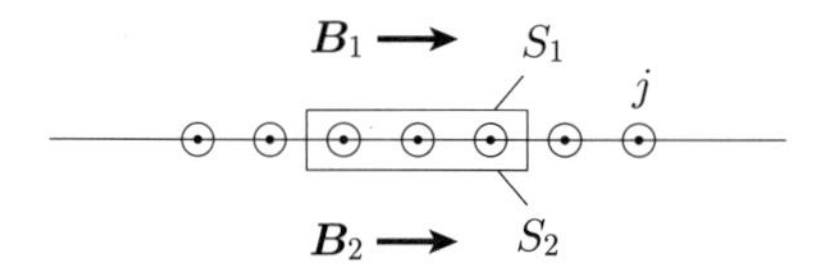

図 11.10　面電流の微小部分を囲む無限小領域．

微小部分なので電流も磁場も一様であるとする．またこの部分については平面と近似し，位置は $z=0$ とする．最初は電流の向きは x 方向，磁場は y 方向であるとする（図 11.10）．

$$T_{1(2),zz}=-\frac{1}{2\mu_0}B_{1(2)}^2$$

なので

$$\text{単位面積当たりの}\ (\boldsymbol{n}\mathsf{T})=-\frac{1}{2\mu_0}(\boldsymbol{B}_1^2-\boldsymbol{B}_2^2)=\boldsymbol{j}(\boldsymbol{B}_1+\boldsymbol{B}_2)/2$$

となる．$\boldsymbol{B}_1-\boldsymbol{B}_2=-\mu_0\boldsymbol{j}$ を使った．またこの領域では $\partial_t\boldsymbol{g}$ は 0 だから，上式

は $\boldsymbol{f}$，すなわち面電流 $\boldsymbol{j}$ が受ける力を表す．つまり電流は上下平均の磁場による磁気力を受けるという当然の結果が得られた．磁場の方向が他の場合の計算は省略する．

設定 3（点電荷と電場）：点電荷 q が位置する空間の電場（外場）を $\boldsymbol{E}$ とする．点電荷を含む微小領域を考えて式 (11.23) を考察せよ．

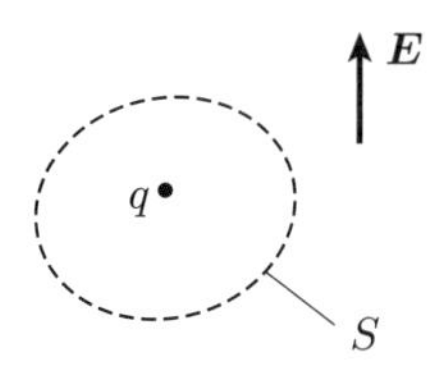

図 11.11　外場 E 内の点電荷 q と，応力を計算する閉曲面 S.

最初はこの微小領域を，点電荷を中心とする半径 a の微小球とする．その範囲での外場 E は一様であるとする（z 向きとする $\cdots$ 図 11.11）.

点電荷 q による球面上での電場は，球座標を使うと

$$\boldsymbol{E}_q = \frac{q}{4\pi\varepsilon_0 a^2}(\sin\theta\cos\phi, \sin\theta\sin\phi, \cos\theta). \tag{11.24}$$

したがって応力テンソルの $\boldsymbol{E}_q$ と外場 $\boldsymbol{E}$（$= (0, 0, E)$）の交差項は

$$T_{xz} = \frac{qE}{4\pi a^2}\sin\theta\cos\phi, \quad T_{yz} = \frac{qE}{4\pi a^2}\sin\theta\sin\phi, \quad T_{zz} = \frac{qE}{4\pi a^2}\cos\theta$$

になる．球面の法線ベクトル

$$\boldsymbol{n} = (\sin\theta\cos\phi, \sin\theta\sin\phi, \cos\theta)$$

を使えば，球面全体での z 成分は

$$\int dS \sum n_i T_{iz} = qE \tag{11.25}$$

となる．

またこの領域では $\partial_t \boldsymbol{g}$ は 0 だから，上式は f，すなわち点電荷 q が受ける力を表す．電気力 $= qE$ という当然の結果が得られた．

以上は球面での計算だが，どんな閉曲面をとっても結果は同じことも示しておこう．点電荷による電場を

$$\boldsymbol{E}_q = -\frac{q}{4\pi\varepsilon_0}\nabla\frac{1}{r}$$

と書くと，上記の外場中では任意の点での応力テンソルは

$$\frac{T_{ij}}{-\frac{qE}{4\pi}} = \delta_{iz}\partial_j\frac{1}{r} + \delta_{jz}\partial_i\frac{1}{r} - \delta_{ij}\partial_z\frac{1}{r}$$

と書ける．式 (11.23) の z 成分を計算するために $j = z$ とすると

$$\frac{T_{iz}}{-\frac{qE}{4\pi}} = \partial_i \frac{1}{r}$$

である．したがって，点電荷を囲む任意の閉曲面 S 上で積分すると（$\boldsymbol{n}$ はこの曲面の法線ベクトル）

$$\int dS \sum n_i T_{iz} = -\frac{qE}{4\pi} \int dS \sum n_i \partial_i \frac{1}{r} = -\frac{qE}{4\pi} \int dV \Delta \frac{1}{r} = qE. \tag{11.26}$$

ガウスの定理を逆方向に使い，最後に $\Delta(1/r) = -4\pi\delta^3(\boldsymbol{r})$ を代入した．

設定 3′（動く点電荷と電場）：設定 3 で点電荷が動いているとするとどうなるか．

設定 3 の計算では $\boldsymbol{E}_q$ に通常のクーロン場を使った．静止している場合の電場であり，動いていると v^2 に比例する補正が付く．式 (5.5) の因子 $f(\theta)$ である．作用反作用の法則の破れは速度の 2 乗が問題になるので，この効果は考えなければならない．しかしこの効果を考えても式 (11.25) は変わらない．

なぜなら，$\boldsymbol{E}_q$ 全体にこの因子がかかるということは，T_{iz} にこの因子がかかるということであり，球面で積分すれば

$$\int dS f(\theta) = 1$$

となるからである．

また，q_a が動いていれば磁場が生じるので，q_b による電場と組み合わせて電磁運動量が発生する．しかし球対称な領域を考えている限り，積分すると対称性により 0 になる．この場合，電磁運動量密度の式に，式 (11.20) の $i = j$ の項は出てこないので，特異項はない．結局，式 (11.23) の左辺は 0 なので，$\boldsymbol{F} = q\boldsymbol{E}$ という結果は変わらない．点電荷に働く電気力は，その速度にかかわらず $\boldsymbol{F} = q\boldsymbol{E}$ であるという当然の話である．

注：領域が球対称でないときは $\partial_t \boldsymbol{g}$ は 0 ではなくなる可能性があるが，そのときは式 (11.24) が使えないので式 (11.25) も変更を受ける．式 (11.23) が成り立つ以上，この 2 つの変更は打ち消し合うはずだが，具体的な計算で証明してはいない．

設定 4：磁場 $\boldsymbol{B}$ がある空間で点電荷 q が速度 v で動いている．点電荷を含む微小領域を考えて式 (11.2) を考察せよ．

設定 3 と同様に，点電荷を中心とする半径 a の微小球面を考えて計算する．

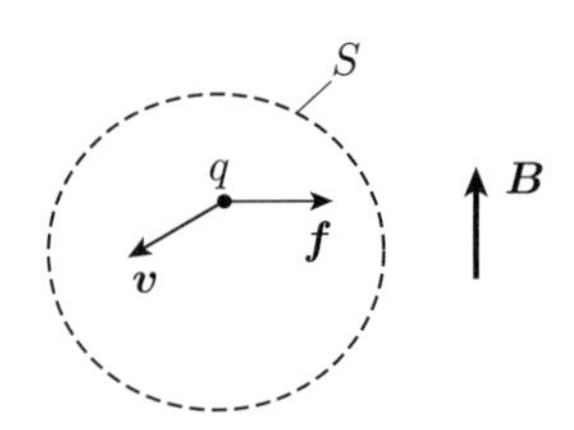

図 11.12　磁場内で動く点電荷 q と，応力を計算する閉曲面 S.

a は微小であるとし，その範囲での外場 $\boldsymbol{B}$ は一様であるとする（z 向きとする $\cdots$ 図 11.12）．速度は x 向きとする．力は y 方向になる状況である．

点電荷 q による磁場は球面上では

$$\boldsymbol{B}_q = \frac{\mu_0 q}{4\pi a^3}\boldsymbol{v}\times\boldsymbol{r} = \frac{\mu_0 qv}{4\pi a^2}(-\sin\theta\sin\phi,\ \sin\theta\cos\phi,\ 0)$$

であり（y 方向の応力を求める）

$$T_{xy} = \frac{BB_{qy}}{\mu_0} = \frac{qvB}{4\pi a^2}\sin\theta\cos\phi,$$

$$T_{yy} = -\frac{BB_{qx}}{\mu_0} = \frac{qvB}{4\pi a^2}\sin\theta\sin\phi,$$

$$T_{zy} = 0.$$

これらに球面上の $\boldsymbol{n}$ を使えば

$$\int dS\sum n_i T_{iy} = \frac{2}{3}qvB \tag{11.27}$$

となる（T_{xy}，T_{yy} それぞれが 1/3 の寄与をもつ）．

これだけでは磁気力 qvB とバランスしない．しかしここでの設定では，球が無限小であっても $\partial_t\boldsymbol{g}$ が無視できないという話を前節でした．球内部の話なので式 (11.17) が該当する．

その結果を使えば，方向の違いを考慮して

$$\partial_t P_y(\text{内部}) = -\frac{qvB}{3}.$$

そして以上の結果を式 (11.23) に代入すれば

$$\int dV f_y = qvB \tag{11.28}$$

となり，正しい磁気力が得られた．

上記の例では，正しい磁気力を得るのに，応力と電磁運動量が 2 : 1 の比率で寄与した．磁気力の大きさは普遍的なものであるはずだが，応力と電磁運動量の比率は，球という設定に固有の結果である．たとえば細長い円筒を考え，点電荷が中心軸上で側面に向けて動いているという場合には（磁場は中心軸方向），この比率は 1 : 1 になる．

そこで，設定 3 の場合と同様，考える領域の形状に結論が依存しないことを証明しておこう．ただし式を見やすい形にするために，原点にある点電荷 q が z 方向に速度 v で動いており，磁場は x 方向である場合を考える．磁気力は y 方向になるはずである．点電荷による磁場を

$$\boldsymbol{B}_q = \frac{\mu_0 q}{4\pi}\nabla\frac{1}{r}\times\boldsymbol{v}$$

とすると，応力テンソルの磁場の交差項は

$$\frac{T_{ij}}{\frac{qvB}{4\pi}} = \left(\partial_y\frac{1}{r}, -\partial_x\frac{1}{r}, 0\right)_i\delta_{jx} + \left(\partial_y\frac{1}{r}, -\partial_x\frac{1}{r}, 0\right)_j\delta_{ix} - \delta_{ij}\partial_y\frac{1}{r}$$

となるので，（y 方向の力を求めるので）$j = y$ とすれば

$$\frac{T_{iy}}{\frac{qvB}{4\pi}} = -\delta_{ix}\partial_x\frac{1}{r} - \delta_{iy}\partial_y\frac{1}{r}.$$

これによる，原点を含む任意の閉曲面 S 上での応力は，その法線ベクトルを $\boldsymbol{n}$ とすれば

$$\begin{aligned}\text{応力の } y \text{ 成分} &= -\frac{qvB}{4\pi}\int dS\left(n_x\partial_x\frac{1}{r} + n_y\partial_y\frac{1}{r}\right)\\ &= -\frac{qvB}{4\pi}\int dV\left(\partial_x\partial_x\frac{1}{r} + \partial_y\partial_y\frac{1}{r}\right)\end{aligned} \tag{11.29}$$

となる．後の便宜のために表面積分と体積積分の両方で書いた．体積積分の方は，式 (11.23) で応力の項を $\int dV\nabla\mathsf{T}$ という形のままにしておいた場合に相当する．

次に電磁運動量の変化率を計算しよう．点電荷の位置を $x = vt$ として，その電場 $\boldsymbol{E}_q$ を時間で微分し $t = 0$ とすれば

$$\varepsilon_0\partial_t\boldsymbol{E}_q = \frac{qv}{4\pi}\nabla\partial_z\frac{1}{r}.$$

これより

$$\frac{\partial_t\boldsymbol{g}}{\frac{qvB}{4\pi}} = \left(0,\ \partial_z\partial_z\frac{1}{r},\ \partial_z\partial_x\frac{1}{r}\right).$$

したがって y 成分は

$$\partial_t\boldsymbol{P}\text{ の } y \text{ 成分} = \frac{qvB}{4\pi}\int dV\partial_z\partial_z\frac{1}{r} = \frac{qvB}{4\pi}\int dSn_z\partial_z\frac{1}{r}.$$

これと応力の式 (11.29) を合わせるのだが，体積積分でのほうでまとめると

$$\begin{aligned}&\text{応力項の } y \text{ 成分} - \partial_t\boldsymbol{P}\text{ の } y \text{ 成分}\\ &\quad= -\frac{qvB}{4\pi}\int dV\left(\left(\partial_x\partial_x\frac{1}{r} + \partial_y\partial_y\frac{1}{r}\right) + \partial_z\partial_z\frac{1}{r}\right).\end{aligned} \tag{11.30}$$

右辺は特異項だけになり V の形状に関係なく qvB になる．$\partial_t\boldsymbol{g}$ と $\nabla\mathsf{T}$ は特異項のみが異なっている．

11.9 応用

前節の話を，本章でこれまで調べてきた具体例に適用したらどうなるかを考えてみよう．まず，11.2 節の 2 点電荷の系を考える．図 11.2 だが，まず，点電荷 q_a を含む微小球面 S_a と，点電荷 q_b を含む微小球面 S_b を考える．そして これを使って全空間を 3 つの領域に分ける（図 11.13）．

領域 I : S_a 内部
領域 II : S_b 内部
領域 III : 他の全領域

まず領域 I を考えよう．q_a は動いているのだから，これは前節の設定 $3'$ に対

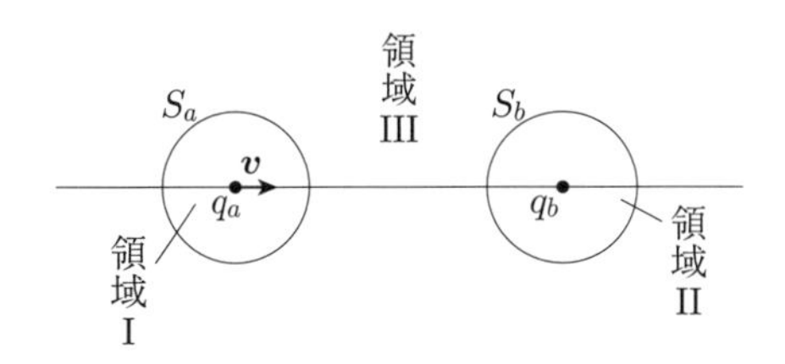

図 11.13　2 点電荷系．各領域ごとに式 (11.23) を計算する．

応する．外場 E は，q_b による q_a の位置における電場 E_b であり（通常のクーロン場），S_a 上では式 (11.25) より

$$S_a \text{ 上} \qquad \int dS \sum n_i T_{ix} = q_a E_b = F_{ba}.$$

また，領域 II では q_b は静止しているのだから前提の設定 3 に対応する．外場 E は，q_a による q_b の位置での電場 E_a であり（速度補正付きクーロン場），S_b 上では

$$S_b \text{ 上} \qquad \int dS \sum n_i T_{ix} = q_b E_a = F_{ab}.$$

そして領域 III は，S_a と S_b で囲まれた，電荷のない空間である．領域 III にとっては法線ベクトルが逆向きになるので，上式より

$$\int dS \sum n_i T_{ix} = -F_{ab} - F_{ba}$$

になる．そしてこれが全空間の電磁運動量の変化率に等しいことは第 2 節で証明した．領域 I と II には（微小としているので）電磁運動量は存在しないことを考えれば，これですべてのつじつまがあっている．

球面電流と点電荷：同様の分析を，11.6 節で議論した，球面電流とその中心で動く点電荷という系でやってみよう．ここでは同心球面を 3 つ考え，空間全体を 4 分割する．外側から S_1，S_2，S_3 とすると，S_1 は球面電流のすぐ外側，S_2 は球面電流のすぐ内側，そして S_3 を，中心の点電荷を囲む微小球面とする．そして 4 つの領域を次のように定義する．

領域 I：S_1 の外側
領域 II：S_1 と S_2 ではさまれた，厚さ無限小の球殻．球面電流を含む．
領域 III：S_2 と S_3 ではさまれた部分．中心を除く球面電流の内部全体．
領域 IV：S_3 の内部

まず領域 I を考える．S_1 上での応力 $\boldsymbol{n}\mathsf{T}$ の積分を考えるのだが，法線ベクトルは中心向きである．T の計算は，球面電流による磁場と点電荷による磁場の交差項だけを考えればよく（自身の磁場の 2 乗は積分すると 0）

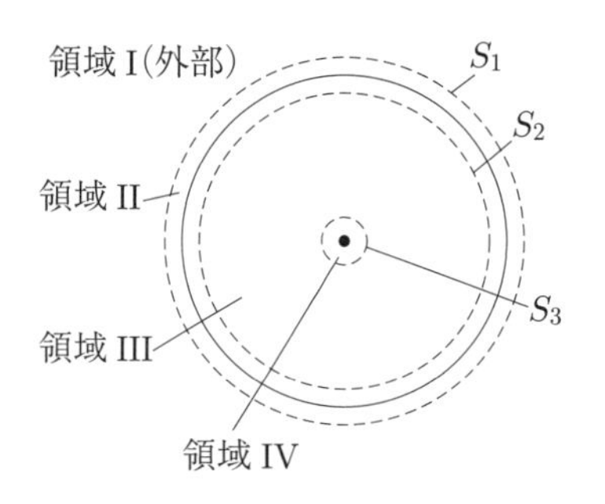

図 11.14　球面電流と点電荷．3 つの球面で全空間を 4 つの領域に分割する．

$$S_1 \text{ 上} \qquad \int dS \sum n_i T_{ix} = -qvB_0/6 \tag{11.31}$$

となる．後でわかりやすいように，球面内部の一様磁場の大きさ B_0 を使って表した．また電磁運動量については式 (11.18) の上の式より

$$\text{領域 I} \qquad \int dV \partial_t \boldsymbol{g} = -qvB_0/6$$

なので，式 (11.31) と合わせて式 (11.23) が成り立つ（領域 I では電荷電流はない）．

次に領域 II を考えよう．

$$S_1 \text{ 上} \qquad \int dS \sum n_i T_{ix} = qvB_0/6$$

これは式 (11.31) の逆符号である．また式 (11.27) より

$$S_2 \text{ 上} \qquad \int dS \sum n_i T_{ix} = -2qvB_0/3$$

これらは式 (11.13) の

$$\text{球面電流による力} \qquad qvB_0/2$$

とつりあっている（領域 II には電磁場はない）．

領域 III は，S_2 上と S_3 上での $\sum \boldsymbol{n}\mathsf{T}$ は打ち消し合って 0 になる．式は単にスケール変換しただけであり法線ベクトルが逆向きなので打ち消し合う．また $\partial_t P$ は 0 である（球内の $\int dV \partial_t \boldsymbol{g}$ は，原点を含まない球対称な領域での積分は常に 0 である $\cdots$ 11.7 節）．結局，式 (11.23) が成り立つ．

最後に，領域 IV は，設定 3′ と同じである．これで，すべての領域での力のバランスが証明された．

最後に，点電荷の位置（原点）でのバランスについて注意しておこう．これは領域 IV の話とは異なる．領域 IV では，特異項部分（原点）を含む微小な有限領域を考えて，場合によってはその大きさを 0 にする極限を考える．それに対して，原点だけということは，最初から特異項の部分だけを取り出すことになり，積分をした式 (11.23) ではなく，式 (11.22) のままで考えることになる．

その場合，$\boldsymbol{f}$ は点電荷に働く磁気力であり，式 (11.22) を具体的に書けば

$$\partial_t \boldsymbol{g} \text{ の特異項} = -q\boldsymbol{v}B_0\delta^3(\boldsymbol{r}) + \nabla\mathsf{T} \text{ の特異項}. \tag{11.32}$$

では，両辺の特異項が定義依存である（9.6 節）ことは何を意味するか．式 (11.30) で示したように

$$\partial_t \boldsymbol{g} - \nabla\mathsf{T} \propto \Delta\frac{1}{r}$$

であり，通常項は打ち消し合って右辺は，曖昧さのない特異項のみとなる（9.6 節性質 3 参照）．そしてそれは，点電荷に働く磁気力とつりあうというのが式 (11.32) の意味となる．$\partial_t \boldsymbol{g}$ と $\nabla\mathsf{T}$ は個別には，原点で well-defined ではないが，全体としてはつじつまが合っている．

参考文献とコメント

本章の問題を扱った動機は 2 つあった．一つは，磁気力での作用反作用の法則の破れはファインマンの教科書を含め諸所で指摘されているが，相対論的効果を考えると電気力にも同様なことがあると気付いたことである．少し計算をしたのだが（11.2 節），先行研究にも気付いたので，それらを 11.3 節で紹介した．[Jef99] や [Lab99] が先駆的なものだが，[Cap] でかなり包括的な議論がされている．一般化されたケースとして考えた例 3 は本書独自のものだが，磁気力が消える基準での計算である．磁気力を残したままでのファインマンのパラドックスの説明は [Cap] を見ていただきたい．

もう一つの動機は，動く点電荷が受ける磁気力とマクスウェルの応力との関係についての疑問であった [和田 23b]．無限小の領域で考えても一般には電磁運動量が関係することが不思議だったが，第 9 章の特異項を使うと見通しがよくなることがわかったので，例をしぼっていくつかの計算をお見せした．これらの計算に特異項が関係することは北野氏から最初に指摘されたことであり，本章の後半の計算は共同で行った部分が多い．ただ議論を決着させなかった部分もあるので，ここに書かれていることの最終責任は私にある．

関連した問題として取り上げた 11.4 節は前章最終節からの続きであり，もともとは [今井] の第 10 章で霜田のパラドックスという話題で議論されている話である．具体的な計算を示して議論を深めたが，残された部分もある．

文献リスト

本書で主に引用する書籍

[グリフィス] グリフィス 電磁気学 I, II（第 4 版） 丸善出版 (2019).

[ジャクソン] ジャクソン 電磁気学 上, 下（第 3 版） 吉岡書店 (2002).

[太田] 太田浩一 電磁気学の基礎 I, II シュプリンガー・ジャパン (2007).

[加藤] 加藤正昭（和田純夫改訂） 演習 電磁気学 [新訂版] サイエンス社 (2010).

その他，参考にした書籍（和書・訳書）

[P-P] パノフスキー–フィリップス 新版 電磁気学 (上)（第 2 版） (1967).

[ファインマン] ファインマン他 ファインマン物理学・電磁気学 岩波書店 (1969).

[今井] 今井功 電磁気学を考える サイエンス社 (1990).

[和田 94] 和田純夫 電磁気学のききどころ 岩波書店 (1994).

[中山] 中山正敏 物質の電磁気学 岩波書店 (1996).

[北野 09] 北野正雄 新版 マクスウェル方程式 サイエンス社 (2009).

[パーセル] パーセル 電磁気学（第 2 版） 丸善出版 (復刻版 2013).

「大学の物理教育」誌の論文

[北野 21] 北野正雄 ビオ–サバールの式と変位電流 大学の物理教育 **27** (2021) 104.

[和田 21a] 和田純夫 変位電流・電磁誘導の見方 大学の物理教育 **27** (2021) 101.

[和田 21b] 和田純夫 電磁誘導の法則の統一的な表現と証明 大学の物理教育 **27** (2021) 138.

[和田小玉] 和田純夫，小玉祥生 一般の多極子場の特異項 大学の物理教育 **28** (2022) 33.

[中川和田] 中川雅弘，和田純夫 回路の運動量 大学の物理教育 **28** (2022) 147.

[和田 23a] 和田純夫 電磁場のガリレイ変換 大学の物理教育 **29** (2023) 24.

[和田 23b] 和田純夫 マクスウェルの応力とローレンツ力 大学の物理教育 **29** (2023) 83.

[三門綿引] 三門正吾，綿引隆文 回転座標系における電磁場 大学の物理教育 **28** (2022) 138.

[小玉] 小玉祥生 双極子場の特異項を導出する積分定理 大学の物理教育 **26** (2020) 120.

[小玉菅野] 小玉祥生，菅野正吉 フーリエ積分法による $1/r$ の l 階偏微分の導出 大学の物理教育 **28** (2022) 143.

論文/書籍（英文）

[Bab] D.Babson et al., Hidden momentum, field momentum, and electromagnetic impulse, Am.J.Phys. **77** (2009) 826.

[Bar] D.F.Bartlett, Conduction current and the magnetic field in a circular capacitor, Am.J.Phys. **58** (1990) 1168.

[Cap] A.Caprez and H.Batelaan, Feynmann's Electrodynamics Paradox and the Aharonov-Bohm Effect, Found. of Phys. **39** (2009) 295.

[Cha] R.W.Chabay and B.A.Sherwood, Matters & Interactions Vol.II, 3rd. (Chap.19) (Wiley, 2011).

[Col] S.Coleman and J.H.Van Vleck, Origin of Hidden Momentum Forces on Magnets, Phys.Rev. **171** (1968) 1370.

[Dav] B.S.Davis and L. Kaplan, Pointing vector flow in a circular circuit, Am.J.Phys. **79** (2001) 1155.

[Far96] F.Farassat, Introduction to generalized functions with applications in electrodynamics and aeroacoustics, NASA Technical Paper 3248 (1996), http://techreports.larc.nasa.gov/ltrs/PDF/tp3428.pdf.

[Hin06] V.Hinzdo, Generalized second-order partial derivatives of $1/r$, (2006,rev.2010), arXiv:1009.2480v2[physics.class-ph].

[Jac] J.D.Jackson, Surface charges on circuit wires and resistors play three roles, Am.J.Phys. **64** (1996) 855.

[Jef99] O.D.Jefimenko, A relativistic paradox seemingly violating conservation of momentum law in electromagnetic systems, Eur.J.Phys. **20** (1999) 39.

[Jef04] O.D.Jefimenko, Presenting electromagnetic theory in accordance with the principle of causality, Eur.J.Phys. **25** (2004) 287.

[Lab99] J-J Labarthe, The vector potential of a moving charge in the Coulomb gauge, Eur.J.Phys. **20** (1999) L31.

[LeB] M.Le Bellac and J.M.Levy-Lerlond, Galilean Electrodynamism, Il Nuovo Cimento **14** (1973) 217.

[McD96a] K.T.McDonald, The Relation Between Expressions for Time-Dependent Electromagnetic Fields Given by Jefimenko and by Panofsky and Phillips, (1996, 2018updated).

[McD96b] K.T.McDonald, The Electromagnetic Fields Outside a Wire That Carries a Linearly Rising Current, (1996).

[McD02] K.T.McDonald, Hidden Momentum in a Coaxial Cable, (2002, 2018rev.).

[McD06] K.T.McDonald, Four Expressions for Electromagnetic Field Momentum, (2006, 2019updated).

[McD08a] K.T.McDonald, Electrodynamics of Rotating System, (2008, 2016updated).

[McD08b] K.T.McDonald, The Wilson-Wilson Experiment, (2008).

[McD10] K.T.McDonald, Charge Density in a Current-Carrying Wire, (2010, 2019updated).

[Mod] G.E.Modesitt, Maxwell Equations in a Rotating Frame, Am.J.Phys. **38** (1970)1187.

[Mul] R.Muller, A semiquantitative treatment of a surface charges in DC circuits, Am.J.Phys. **80** (2012) 782.

[Sca] J.J.Scapio, Construction of momentum in electrodynamics — an example, Am.J.Phys. **43** (1975) 258.

[Sch] L.L.Schiff, Pro. Natl. Acad. Sci. **25** (1930) 391.

[Ser] M.D.Sermon and J.R.Taylor, Thoughts on the magnetic vector potential, Am.J.Phys. **64** (1996) 1361.

[Som] A.Sommerfeld, Electrodynamics (Academic Press, New York, 1952).

索　引

欧字

ア

カ

サ

タ

ナ

ハ

マ

ヤ

ラ

著 者 略 歴

和田純夫
わ だ すみ お

1972 年　東京大学理学部物理学科卒業
2015 年　東京大学大学院総合文化研究科専任講師定年
退職

主要著書

「物理講義のききどころ」全 6 巻（岩波書店），
「今度こそわかるファインマン経路積分」（講談社），
「量子力学の多世界解釈」（講談社ブルーバックス），
「プリンキピアを読む」（講談社ブルーバックス），
「アインシュタインのパラドックス」（岩波書店）（訳書），
「ライブラリ物理学グラフィック講義」1〜6 巻，
同別巻（グラフィック演習）1〜4 巻，（サイエンス社），
「量子力学の解釈問題 多世界解釈を中心として」
（同電子版，2022）（サイエンス社）.

SGC ライブラリ-186
電磁気学探求ノート
“重箱の隅” を掘り下げて見えてくる本質

2023 年 9 月 25 日 ©　　初 版 発 行

著 者　和田 純夫　　発行者　森 平 敏 孝
印刷者　小 宮 山 恒 敏
製本者　小 西 惠 介

発行所　　**株式会社 サ イ エ ン ス 社**

〒151–0051　東京都渋谷区千駄ヶ谷 1 丁目 3 番 25 号
営業 ☎（03）5474–8500（代）　振替 00170–7–2387
編集 ☎（03）5474–8600（代）
FAX ☎（03）5474–8900　　表紙デザイン：長谷部貴志

印刷　小宮山印刷工業（株）　　製本　（株）ブックアート

《検印省略》

ISBN978-4-7819-1582-1

PRINTED IN JAPAN

サイエンス社のホームページのご案内
https://www.saiensu.co.jp
ご意見・ご要望は
sk@saiensu.co.jp　まで.

SGCライブラリ-179：for Senior & Graduate Courses

量子多体系の対称性とトポロジー
統一的な理解を目指して

渡辺　悠樹　著

定価 2530 円

「対称性」の観点から「量子多体系」の基底状態のトポロジカルな性質や低エネルギー励起の性質を統一的に理解したい．この一般的理解に基づいて，逆に未知の現象の予言や，新しい物質の提案ができるかもしれない．本書では，このようなモチベーションをもってこれまで取り組んできた著者自身の研究を交えながら，トポロジカル相の分類など近年の発展も含めて紹介していく．

サイエンス社

SGC ライブラリ- 175 : for Senior & Graduate Courses

演習形式で学ぶ
特殊相対性理論

前田恵一・田辺誠　共著

定価 2420 円

アインシュタインが 1905 年に発表した特殊相対性理論は時間概念を根本的に変えた．現在では，実験的にも確かなものとなっており，その知識は素粒子物理学などの基礎物理学だけでなく宇宙物理学や物性物理学など様々な物理学の基盤となっている．本書では，演習形式によって自ら問題を解きながら特殊相対性理論を学ぶことができる．

サイエンス社

SGCライブラリ-173：for Senior & Graduate Courses

一歩進んだ理解を目指す 物性物理学講義

加藤　岳生　著

定価 2640 円

本書は，学部で学ぶ初歩的な固体物理学の内容を前提としつつ，そこから最先端の研究活動で必要となる専門的な知識までの間のギャップを埋めるような教科書を目指して執筆された．研究活動の中で，「これをわかっておくと見通しがよくなる」「ここまで知っておけば研究発表を聞いた時によく理解できるようになる」という事柄が随所に散りばめられている．

SGCライブラリ-171：for Senior & Graduate Courses

気体液体相転移の古典論と量子論

國府　俊一郎　著

定価 2420 円

量子効果の支配する気体液体相転移の統計物理を明らかにしたいという著者の動機のもと，その概要が，必要な予備知識や理論的背景なども含めてまとめられている.

サイエンス社